国家示范性高等职业院校建设规划教材

电气控制技术

主　编　蓝旺英

副主编　杨文杰　吴红霞

　　　　黄均安　耿道森

主　审　宋天武

黄河水利出版社

·郑州·

内 容 提 要

本书是国家示范性高等职业院校建设规划教材，是用安徽省财政安排的“支持高等职业学校提升专业服务产业发展能力”项目经费组织编写的。本书是根据教育部国家示范性高等职业院校建设计划电气类专业群人才培养方案要求，按照电气控制技术课程标准编写完成的。全书共分5个单元，主要内容包括常用低压电器的认知与拆装、继电器接触器基本控制线路的安装与调试、常用机床电气控制线路的故障诊断、桥式起重机的电气控制、电气控制系统线路设计等。本书的最大特点就是理论与实训同步、专业与实践能力等级考证同行，全力推动“双证”制度的实施；同时，还注意给学生一定的学习空间，以培养学生的再学习能力。

本书可作为高职高专院校工业自动化、电气工程技术、机械制造及其自动化、机电一体化等相近专业的教材，也可作为各类成人教育的电气控制相关课程的教材，还可供从事电气控制方面工作的工程技术人员和技术工人学习参考。

图书在版编目(CIP)数据

电气控制技术/蓝旺英主编．—郑州：黄河水利出版社，2014.10

国家示范性高等职业院校建设规划教材

ISBN 978-7-5509-0962-5

Ⅰ.①电… Ⅱ.①蓝… Ⅲ.①电气控制-高等职业教育-教材 Ⅳ.①TM921.5

中国版本图书馆CIP数据核字(2014)第252518号

组稿编辑：王路平　电话：0371-66022212　E-mail：hhslwlp@163.com

出 版 社：黄河水利出版社

地址：河南省郑州市顺河路黄委会综合楼14层　邮政编码：450003

发行单位：黄河水利出版社

发行部电话：0371-66026940、66020550、66028024、66022620(传真)

E-mail：hhslcbs@126.com

承印单位：河南地质彩色印刷厂

开本：787 mm×1 092 mm　1/16

印张：16

字数：370千字　印数：1—2 000

版次：2015年1月第1版　印次：2015年1月第1次印刷

定价：36.00元

前 言

本书是根据《教育部关于全面提高高等职业教育教学质量的若干意见》(教高〔2006〕16号)、《教育部关于推进高等职业教育改革创新引领职业教育科学发展的若干意见》(教职成〔2011〕12号)等文件精神，用安徽省财政安排的“支持高等职业学校提升专业服务产业发展能力”项目经费组织编写的教材。

本套教材以学生能力培养为主线，着重基本概念和基本原理的阐述，注重理论知识的应用，注重加强学生工程技术能力的训练，突出应用能力和创新能力的培养，体现出实用性、实践性、创新性的教材特色，是一套紧密联系工程实际、教学面向生产的高职高专教育精品规划教材。

为了实现高等职业技术教育的培养目标，更好地适应“双证”制度的改革，本书特将“电气控制技术”从“电气控制与PLC应用技术”中分离出来，并按照高等职业技术教育自动化专业与电气工程专业教学大纲的要求编写，以满足各高等职业技术学院自动化专业与电气工程专业不同的课程设置要求，更好地适应21世纪科技和经济发展对电气技术应用型高级技术人才的要求。

本书系统介绍了电动机常见电气控制线路的基本原理、安装、调试与维修，以及组成各电气控制线路的常用低压电器的型号、结构、工作原理、选用、维护及安装；详细分析了常用生产机械的电气控制线路及其安装、调试与维修；简要介绍了电气原理图的识读，电气控制线路图的设计，电动机的控制、保护及选择，电气控制线路设计中元器件的选择以及生产机械电气设备施工设计等。

本书在内容处理上，既注意反映电气控制领域的最新技术，又注意高职学生的知识和能力结构，吸收和借鉴了各地高等职业技术学院教学改革的成功经验，同时参照了劳动部对技能等级考试的考核要求，立足于高职应用型教育这一特点，以加强基础知识、重视实践技能、培养动手能力为指导思想，强调理论联系实际，注重培养学生的动手能力、分析和解决实际问题的能力及工程设计能力和创新意识，体现了一体化教材的特色。本书根据高职高专教育的特点和培养目标进行编写，融入了“工学结合”的教学理念，将理论与实践、知识和能力有机地结合起来；本着理论教学以实用、够用为原则，在整个教学安排中，将理论教学与大量的实训教学穿插进行编排，可随时随地将两者结合在一起讲授。为此，本书对相关单元的内容均通过实训加以验证和总结，并配有一定量的技能训练，使学生在做中学、学中做、边学边做、教学做合一，以使学生的实践技能和应用技能有较大的提升。

本书是作者在多年从事本课程及相关课程的教学、教改及科研的基础上编写的，可作为高职高专院校工业自动化、电气工程技术、机械制造及其自动化、机电一体化、数控技术等相近专业的教材(教师可以根据专业需要选择讲解的内容)，也可作为各类成人教育的电气控制相关课程的教材，还可作为从事电气控制方面工作的工程技术人员和技术工人的参考书和培训教材。

本书由安徽水利水电职业技术学院承担编写工作，编写人员及编写分工如下：蓝旺英编写第1、2单元，杨文杰编写第3单元，吴红霞编写第4单元，黄均安、耿道森编写第5单元。本书由蓝旺英担任主编并负责全书统稿及文稿整理、录入工作，由杨文杰、吴红霞、黄均安、耿道森担任副主编，由宋天武担任主审。

借此，向对本书给予帮助的同仁表示衷心感谢！

由于编者水平有限，书中难免存在错误或不当之处，恳切希望广大读者批评指正。

编　者

2014年8月

目录

第1单元 常用低压电器的认知与拆装

【学习目标】

1. 了解低压电器的基本知识,熟悉常用低压电器的种类。
2. 掌握常用低压电器,知道低压电器的结构原理。
3. 熟悉并掌握常用低压电器的图形符号和文字符号。
4. 熟悉常用低压电器的选用。
5. 会识读低压电器产品的型号、意义。

【能力目标】

1. 能熟练识别低压电器规格。
2. 学会拆装低压电器。
3. 学会拆装、检修及调试交流接触器。
4. 学会改装及调试空气阻尼式时间继电器。
5. 进一步熟悉万用表等仪表、仪器的使用。

【安全规范】

1. 穿戴好安全防护用具,严禁穿凉鞋、背心、短裤、裙装进入实训场地。
2. 使用绝缘工具,并认真检查工具绝缘是否良好。
3. 停电作业时,必须先验电,待确认无误后方可工作。
4. 带电作业时,必须在教师的监护下进行。
5. 树立安全和文明生产意识。

电器分为高压电器和低压电器。低压电器一般是指在交流50 Hz、额定电压1 200 V,直流额定电压1 500 V及以下的电路中起通断、保护、控制或调节作用的电器产品。由于在大多数用电行业及人们的日常生活中一般都使用低压设备,采用低压供电,而低压电能的输送、分配和保护,以及设备的运行和控制是靠低压电器来实现的,因此低压电器的应用十分广泛,直接影响低压供电系统和控制系统的质量。本单元主要介绍用于电力拖动及控制系统领域中的常用低压电器及其基本控制线路。

1.1 低压电器的基本知识

低压电器是构成控制系统最常用的器件,了解它的分类、作用和用途,对设计、分析和维护控制系统都是十分必要的。

1.1.1 电器的分类

电器的用途广泛,功能多样,种类繁多,结构各异,工作原理也各有不同。电器有多种分类方法:按工作电压的等级可分为高压电器和低压电器;按动作原理可分为手动电器(依靠外力直接操作进行切换的电器,如刀开关、按钮等)和自动电器(依靠指令或物理量变化而自动动作的电器,如交流接触器、继电器等);按工作原理可分为电磁式电器和非电量控制电器;按执行机理分为有触点电器和无触点电器;按用途可分为以下几类:

(1)配电电器。

配电电器主要用于供、配电系统中,进行电能输送和分配。这类电器有刀开关、自动开关、隔离开关、转换开关以及熔断器等。对这类电器的主要技术要求是分断能力强,限流效果好,动稳定及热稳定性能好。

(2)控制电器。

控制电器主要用于各种控制电路和控制系统。这类电器有接触器、继电器、转换开关、电磁阀等。对这类电器的主要技术要求是有一定的通断能力,操作频率高,电气和机械寿命长。

(3)主令电器。

主令电器主要用于发送控制指令。这类电器有按钮、主令开关、行程开关和万能转换开关等。对这类电器的主要技术要求是操作频率高,抗冲击,电气和机械寿命长。

(4)保护电器。

保护电器主要用于对电路和电气设备进行安全保护。这类电器有熔断器、热继电器、安全继电器、电压继电器、电流继电器和避雷器等。对这类电器的主要技术要求是有一定的通断能力,反应灵敏,可靠性高。

(5)执行电器。

执行电器主要用于执行某种动作和传动功能。这类电器有电磁铁、电磁离合器等。随着电子技术和计算机技术的进步,近几年又出现了由集成电路或电子元件构成的电子式电器,由单片机构成的智能化电器,以及可直接与现场总线连接的具有通信功能的电器。

1.1.2 电器的作用

电器是构成控制系统的最基本元件,它的性能将直接影响控制系统能否正常工作。电器能够依据操作信号或外界现场信号的要求,自动或手动地改变系统的状态、参数,实现对电路或被控对象的控制、保护、测量、指示、调节。它的工作过程是将一些电量信号或非电量信号转变为非通即断的开关量信号或随信号变化的模拟量信号,实现对被控对象的控制。

电器的主要作用如下:

(1)控制作用。如电梯的上下移动、快慢速自动切换与自动停层等。

(2)保护作用。能根据设备的特点,对设备、环境以及人身安全实行自动保护,如电动机的过热保护、电网的短路保护、漏电保护等。

(3)测量作用。利用仪表及与之相适应的电器,对设备、电网的电气参数或其他非电参数进行测量,如电流、电压、功率、转速、温度、压力等。

(4)调节作用。低压电器可对一些电量和非电量进行调整,以满足用户的要求,如电动机速度的调节、柴油机油门的调整、房间温度和湿度的调节、光照度的自动调节等。

(5)指示作用。利用电器的控制、保护等功能,显示设备运行状况与电气电路工作情况。

(6)转换作用。在用电设备之间转换或使低压电器、控制电路分时投入运行,以实现功能切换,如被控装置操作的手动与自动的转换、供电系统的市电与自备电源的切换等。

当然,电器的作用远不止这些,随着科学技术的发展,新功能、新设备会不断出现。

常用低压电器的主要种类及用途见表1-1。

表1-1 常用低压电器的主要种类及用途

序号	类别	主要品种	主要用途
1	断路器	框架式断路器	主要用于电路的过负载、短路、欠电压、漏电保护,也可用于不需要频繁接通和断开的电路
		塑料外壳式断路器	
		快速直流断路器	
		限流式断路器	
		漏电保护式断路器	
2	接触器	交流接触器	主要用于远距离频繁控制负载,切断带负荷电路
		直流接触器	
3	继电器	电磁式继电器	主要用于控制电路中,将被控量转换成控制电路所需电量或开关信号
		时间继电器	
		温度继电器	
		热继电器	
		速度继电器	
		干簧继电器	
4	熔断器	瓷插式熔断器	主要用于电路短路保护,也用于电路的过载保护
		螺旋式熔断器	
		有填料封闭管式熔断器	
		无填料封闭管式熔断器	
		快速熔断器	
		自复式熔断器	

续表 1-1

序号	类别	主要品种	主要用途
5	主令电器	控制按钮	主要用于发布控制命令，改变控制系统的工作状态
		位置开关	
		万能转换开关	
		主令控制器	
6	刀开关	胶盖闸刀开关	主要用于不频繁地接通和分断电路
		封闭式负荷开关	
		熔断器式刀开关	
7	转换开关	组合开关	主要用于电源切换，也可用于负荷通断或电路切换
		换向开关	
8	控制器	凸轮控制器	主要用于控制回路的切换
		平面控制器	
9	启动器	电磁启动器	主要用于电动机的启动
		星形/三角形启动器	
		自耦减压启动器	
10	电磁铁	制动电磁铁	主要用于起重、牵引、制动等场合
		起重电磁铁	
		牵引电磁铁	

1.1.3　低压电器的基本结构特点

低压电器一般都有两个基本部分：一个是感测部分，它感测外界的信号，作出有规律的反应，在自控电器中，感测部分大多由电磁机构组成，在手控电器中，感测部分通常为操作手柄等；另一个是执行部分，如触点是根据指令进行电路的接通或切断的。

1.1.3.1　电磁机构

电磁式电器是低压电器中最典型也是应用最广泛的一种电器。控制系统中的接触器和继电器就是两种最常用的电磁式电器。虽然电磁式电器的类型很多，但它的工作原理和构造基本相同。其结构大都是由两个主要部分组成的，即感应部分（电磁机构）和执行部分（触点系统）。

电磁机构由线圈、铁芯和衔铁组成，主要作用是通过电磁感应原理将电能转换成机械能，带动触点动作，完成接通或分断电路的功能。根据衔铁相对铁芯的运动方式，电磁机构可分为直动式和拍合式两种。拍合式又分为衔铁沿棱角转动和衔铁沿轴转动两种。直动式电磁机构多用于交流接触器、继电器中。衔铁沿棱角转动的拍合式电磁机构广泛应用于直流电器中。衔铁沿轴转动的拍合式电磁机构的铁芯形状有E形和U形两种,多用于触点容量大的交流电器中。

常用的电磁机构如图1-1所示。

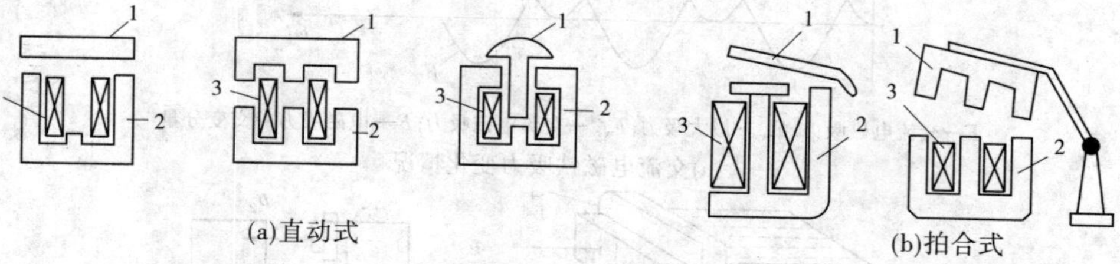

1—衔铁;2—铁芯;3—线圈

图1-1 常用的电磁机构

另外,根据线圈在电路中的连接形式,可分为串联线圈和并联线圈。串联线圈主要用于电流检测类电磁式电器中,大多数电磁式电器线圈都按照并联接入方式设计。为减小对电路电压分配的影响,串联线圈采用粗导线制造,匝数少,线圈的阻抗较小。并联线圈为减少电路的分流作用,需要较大的阻抗,一般线圈的导线细,匝数多。

1.1.3.2 直流电磁铁和交流电磁铁及短路环

按吸引线圈所通电流性质的不同,电磁铁可分为直流电磁铁和交流电磁铁。

直流电磁铁由于通入的是直流电,其铁芯不发热,只有线圈发热,因此线圈与铁芯接触以利散热,线圈做成无骨架、高而薄的瘦高型,以改善线圈自身散热。铁芯和衔铁由软钢和工程纯铁制成。交流电磁铁由于通入的是交流电,铁芯中存在磁滞损耗和涡流损耗,线圈和铁芯都发热,所以交流电磁铁的吸引线圈有骨架,使铁芯与线圈隔离并将线圈制成短而厚的矮胖形,以利于铁芯和线圈的散热。铁芯用硅钢片叠加而成,以减小涡流。

当线圈中通以直流电时,气隙磁感应强度不变,直流电磁铁的电磁吸力为恒值。

当线圈中通以交流电时,磁感应强度为交变量,交流电磁铁的电磁吸力F在0(最小值)~F_m(最大值)之间变化,其吸力曲线如图1-2(a)所示。在一个周期内,当电磁吸力的瞬时值大于反力时,衔铁吸合;当电磁吸力的瞬时值小于反力时,衔铁释放。所以,电源电压每变化一个周期,电磁铁吸合两次、释放两次,使电磁机构产生剧烈的振动和噪声,因而不能正常工作。

为了消除交流电磁铁产生的振动和噪声,在铁芯的端面开一小槽,在槽内嵌入铜制短路环,如图1-2(b)所示。

短路环工作原理及作用:加上短路环后,磁通被分为大小接近、相位相差约90°电角度的两相磁通Φ_1和Φ_2,因两相磁通不会同时过零,又由于电磁吸力与磁通的二次方成正比,故由两相磁通产生的合成电磁吸力变化较为平坦,使电磁铁通电期间电磁吸力始终大于反力,铁芯牢牢吸合,这样就消除了振动和噪声,一般短路环包围2/3的铁芯端面。

1.1.3.3 触点系统

触点是电器的执行部分,起接通和分断电路的作用。触点主要有两种结构形式:桥式

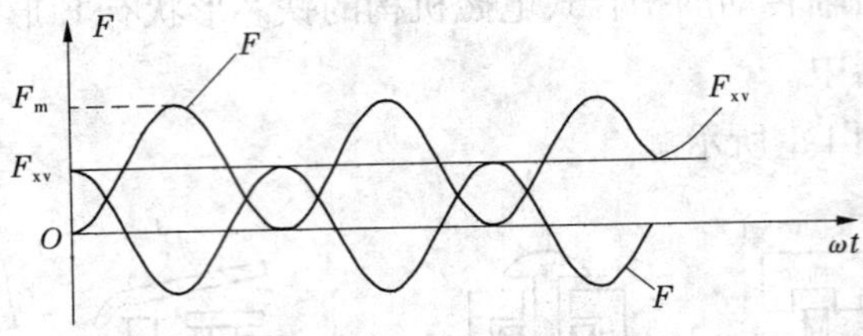

F—交流电磁吸力；F_m —最大吸力；F_{xv} —交流电磁吸力；F— 电磁吸力的交变分量

(a)交流电磁铁吸力变化情况

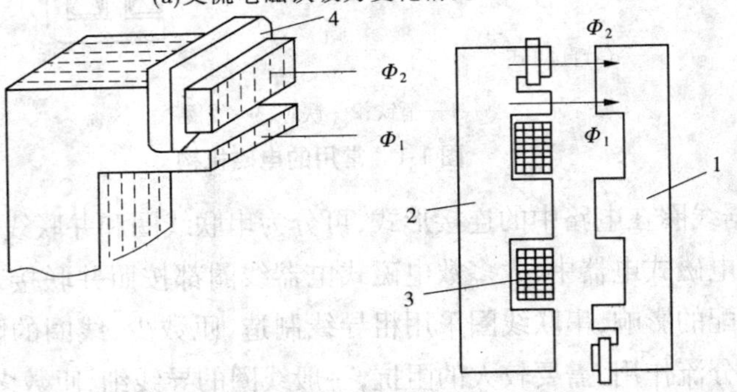

1—动铁芯(衔铁)；2—静铁芯；3—线圈；4—短路环

(b)交流电磁铁和短路环

图 1-2 交流电磁铁及其吸水变化情况和短路环

触点和指形触点，具体如图 1-3 所示。

(1)触点接触形式。如图 1-4 所示，点接触式适用于小电流的场合；面接触式适用于大电流的场合；线接触式(又称指形接触)适用于通断次数多、大电流的场合。

(2)触点分类。如图 1-5 所示，固定不动的称为静触点，由连杆带着移动的称为动触点。在电器未通电或没有受到外力作用时处于闭合位置的电器触点称为动断(又称常闭)触点，常态时相互分开的动、静触点称为动合(又称常开)触点。

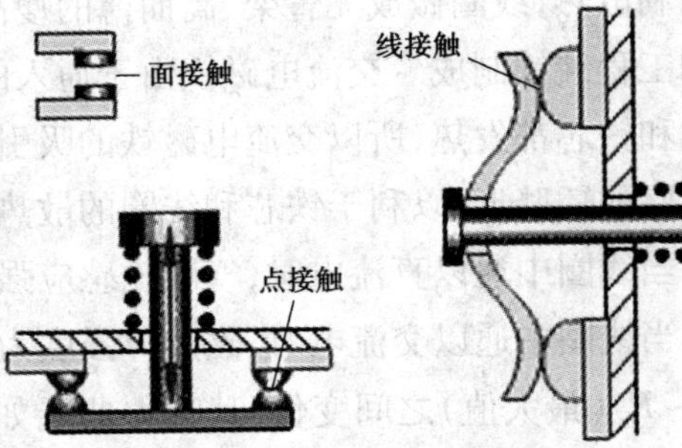

(a) 桥式触点 (b) 指形触点

图 1-3 触点的结构形式

(3)推动机构。推动机构与动触点的连杆相连，以推动动触点动作。

1.1.3.4 灭弧装置

在大气中分断电路时，电器触点在闭合或断开的瞬间，电场的存在使触点表面的大量电子溢出，都会在触点间隙中由电子流产生弧状的火花，亦称电弧。电弧一经产生，就会产生大量热能。电弧的存在既烧蚀触点金属表面，降低电器的使用寿命，又延长了电路的分断时间，热的电弧也会烧坏触点，还会因电弧造成短路、火灾或其他事故，所以必须采取适当的措施迅速熄灭电弧。常用的灭弧方法：电动力灭弧、磁吹灭弧、金属栅片灭弧。

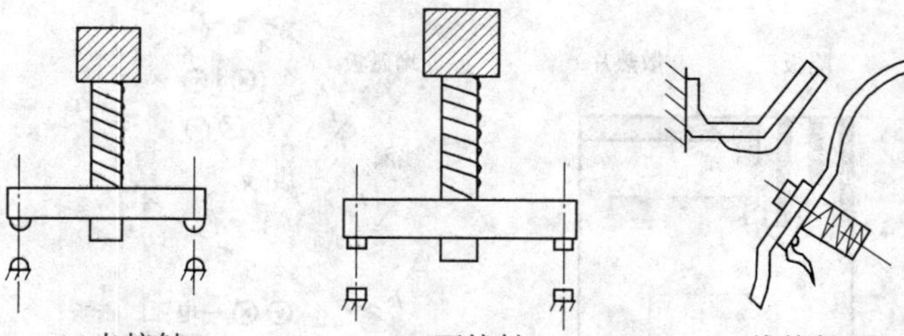

图1-4 触点的三种接触形式

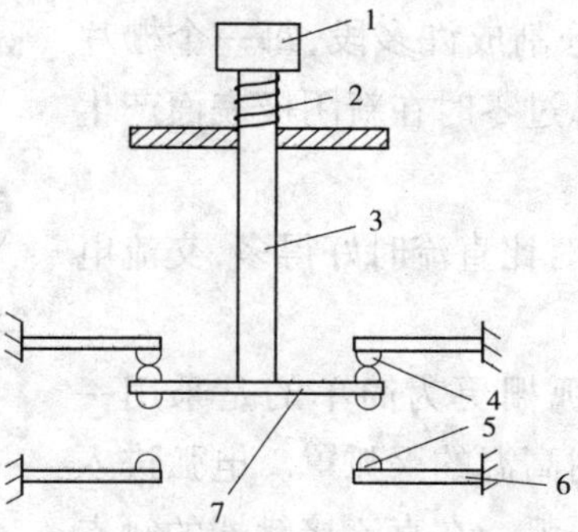

1—推动机构;2—复位弹簧;3—连杆;4—常闭触点;5—常开触点;6—静触点;7—动触点

图1-5 触点的分类

在低压控制电器中,常用的灭弧方法和装置有:

(1)电动力灭弧。图1-6所示为一双断口桥式触点。

当触点打开时,在断口处产生电弧。两个电弧相当于平行载流导体,产生互相推斥的电动力,使电弧向外运动,电弧被拉长并接触冷却介质冷却而熄灭。

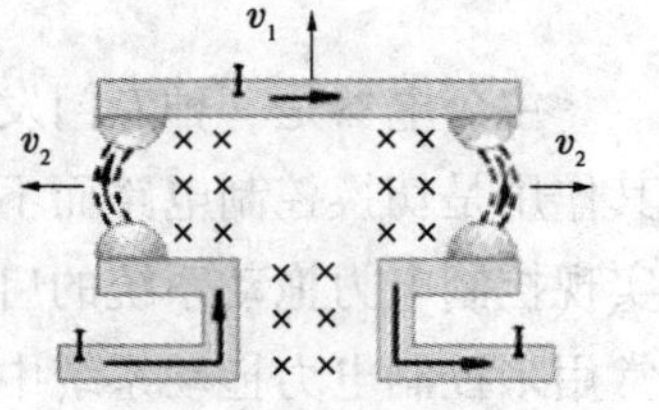

图1-6 电动力灭弧

这种灭弧方法不需要专门灭弧装置,但电流较小时,电动力也小,多用在小容量的交流接触器中。当交流电流过零时,电弧更易熄灭。

(2)磁吹灭弧。在触点回路串一电流线圈,回路电流及其产生的磁通的方向如图1-7(b)所示。当触点分断产生电弧时,根据左手定则,电弧受到由纸面向里的电磁力,使电弧拉长迅速冷却而熄灭。这种串联磁吹灭弧,电流越大,灭弧力越强。当线圈绕制方向定好后,磁吹力与电流方向无关。也可用并联磁吹线圈,这时应注意线圈的极性。

交直流电器均可采用磁吹灭弧方式。以直流接触器用此法为多,因为直流电弧较难熄灭。

(3)灭弧栅灭弧。图1-8为灭弧栅示意图,在耐热绝缘罩内卡放的一组镀锌钢片称为灭弧栅片。当触点分开时所产生的电弧由于电动力作用被推向灭弧栅时,电弧与金属片

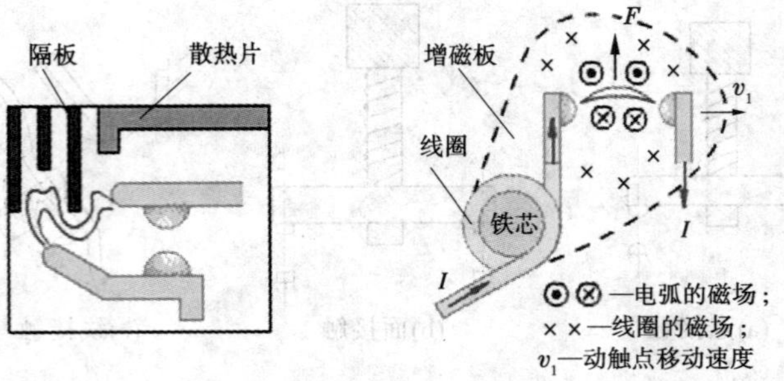

(a) 纵缝灭弧　(b) 磁吹灭弧

图 1-7　直流接触器灭弧装置

接触易于冷却，并且电弧被分割成许多段，每一个栅片相当于一个电极，当交流电弧过零时在新阴极表面产生阴极压降，使电弧熄灭。

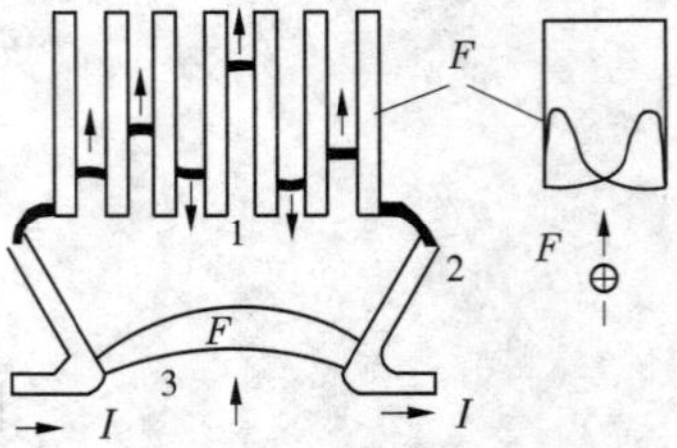

1—灭弧栅片；2—弧角；3—电弧

图 1-8　灭弧栅示意图

栅片灭弧效果用在交流时比直流时好得多，交流电器多采用栅片灭弧。

(4) 灭弧罩灭弧。比灭弧栅更为简单的是采用一个陶土和石棉水泥做成的、耐高温的灭弧罩。电弧进入灭弧罩后，可以降低弧温和隔弧。在直流接触器的触点上，广泛采用这种灭弧装置。

1.2　主令电器

主令电器是一种专门发布命令、直接或通过电磁式电器间接作用于控制电路的电器，其作用是切换控制电路而不直接控制主电路，即用来控制接触器、继电器等电器的线圈，实现控制电力拖动系统的启动、停止及改变系统的正反转、顺序及自动往返等工作状态，常用来控制电力拖动系统中电动机的启动、停车、调速及制动等。

主令电器的种类很多，常用的有按钮开关、行程开关（又称位置开关）和主令控制器等。

1.2.1　控制按钮

控制按钮是由感测部分和执行部分组成的。感测部分有按钮帽、连杆、桥式动触点及复位弹簧，它们感知手动的主令信号。整个触点系统为执行部分，完成常闭触点的动断与常开触点的动合。为了便于识别各个按钮的作用，避免误动作，通常在按钮帽上作出不同标记或涂上不同的颜色。例如：蘑菇形表示急停按钮；一般红色表示停止按钮；绿色表示启动按钮。常用按钮有 LA2、LA9、LA10、LA19 和 LA20 等系列，其技术数据见表 1-2。

表 1-2　LA 系列按钮技术数据

型号	额定电压（V）	额定电流（A）	结构型式	触点对数		按钮数	用途
				动合	动断		
LA9	380	2	元件式	1		1	作为单独元件使用
LA2			元件式	1	1		
LA10－2K－2H	500	5	开启式 保护式	2	2	2	用于电动机启动、停止控制
LA10－3K－3H			开启式 保护式	3	3	3	用于电动机的倒、顺、停控制
LA18－22Y－44Y			带钥匙式	2 4	2 4	1	特殊用途
LA19－11J－11D			紧急式 带指示灯式	1 1	1 1	1	
LA20－11D－22D			带指示灯式	1 2	1 2	1	

1.2.1.1　控制按钮的结构与符号

控制按钮简称按钮，是一种结构简单、使用广泛的手动主令电器，它可以与接触器或继电器配合，其作用通常是短时间地接通或断开小电流的控制电路，从而控制电动机或其他电气设备的运行。

控制按钮一般由按钮、复位弹簧、触点和外壳等部分组成，其结构如图 1-9 所示。它既有常开触点，也有常闭触点。常态时在复位弹簧的作用下，由桥式动触点将静触点 1、2 闭合，静触点 3、4 断开；当按下按钮时，桥式动触点将静触点 1、2 断开，静触点 3、4 闭合。触点 1、2 被称为常闭触点或动断触点，触点 3、4 被称为常开触点或动合触点。

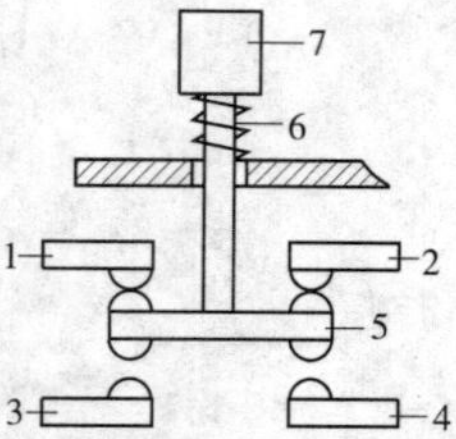

1、2—常闭触点；3、4—常开触点；5—桥式动触点；6—复位弹簧；7—按钮

图 1-9　典型控制按钮的结构示意图

按钮的外形结构和文字符号如图 1-10 所示。

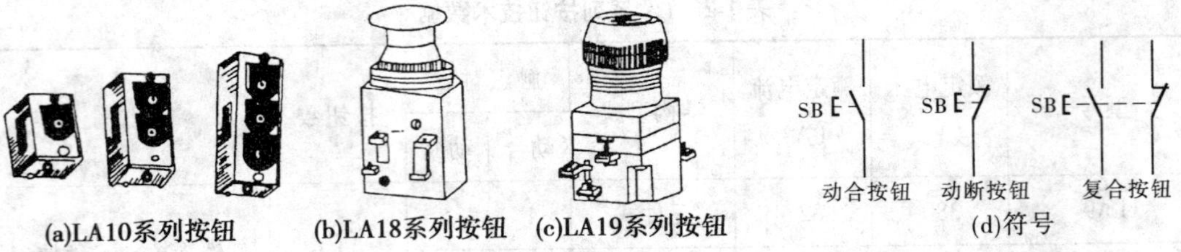

图 1-10　按钮的外形结构及文字符号

1.2.1.2　控制按钮的种类及动作

1. 按结构形式分

(1)旋钮式——用手动旋钮进行操作。

(2)指示灯式——按钮内装入信号灯显示信号。

(3)紧急式——装有蘑菇形钮帽,以示紧急动作。

2. 按触点形式分

(1)动合按钮——外力未作用(手未按下)时,触点是断开的,外力作用时,触点闭合,但外力消失后,在复位弹簧作用下自动恢复到原来的断开状态。

(2)动断按钮——外力未作用(手未按下)时,触点是闭合的,外力作用时,触点断开,但外力消失后,在复位弹簧作用下自动恢复到原来的闭合状态。

(3)复合按钮——既有动合按钮,又有动断按钮的按钮组,称为复合按钮。按下复合按钮时,所有的触点都改变状态,即动合触点要闭合,动断触点要断开。但是,这两对触点的变化是有先后次序的,按下按钮时,动断触点先断开,动合触点后闭合;松开按钮时,动合触点先复位(断开),动断触点后复位(闭合)。

控制铵钮的种类很多,指示灯式按钮内可装入信号灯显示信号;紧急式按钮装有蘑菇形钮帽,以便于紧急操作;旋钮式按钮用于扭动旋钮来进行操作。常见按钮的外形如图 1-11所示。

图 1-11　按钮的外形图

1.2.1.3　按钮的型号含义

按钮的型号含义如下所示:

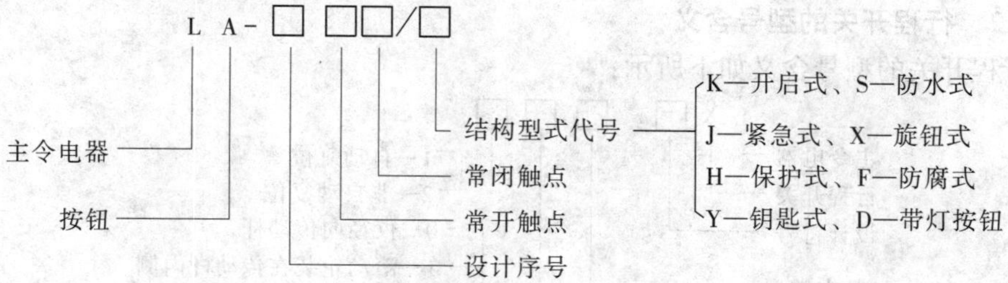

1.2.2 行程开关

行程开关又称限位开关或位置开关，它是根据运动部件位置自动切换电路的控制电器，可以将机械位移信号转换成电信号，常用作程序控制、自动循环控制、定位、限位及终端保护。它的作用与按钮相同，只是其触点的动作不是靠手动操作，而是利用生产机械某些运动部件上的挡铁碰撞其滚轮使触点动作来实现接通或分断电路的。一般都由一对或多对动合触点、动断触点组成。

行程开关有机械式、电子式两种，机械式的又有按钮式和滑轮式两种。

1.2.2.1 行程开关的外形结构及符号

行程开关的结构分为3个部分：操作机构、触点系统和外壳，机械式行程开关的外形结构如图1-12(a)所示，图1-12(b)为行程开关的符号，其文字符号为SQ。

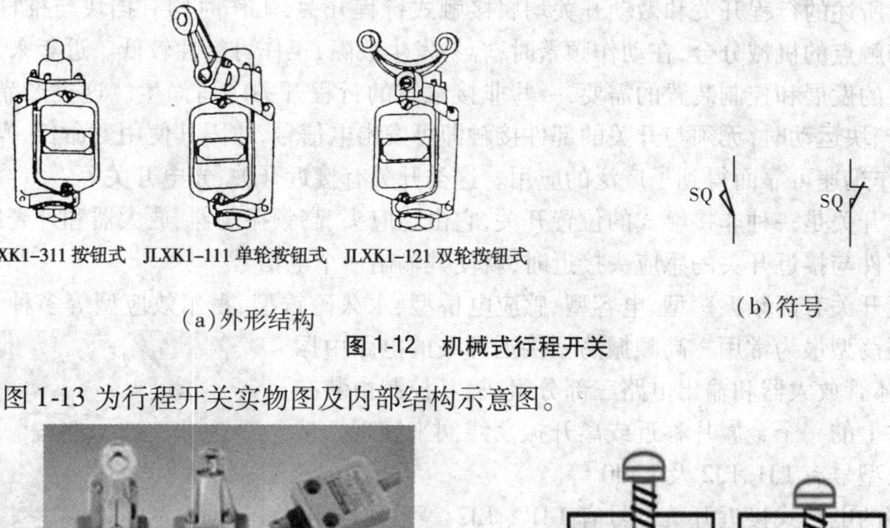

(a)外形结构　　(b)符号

图1-12　机械式行程开关

图1-13为行程开关实物图及内部结构示意图。

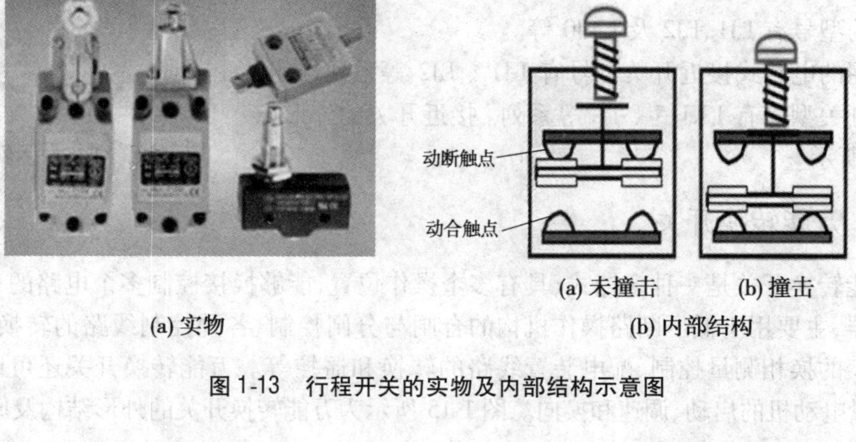

(a) 实物　　(b) 内部结构

图1-13　行程开关的实物及内部结构示意图

1.2.2.2 行程开关的型号含义

行程开关的型号含义如下所示：

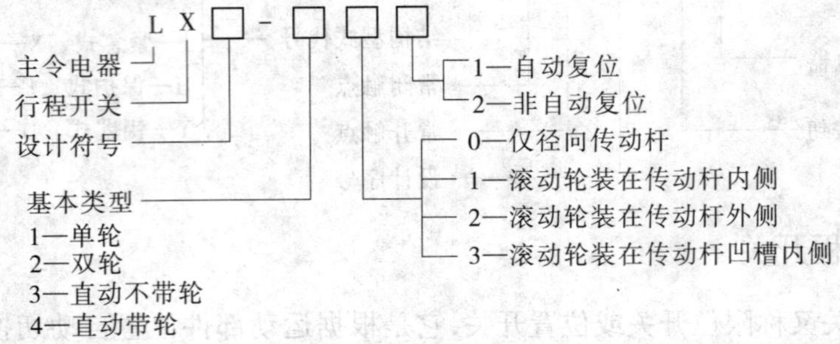

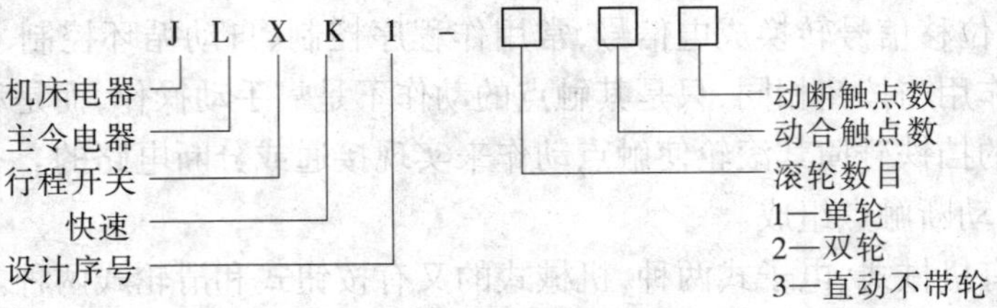

1.2.3 接近开关

前文所述的行程开关和微动开关均属接触式行程开关，工作时均有挡块与推杆的机械碰撞和触点的机械分合，在动作频繁时，容易发生故障，工作可靠性较低。近年来，随着电子器件的发展和控制装置的需要，一些非接触式的行程开关应运而生。这类产品的特点是，当挡块运动时，无须与开关的部件接触即可发出电信号，故因其使用寿命长、操作频率高、动作迅速可靠而得到了广泛的应用。这类开关有接近开关、光电开关等。

接近开关是一种非接触式的位置开关，它由感应头、高频振荡器、放大器和外壳组成。当运动部件与接近开关的感应头接近时，就使其输出一个电信号。

接近开关有高频振荡型、电容型、感应电桥型、永久磁铁型、霍尔效应型等多种，其中以高频振荡型最为常用。高频振荡型接近开关的电路由振荡器、晶体管放大器和输出电路三部分组成，其控制由装在运动部件上的一个金属片移近或离开振荡线圈来实现。接近开关的型号有 LJ1、LJ2 及 LXJ0 等。

常用的电感式接近开关型号有 LJ1 、LJ2 等系列，电容式接近开关型号有 LXJ15 、TC 等系列。接近开关的外形如图 1-14 所示。

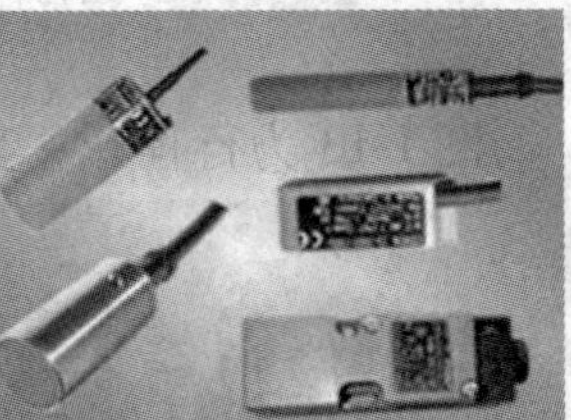

图 1-14　接近开关外形图

1.2.4 万能转换开关

万能转换开关是一种多挡式、具有多个操作位置，能够换接控制多个电路的一种手动主令电器，主要用于低压断路操作机构的合闸与分闸控制、各种控制线路的转换、电压表和电流表的换相测量控制、配电装置线路的转换和遥控等。万能转换开关还可以直接控制小容量电动机的启动、调速和换向。图 1-15 所示为万能转换开关的外形结构及原理图。

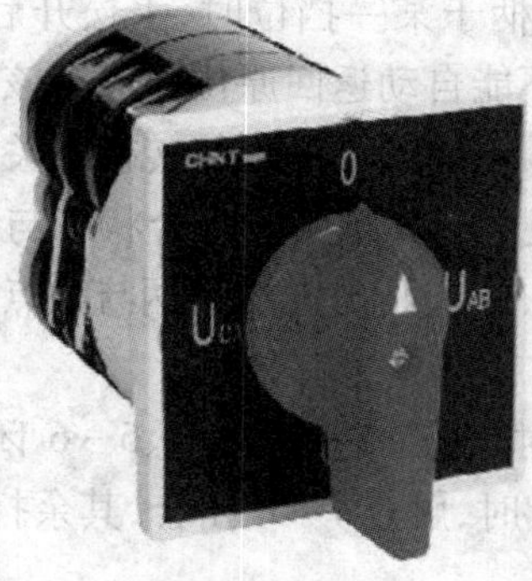

(a)外形结构

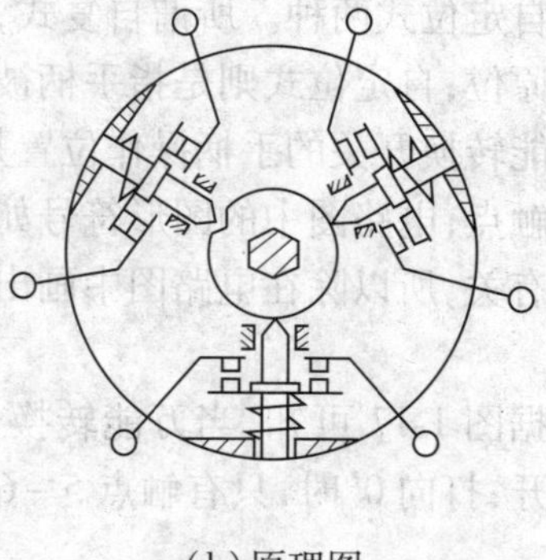

(b)原理图

图 1-15　万能转换开关的外形结构及原理图

万能转换开关由凸轮机构、触点系统和定位装置等部分组成。依靠操作手柄带动转轴和凸轮转动,使触点动作或复位,从而按所需要的规律接通或断开电路,同时由定位装置确保其动作的准确可靠。

常用的万能转换开关有 LW5、LW6、LW8 等系列。其中,LW6 系列还可装配成双列形式,列与列之间用齿轮啮合,并用公共手柄进行操作,因此装入的触点最多可达 60 对。

万能转换开关常用于需要控制多回路的场合。在操作不太频繁的情况下,也可用于小容量电动机的启动、换速或换向。转换开关的外形图如图 1-16 所示。

(a)

(b)

(c)

(d)

图 1-16　几种常用的万能转换开关外形图

常用万能转换开关有 LW5 和 LW6 系列。LW5 系列可控制 5.5 kW 及以下的小容量电动机;LW6 系列只能控制 2.2 kW 及以下的小容量电动机。用于可逆运行控制时,只有在电动机停车后才允许反向启动。LW5 系列万能转换开关按手柄的操作方式可分为自复式和自定位式两种。所谓自复式，是指用手拨动手柄于某一挡位时，手松开后，手柄自动返回原位；自定位式则是指手柄被置于某挡位时，不能自动返回原位而停在该挡位。

万能转换开关的手柄操作位置是以角度表示的。不同型号的万能转换开关的手柄有不同的触点，电路图中的图形符号如图 1-17 所示。但由于其触点的分合状态与操作手柄的位置有关，所以除在电路图中画出触点图形符号外，还应画出操作手柄与触点分合状态的关系。

根据图 1-17 可知，当万能转换开关打向左 45°时，触点 1—2、3—4、5—6 闭合，触点 7－8打开；打向 0°时，只有触点 5－6 闭合；打向右 45°时，触点 7－8 闭合，其余打开。

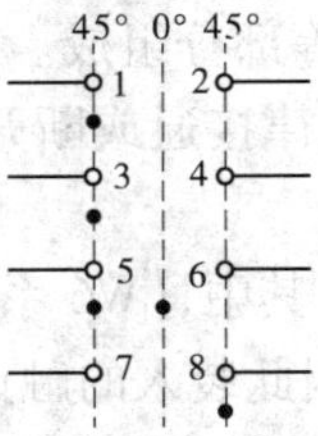

(a)图形符号

LW5-15D0403/2				
触头编号		45°	0°	45°
	1—2	×		
	3—4	×		
	5—6	×	×	
	7—8			×

(b)触头闭合表

图 1-17　万能转换开关的图形符号

1.3　接触器

接触器是一种根据外来输入信号利用电磁铁操作，频繁地接通或断开交、直流主电路及大容量控制电路的自动切换电器，主要用于控制电动机、电焊机、电热设备、电容器组等。其工作原理为：当电磁铁线圈得电、电磁铁吸合时，带动接触器触点闭合，使电路接通。当线圈失电时，电磁铁在弹簧力作用下释放，接触器触点断开，使电路切断。

接触器不仅能实现远距离集中控制，而且操作频率高、控制容量大，具有低压释放保护、工作可靠、使用寿命长和体积小等优点，是继电器—接触器控制系统中最重要和最常用的元件之一。

接触器的基本参数包括主触点的额定电压、允许切断电流、触点数、线圈电压、操作频率、机械寿命和电寿命等。现代生产的接触器，其额定电流最大可达 2 500 A，允许接通次数为 150～1 500 次/h，总寿命可达到 1 500 万～2 000 万次。

接触器是一种用来自动接通或断开大电流电路的电器。它可以频繁地接通或分断交、直流负载电路，并可实现中远距离控制。其主要控制对象是电动机，也可用于电热设备、电焊机、电容器组等其他设备。它还具有低压释放保护功能。接触器具有控制容量大、过载能力强、寿命长、设备简单经济等特点，是电力拖动自动控制电路中使用最广泛的电气元件之一。

接触器按操作方式分为电磁接触器、气动接触器和电磁气动接触器；按灭弧介质分为空气电磁接触器、油浸式接触器和真空接触器等。

最常用的分类是按照接触器主触点控制的电路种类来划分的，即将接触器分为交流接触器和直流接触器两大类，目前在控制电路中多数采用交流接触器。

1.3.1 接触器的结构及工作原理

1.3.1.1 交流接触器的结构

交流接触器由以下 4 部分组成：电磁机构（包括电磁线圈、动铁芯和静铁芯）、触点系统（主触点和辅助触点）、灭弧装置（图 1-18 中未画出）及其他部分。它的外形结构和符号如图 1-18 所示。

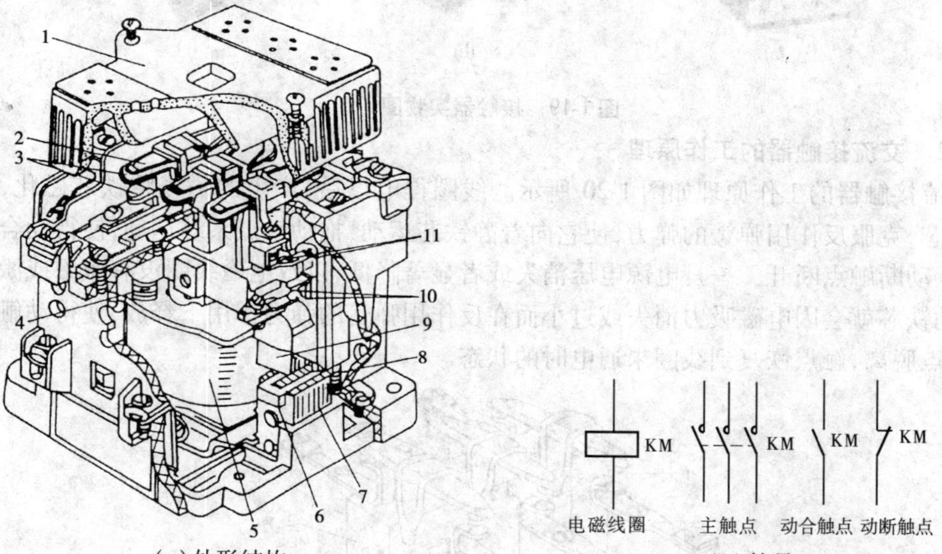

(a)外形结构　　(b)符号

1—灭弧罩；2—触点压力弹簧片；3—主触点；4—反作用弹簧；5—线圈；6—短路环；7—静铁芯；8—弹簧；9—动铁芯；10—辅助动合触点；11—辅助动断触点

图 1-18　交流接触器外形结构及符号

（1）电磁机构。电磁机构由线圈、动铁芯（衔铁）和静铁芯组成，其作用是将电磁能转换成机械能，产生电磁吸力，带动触点动作。

（2）触点系统。包括主触点和辅助触点。主触点用于接通或断开主电路，通常为 3 对常开触点。辅助触点用于控制电路，起控制其他元件接通或分断及电气联锁作用，故又称为联锁触点，一般有多对常开、常闭触点。

（3）灭弧装置。容量在 10 A 以上的接触器都有灭弧装置，对于小容量的接触器，常采用双断口触点灭弧、电动力灭弧、相间弧板隔弧及陶土灭弧罩灭弧。对于大容量的接触器，采用窄缝灭弧及栅片灭弧。

（4）其他辅助部件。包括反作用弹簧、缓冲弹簧、触点压力弹簧、传动机构、支架及外壳等。

如图 1-18 所示，当接触器线圈 5 通电后，在铁芯 7、9 中产生磁通及电磁吸力。此电磁吸力克服弹簧反力使得衔铁吸合，带动触点机构 3、10、11 动作，常闭触点打开，常开触点闭合，互锁或接通线路。线圈失电或线圈两端电压显著降低时，电磁吸力小于弹簧反力，使得衔铁释放，触点机构复位，断开线路或解除互锁。

接触器实物如图 1-19 所示。

(a) (b) (c)

图 1-19 接触器实物图

1.3.1.2 交流接触器的工作原理

交流接触器的工作原理如图 1-20 所示。线圈得电以后，产生的磁场将铁芯磁化，吸引动铁芯，克服反作用弹簧的弹力，使它向着静铁芯运动，拖动触点系统运动，使得动合触点闭合、动断触点断开。一旦电源电压消失或者显著降低，以致电磁线圈没有激磁或激磁不足，动铁芯就会因电磁吸力消失或过小而在反作用弹簧的弹力作用下释放，使得动触点与静触点脱离，触点恢复到线圈未通电时的状态。

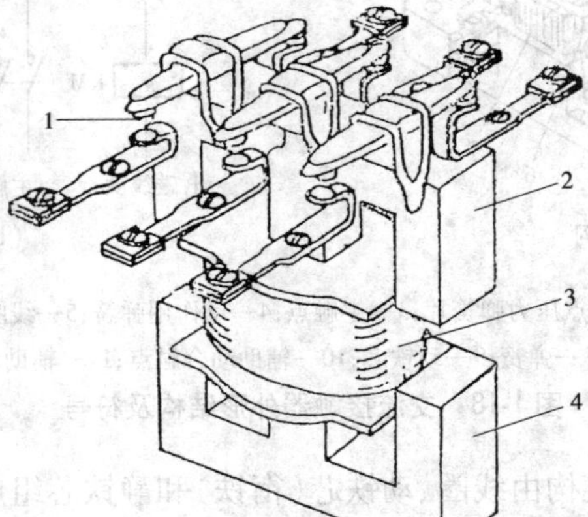

1—静触点；2—动触点；3—电磁线圈；4—静铁芯

图 1-20 交流接触器动作原理图

1.3.1.3 直流接触器

直流接触器的结构和工作原理基本上与交流接触器相同，结构上也是由电磁机构、触点系统和灭弧装置等部分组成的，但在电磁机构方面有所不同。由于直流电弧比交流电弧难以熄灭，直流接触器常采用磁吹式灭弧装置灭弧。

1.3.1.4 交流接触器的触点结构形式和灭弧装置

交流接触器的触点结构形式和灭弧装置如图 1-3、图 1-6 所示。

1.3.2 接触器的主要技术参数

接触器的主要技术参数有极数和电流种类、额定电压、额定电流、通断能力、线圈额定电压、允许操作频率、寿命、使用类别等。

(1)接触器的极数和电流种类。按接触器主触点的个数确定其极数,有两极、三极和四极接触器;按主电路的电流种类分有交流接触器和直流接触器。

(2)额定工作电压。它指主触点之间正常工作电压值,也就是主触点所在电路的电源电压。直流接触器的额定电压有110 V、220 V、440 V、660 V;交流接触器的额定电压有220 V、380 V、500 V、660 V等。

(3)额定电流。它指接触器触点在额定工作条件下的电流值。直流接触器的额定电流有40 A、80 A、100 A、150 A、250 A、400 A及600 A;交流接触器的额定电流有10 A、20 A、40 A、60 A、100 A、150 A、250 A、400 A及600 A。

(4)通断能力。它指接触器主触点在规定条件下能可靠接通和分断的电流值。在此电流值下接通电路时,主触点不应造成熔焊。在此电流值下分断电路时,主触点不应发生长时间燃弧。一般通断能力是额定电流的5~10倍。这一数值与开断电路的电压等级有关,电压越高,通断能力越小。

(5)线圈额定电压。它指接触器正常工作时线圈上所加的电压值。选用时,一般交流负载用交流接触器,直流负载用直流接触器,但对动作频繁的交流负载可采用使用直流线圈的交流接触器。

(6)允许操作频率。它指接触器每小时允许操作次数的最大值。

(7)寿命。包括电气寿命和机械寿命。目前接触器的机械寿命已达1 000万次以上,电气寿命是机械寿命的5%~20%。

(8)使用类别。接触器用于不同负载时,其对主触点的接通与分断能力要求不同,按不同使用条件来选用相应使用类别的接触器,便能满足其要求。根据低压电器基本标准的规定,接触器的使用类别比较多,其中,用于电力拖动控制系统中的常见接触器的使用类别及典型用途见表1-3。

表1-3 接触器的使用类别及典型用途

电流种类	使用类别	典型用途
AC(交流)	AC1	无感或微感负载、电阻炉
	AC2	绕线式电动机的启动和中断,笼型电动机的启动和中断
	AC3	笼型电动机的启动、反接制动、反向和点动
	AC4	
DC(直流)	DC1	无感或微感负载、电阻炉
	DC2	并励电动机的启动、反接制动、反向和点动
	DC3	串励电动机的启动、反接制动、反向和点动

1.3.3　接触器的型号

接触器的型号含义如下所述：

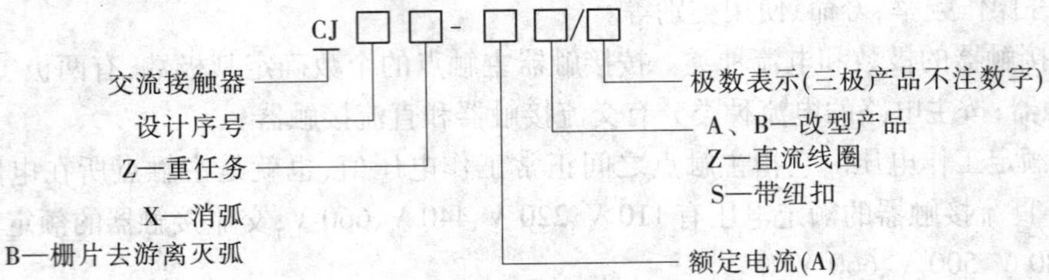

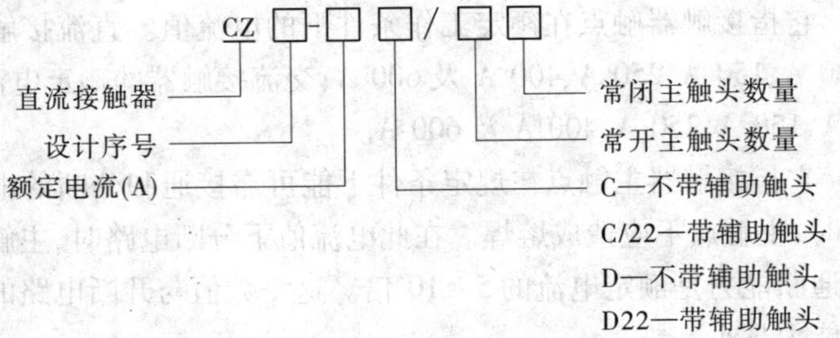

例如，CJ10Z－40/3 为交流接触器，设计序号为 10，重任务型，额定电流为 40 A，主触点为 3 极。

CJ12T－250/3 为改型后的交流接触器，设计序号为 12，额定电流为 250 A，3 个主触点。

我国常用的交流接触器主要有 CJ10、CJ12、CJX2、CJT1、CJ20 等系列及其派生系列产品。直流接触器有 CZ18、CZ21、CZ22、CZ10 和 CZ2 等系列。除以上常用系列外，我国近年来还引进了一些生产线，生产了一些满足 IEC 标准的交流接触器，例如 CJ12B－S 系列锁扣接触器，主要用于交流 50 Hz、电压 380 V 及以下、电流 600 A 及以下的配电电路中，供远距离接通和分断电路用，并适宜于不频繁启动和停止的交流电动机，具有正常工作时吸引线圈不通电、无噪声等特点。其锁扣机构位于电磁系统的下方。锁扣机构靠吸引线圈自通电，吸引线圈断电后靠锁扣机构保持在锁住位置。

引进的产品应用较多的有德国西门子公司的 3TB 系列、BBC 公司的 B 系列、法国 TE 公司的 LC1 系列等，主要供远距离接通和分断电路，并适用于频繁启动及控制交流电动机。3TB 系列产品具有结构紧凑、机械寿命和电气寿命长、安装方便、可靠性高等特点，额定电压为 220～660 V，额定电流为 9～630 A。

常见接触器有 CJ20 系列、3TH 和 CJX1(3TB) 系列。其中，CJ20 系列是较新的产品，而 3TH 和 CJX1(3TB) 系列是从德国西门子公司引进制造的新型接触器。接触器的各种型号的用途如下所示。

(1)CJX1 交流接触器。CJX1 交流接触器是 20 世纪 90 年代最新产品，如图 1-21(a)所示。本系列产品为交流 50 Hz 或 60 Hz。额定绝缘电压 690～1 000 V。在 AC3 使用类别下额定工作电压为 380 V 时，额定工作电流为 9～400 A。主要供远距离接通及分断电

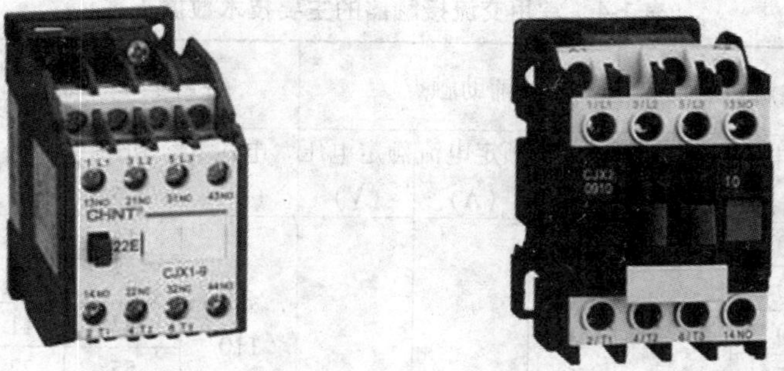

(a)CJX1 交流接触器　　(b)CJX2 交流接触器

图 1-21　CJX1、CJX2 交流接触器

路之用，适用于控制交流电动机的启动、停止及反转。本产品是引进德国西门子公司制作技术的产品，符合 LEC947、VDE0660、GB14048 等标准。

(2) CJX2 交流接触器。如图 1-21(b)所示，CJX2 交流接触器适用于交流 50 Hz 或 60 Hz、电压至 660 V、电流至 95 A 的电路中，供远距离接通与分段电路及频繁启动、控制交流电动机，还可加装积木式辅助触头组、空气延时头、机械联锁机构等附件组成延时接触器、可逆接触器、星三角启动器，并且可以和热继电器直接安装组成电磁启动器。

CJX2 交流接触器为模块式结构，功能组合齐全。在其顶部加装空气延时头，即可成为延时接触器；由 2 台接触器加装机械联锁功能部件，即可组成可逆接触器；热继电器与接触器组装后可成为磁力启动器；接触器顶部加装专用限流触头组及限流电阻即可成为切换电容接触器；3 台接触器及空气延进头、辅助触头组可组合成星三角启动器，加装辅助触头可组成接触器式继电器等。

(3) CJ20 交流接触器。如图 1-22 所示，CJ20 交流接触器（LC1 – D 交流接触器）适用于交流 50 Hz 或 60 Hz、电压至 660 V、电流至 95 A 的电路中，供远距离接通与分段电路及频繁启动、控制交流电动机，还可加装积木式辅助触头组、空气延时头、机械联锁机构等附件组成延时接触器、可逆延时接触器、星三角启动器，并且可以和热继电器直接安装组成电磁启动器。

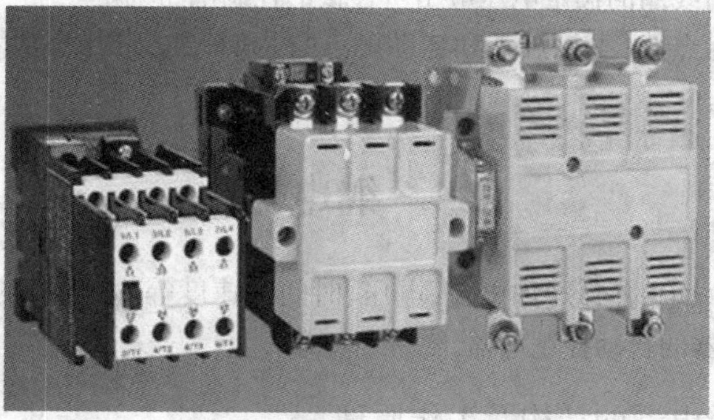

图 1-22　CJ20 交流接触器

常用交流接触器的主要技术数据见表 1-4。

表1-4　常用交流接触器的主要技术数据

型号	主触点			辅助触点			线圈		可控制电器的最大功率(kW)		额定操作频率(次/h)
	对数	额定电流(A)	额定电压(V)	对数	额定电流(A)	额定电压(V)	电压(V)	功率(kW)	220 V	380 V	
CJ0－10	3	10	380	2对常开、2对常闭	5	380	36 110 (127) 220 380	14	2.5	4	≤600
CJ0－20	3	20						33	5.5	10	
CJ0－40	3	40						33	11	20	
CJ0－75	3	75						55	22	40	
CJ10－10	3	10						11	2.2	4	
CJ10－20	3	20						22	5.5	10	
CJ10－40	3	40						32	11	20	
CJ10－60	3	60						70	17	30	

1.3.4　接触器的选用

(1)接触器极数与电流种类的确定。接触器由主电路电流种类来决定是选择直流接触器还是交流接触器。三相交流系统中一般选用三极接触器,当需要同时控制中性线时,则选用四极交流接触器。单相交流和直流系统中常选用两极或三极并联,一般场合选用电磁式接触器,易燃易爆场合应选用防爆型及真空接触器。

(2)根据接触器所控制的负载的类型选择相应使用类别的接触器。如负载是一般任务,则选用 AC3 类别;负载为重任务,则应选用 AC4 类别;如负载是一般任务与重任务混合,则可根据实际情况选用 AC3 或 AC4 类接触器,如选 AC3 类别,应降级使用。

(3)根据负载功率和操作情况来确定接触器主触点的电流等级。当接触器使用类别与所控制负载的工作任务相对应时,一般按控制负载电流值来决定接触器主触点的额定电流值;若不对应,应降低接触器主触点电流等级使用。

(4)根据接触器主触点接通与分断的主电路电压等级来决定接触器的额定电压。

(5)接触器吸引线圈的额定电压应由所连接的控制电路确定。

(6)接触器的触点数(主触点数和辅助触点数)和种类(常开或常闭)应满足主电路和控制电路的要求。

1.4　继电器

继电器是根据一定的信号(如电流、电压、时间和速度等物理量)的变化来接通或分断小电流电路和电器的自动控制电器。

1.4.1　电磁式继电器的结构及工作原理

1.4.1.1　结构及工作原理

继电器一般由 3 个基本部分组成:检测机构、中间机构和执行机构。

低压控制系统中的控制继电器大部分为电磁式结构。图1-23为电磁式继电器的典型结构示意图。电磁式继电器由电磁机构和触点系统两个主要部分组成。电磁机构由线圈1、铁芯2、衔铁7组成。触点系统由于其触点都接在控制电路中，且电流小，故不装设灭弧装置。它的触点一般为桥式触点，有动合和动断两种形式。另外，为了实现继电器动作参数的改变，继电器一般还具有改变弹簧松紧和改变衔铁打开后气隙大小的装置，即反作用调节螺钉6。

当通过电流线圈1的电流超过某一定值时，电磁吸力大于反作用弹簧力，衔铁7吸合并带动绝缘支架动作，使动断触点9断开、动合触点10闭合。通过调节螺钉6来调节反作用力的大小，即调节继电器的动作参数值。

1.4.1.2 继电特性

继电器的主要特性是输入—输出特性，又称继电特性，继电特性曲线如图1-24所示。当继电器输入量 X 由零增至 X_0 以前，继电器输出量 Y 为零。当输入量 X 增加到 X_0 时，继电器吸合，输出量为 Y_1；若 X 继续增大，Y 保持不变。当 X 减小到 X_r 时，继电器释放，输出量由 Y_1 变为零，若 X 继续减小，Y 值均为零。

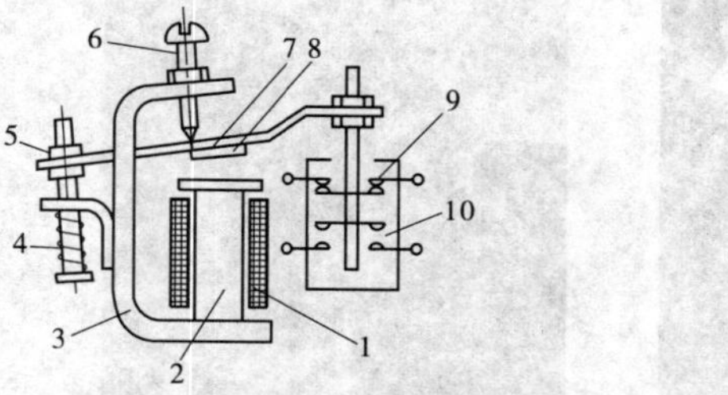

1—线圈；2—铁芯；3—磁轭；4—弹簧；5—调节螺母；6—调节螺钉；
7—衔铁；8—非磁性垫片；9—动断触点；10—动合触点

图1-23 电磁式继电器的典型结构示意图

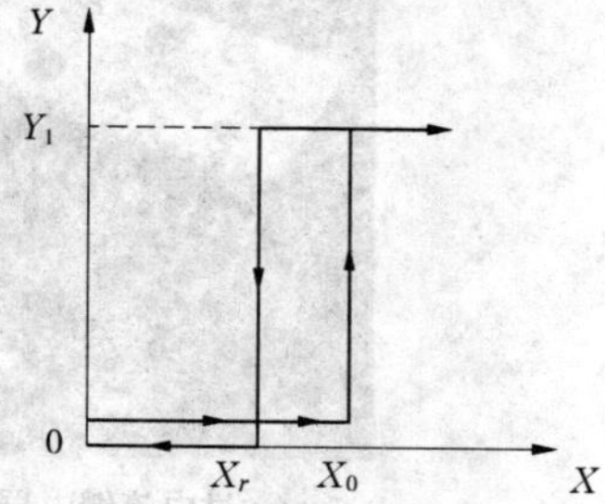

图1-24 继电器的继电特性

1.4.1.3 继电器的型号含义和电气符号

继电器的型号含义和电气符号如图1-25所示。

1.4.2 电流继电器

电流继电器主要用于过载及短路保护。其外形如图1-26所示。

电流继电器的线圈串联接入主电路，其线圈匝数少、导线粗、阻抗小，用来感测主电路的电流，其触点接于控制电路，为执行元件。

电流继电器反映的是电流信号，常用的电流继电器有欠电流继电器和过电流继电器两种。

欠电流继电器用于欠电流保护，在电路正常工作时，欠电流继电器的衔铁是吸合的，其动合触点闭合、动断触点断开。只有当电流降低到某一整定值时，衔铁释放，控制电路失电，从而控制接触器及时分断电路。

过电流继电器在电路正常工作时不动作，整定范围通常为额定电流的1.1～3.5倍。当被保护线路的电流高于额定值，并达到过电流继电器的整定值时，衔铁吸合，触点机构动作，控制电路失电，从而控制接触器及时分断电路，对电路起过流保护作用。

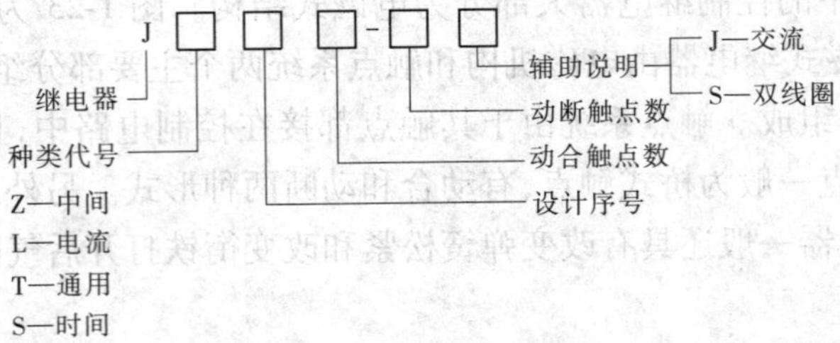

(a)型号含义

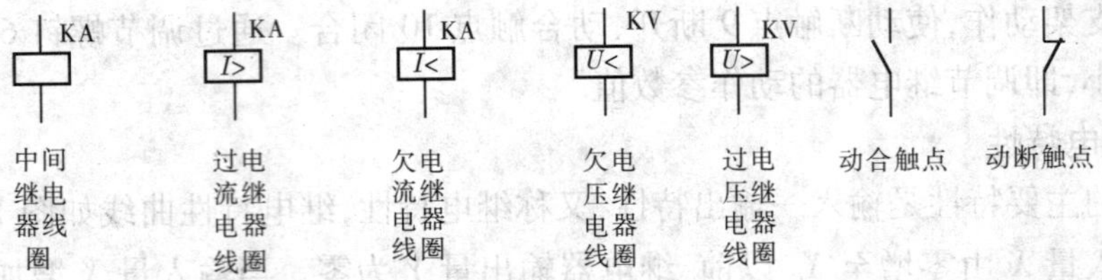

(b)电气符号

图1-25 继电器的型号含义和电气符号

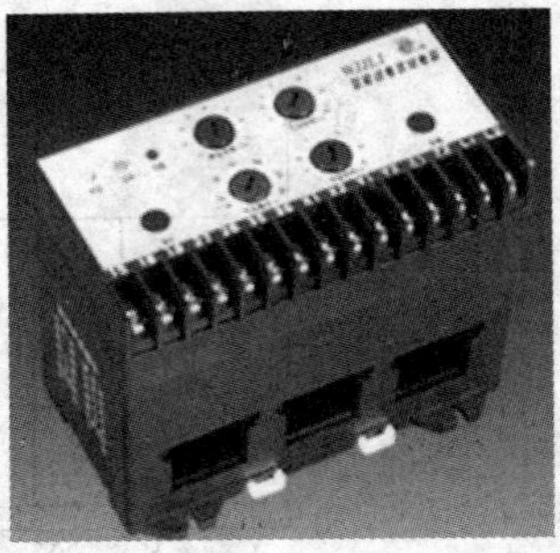

(a) 过电流继电器外形图

(b) 欠电流继电器外形图

图1-26 电流继电器外形图

1.4.3 电压继电器

电压继电器反映的是电压信号。它的线圈并联在被测电路的两端,所以匝数多、导线细、阻抗大。

电压继电器用于电力拖动系统的电压保护和控制。其线圈并联接入主电路,感测主电路的电压;触点接于控制电路,为执行元件。

按吸合电压的大小,电压继电器可分为过电压继电器和欠电压继电器。

过电压继电器用于电路的过电压保护,当被保护的电路电压正常时衔铁不动作,当被保护电路的电压高于额定值,达到过电压继电器的整定值时,衔铁吸合,触点机构动作,控制电路失电,控制接触器及时分断被保护电路。

欠电压继电器用于电路的欠电压保护,其释放整定值为电路额定电压的0.1~0.6倍。当被保护电路电压正常时衔铁可靠吸合,当被保护电路电压降至欠电压继电器的释放整定值时衔铁释放,触点机构复位,控制接触器及时分断被保护电路。

1.4.4　中间继电器

中间继电器实质上是一种电压继电器。它的特点是触点数目较多,电流容量可增大,起到中间放大(触点数目和电流容量)的作用,在电路中起信号的传递与转换作用。中间继电器可以实现多路控制,并可将小功率的控制信号转换为大容量的触点动作,以驱动电气执行元件工作。有时也可用中间继电器控制小容量电动机的启停。

中间继电器也可分为直流与交流两种,其结构一般由电磁机构和触点系统组成。电磁机构与接触器相似,其触点因为通过控制电路的电流容量较小,所以不需加装灭弧装置;它的特点是触点数量较多(可达 8 对),触点容量较大(5 ~ 10 A),动作灵敏,在电路中起增加触点数量和中间放大作用。由于中间继电器只要求线圈电压为零时能可靠释放,对动作参数无要求,故中间继电器没有调节装置。

1.4.4.1　中间继电器的外形结构与符号

中间继电器的外形结构及符号如图 1-27 所示,其文字符号为 KA。

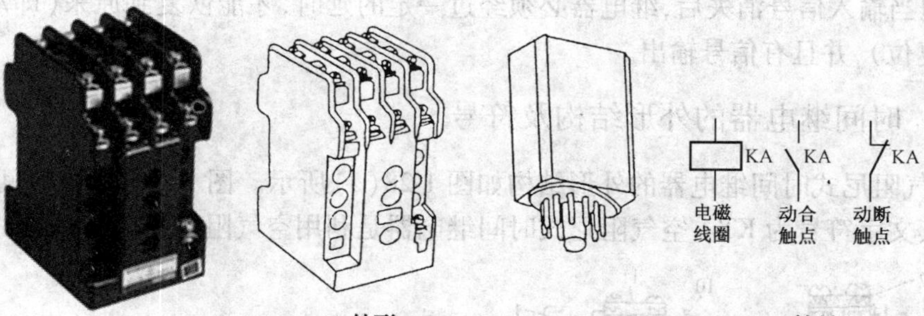

(a) 外形　　(b) 符号

图 1-27　中间继电器外形结构及符号

中间继电器的结构和交流接触器基本一样,其外壳一般由塑料制成,为开启式。外壳上的相间隔板将各对触点隔开,以防止因飞弧而发生短路事故。触点一般有 8 动合、6 动合 2 动断、4 动合 4 动断三种组合形式。

1.4.4.2　中间继电器的动作原理

中间继电器与交流接触器相似,动作原理也相同。当电磁线圈得电时,铁芯被吸合,触点动作,即动合触点闭合,动断触点断开;电磁线圈断电后,铁芯释放,触点复位。

1.4.4.3　中间继电器的型号含义

中间继电器的型号含义如下所述:

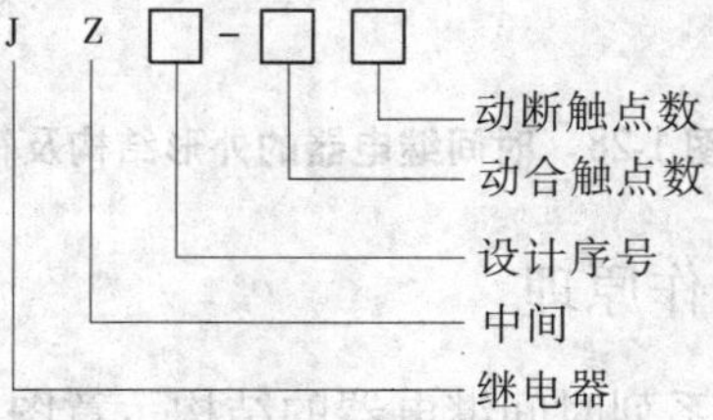

1.5 时间继电器

在自动控制系统中,有时需要继电器得到信号后不立即动作,而是要顺延一段时间后再动作,并输出控制信号,以达到按时间顺序进行控制的目的。时间继电器就能实现这种功能。

时间继电器也称为延时继电器,是一种用来实现触点延时接通或断开的控制电器。时间继电器种类繁多,但目前常用的时间继电器按工作原理分,主要有空气阻尼式、电动式、晶体管式、单片机控制式及直流电磁式等几大类。

时间继电器按延时方式可分为通电延时型和断电延时型两种。通电延时型时间继电器在其感测部分接收信号后开始延时,一旦延时完毕,就通过执行部分输出信号以操纵控制电路,当输入信号消失时,继电器就立即恢复到动作前的状态(复位)。断电延时型与通电延时型相反。断电延时型时间继电器在其感测部分接收输入信号后,执行部分立即动作,但当输入信号消失后,继电器必须经过一定的延时,才能恢复到原来(即动作前)的状态(复位),并且有信号输出。

1.5.1 时间继电器的外形结构及符号

空气阻尼式时间继电器的外形结构如图 1-28(a)所示。图 1-28(b)为时间继电器的符号,其文字符号为 KT。空气阻尼式时间继电器是利用空气阻尼原理获得延时的。

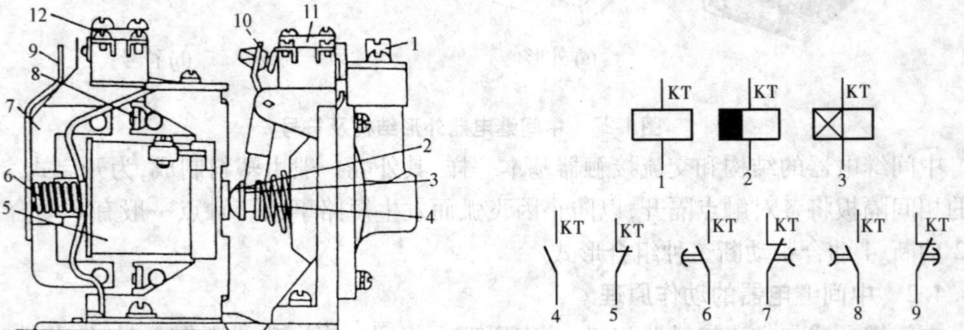

1—调节螺丝;2—推板;3—推杆;4—宝塔弹簧;
5—电磁线圈;6—反作用弹簧;7—衔铁;
8—铁芯;9—弹簧片;10—杠杆;
11—延时触点;12—瞬动触点

(a)外形结构

1—线圈一般符号;2—断电延时型线圈;
3—通电延时型线圈;4—瞬动动合触点;
5—瞬动动断触点;6—通电延时动合触点;
7—通电延时动断触点;8—断电延时动合触点;
9—断电延时动断触点

(b)符号

图 1-28 时间继电器的外形结构及符号

1.5.2 时间继电器的动作原理

图 1-29 所示为 JS7 - A 系列时间继电器的结构示意图。

时间继电器由电磁系统、延时机构和工作触点三部分组成。将电磁机构翻转 180°安装后,通电延时型可以改换成断电延时型,同样,断电延时型也可以改换成通电延时型。

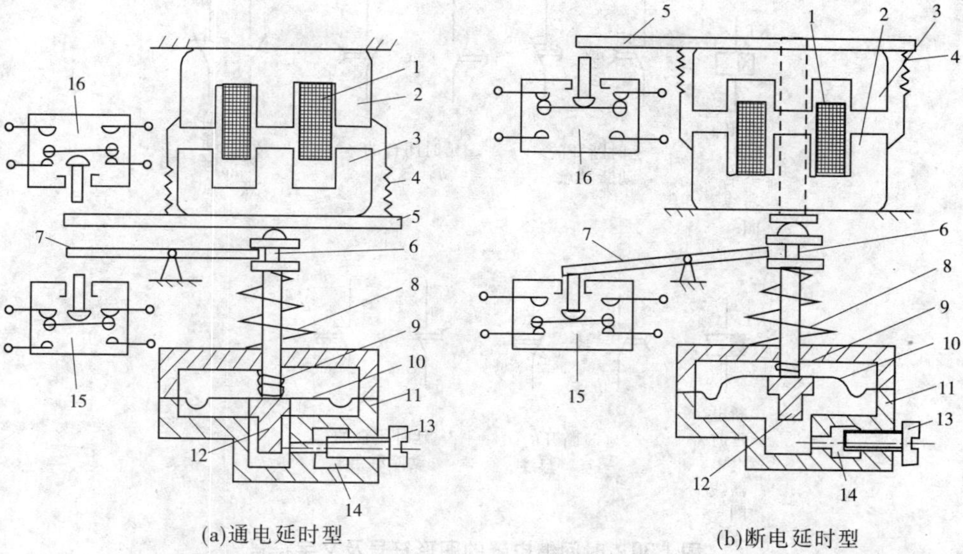

1—线圈;2—铁芯;3—衔铁;4—复位弹簧;5—推板;6—活塞杆;7—杠杆;8—塔形弹簧;
9—弱弹簧;10—橡皮膜;11—空气室;12—活塞;13—调节螺钉;14—进气孔;15、16—微动开关

图 1-29 时间继电器结构示意图

空气阻尼式时间继电器由电磁机构、延时机构、触点系统三部分组成。延时方式有通电延时和断电延时两种。断电延时型结构及工作原理见图 1-29(b):当线圈 1 通电后,衔铁 3 连同推板 5 被铁芯 2 吸引向下吸合,上方微动开关 16 压下,使上方微动开关触点迅速转换。同时在空气室 11 内与橡皮膜 10 相连的活塞杆 6 也迅速向下移动,带动杠杆 7 左端迅速上移,微动开关 15 的延时常开触点马上闭合、常闭触点马上断开。当线圈断电时,微动开关 16 迅速复位,在空气室 11 内与橡皮膜 10 相连的活塞杆 6 在弹簧 8 作用下也向上移动,由于橡皮膜下方的空气稀薄形成负压,起到空气阻尼的作用,因此活塞杆只能缓慢向上移动,移动速度由进气孔 14 的大小而定,可通过调节螺钉 13 调整。经过一段延时后,活塞 12 才能移到最上端,并通过杠杆 7 压动开关 15,使其常开触点延时断开,常闭触点延时闭合。

1.5.3 时间继电器的图形符号及文字符号

时间继电器的图形符号及文字符号如图 1-30 所示。

按延时方式可分为通电延时型时间继电器和断电延时型时间继电器。

对于通电延时型时间继电器,当线圈得电时,其延时动合触点要延时一段时间才闭合,延时动断触点要延时一段时间才断开。当线圈失电时,其延时动合触点迅速断开,延时动断触点迅速闭合。

对于断电延时型时间继电器,当线圈得电时,其延时动合触点迅速闭合,延时动断触点迅速断开。当线圈失电时,其延时动合触点要延时一段时间再断开,延时动断触点要延时一段时间再闭合。

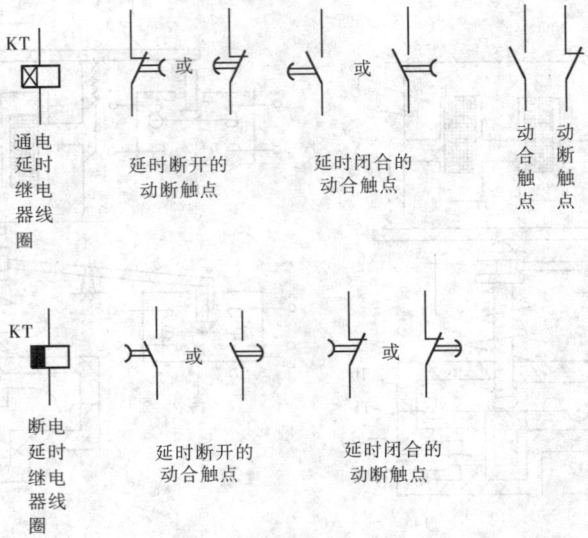

图 1-30　时间继电器的图形符号及文字符号

1.5.4　时间继电器的型号含义

时间继电器的型号含义为

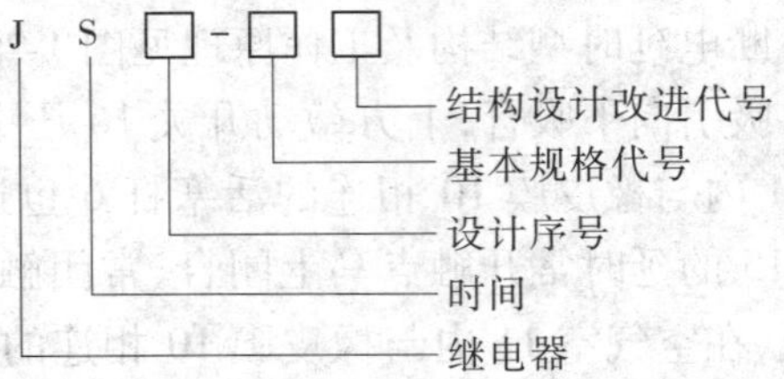

时间继电器的外形如图 1-31 所示。JS7 - A 系列时间继电器外形如图 1-31(a)所示，JS20 系列晶体管时间继电器外形如图 1-31(b)所示。

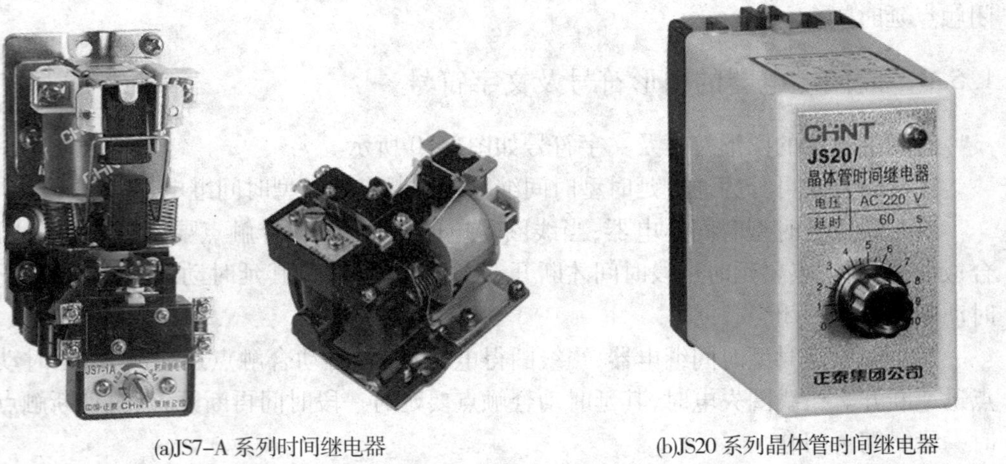

(a)JS7-A 系列时间继电器　　(b)JS20 系列晶体管时间继电器

图 1-31　时间继电器的外形图

(c)AH3–1 电子式时间继电器

(d)JQX–13F 小型继电器

(e)JSS14A 数显时间继电器

(f)JSS26A 数显时间继电器

续图 1-31

1.6　热继电器

热继电器主要用于过载、缺相及三相电流不平衡的保护。

热继电器的形式有多种，其中以双金属片式应用最多。双金属片式热继电器主要由发热元件、主双金属片和触点三部分组成。主双金属片是热继电器的感测元件，由两种膨胀系数不同的金属片辗压而成。当串联在电动机定子绕组中的热元件有电流流过时，热元件产生的热量使双金属片伸长，由于膨胀系数不同，致使双金属片发生弯曲。电动机正常运行时，双金属片的弯曲程度不足以使热继电器动作。但是当电动机过载时，流过热元件的电流增大，加上时间效应，就会加大双金属片的弯曲程度，最终使双金属片推动导板，使热继电器的触点动作，切断电动机的控制电路。

1.6.1　热继电器的外形结构及符号

电路中串入热继电器 FR，是对电动机起过载保护作用的。电动机若遇到频繁启停操作或运转过程中负载过重或缺相，都可能会引起电动机定子绕组中的负载电流长时间超过额定工作电流，而熔断器的保护特性使得它可能暂时不会熔断，所以必须采用热继电器对电动机实行过载保护。

电动机过载时，过载电流将使热继电器中双金属片弯曲动作，使串联在控制电路中的动断触点断开，从而切断接触器 KM 线圈的电路，主触点断开，电动机脱离电源停转。热继电器的外形结构及符号如图 1-32 ~ 图 1-34 所示。

图 1-32 JRS1 系列热过载继电器

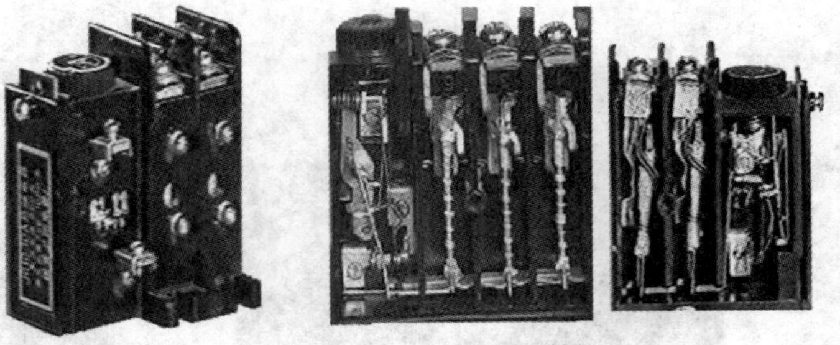

(a) 外形 (b) 结构

图 1-33 热继电器的外形及内部结构

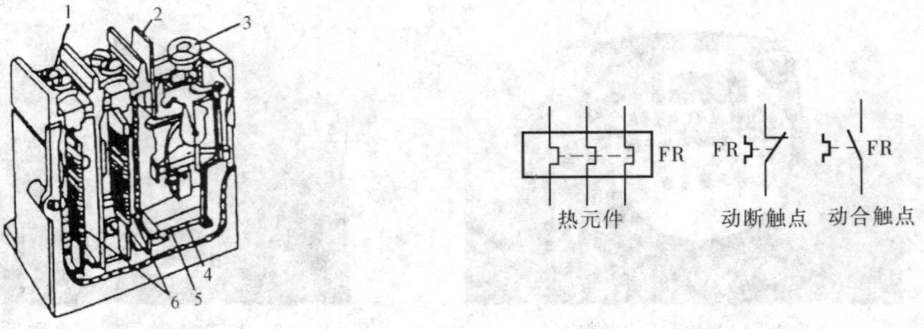

(a)外形结构 (b)符号

1—接线柱;2—复位按钮;3—调节旋钮;4—动断触点;5—动作机构;6—热元件

图 1-34 热继电器的外形结构及符号

1.6.2 热继电器的动作原理

当电动机过载时,流过电阻丝(热元件)的电流增大,电阻丝产生的热量使金属片弯曲,经过一定时间后,弯曲位移增大,因而脱扣,使其动断触点断开、动合触点闭合。热继电器动作原理如图 1-35 所示。

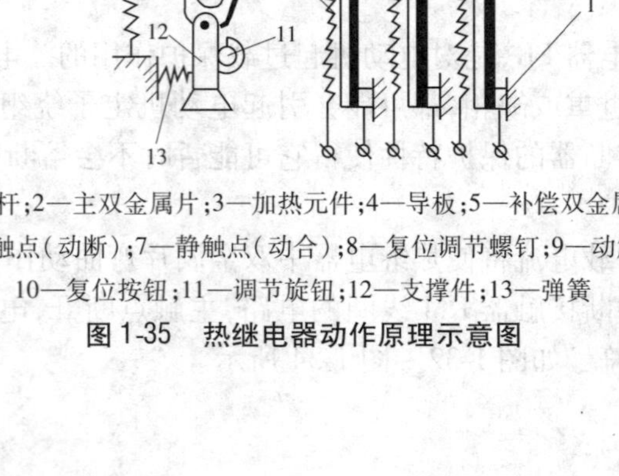

1—推杆;2—主双金属片;3—加热元件;4—导板;5—补偿双金属片;
6—静触点(动断);7—静触点(动合);8—复位调节螺钉;9—动触点;
10—复位按钮;11—调节旋钮;12—支撑件;13—弹簧

图 1-35 热继电器动作原理示意图

热继电器触点动作切断电路后，电流为零，则电阻丝不再发热，双金属片冷却到一定值时恢复原状，于是动合和动断触点可以复位。另外，也可通过调节螺钉，使触点在动作后不自动复位，而必须按动复位按钮才能使触点复位。这很适用于某些要求故障未排除而防止电动机再启动的场合。不能自动复位对检修时确定故障范围也是十分有利的。

1.6.3 热继电器型号、符号及选用

1.6.3.1 热继电器的型号

热继电器的型号含义如下所述：

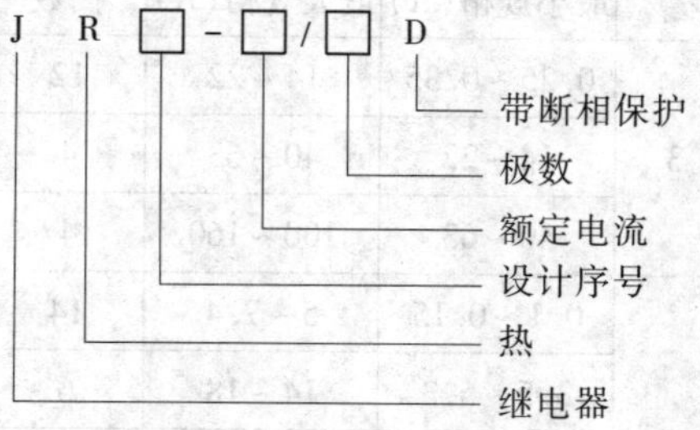

我国常用的热继电器主要有 JR20、JRS1、JR16 等系列。引进产品有 T 系列（德国 BBC 公司）、3UA（德国西门子公司）、LR1 - D（法国 TE 公司）。JRS1、JR20 系列具有断电保护、温度补偿、整定电流可调，能手动脱扣及手动断开动断触点等功能。三相交流电动机的过载保护均采用三相式热继电器，尤其是 JR16 和 JR20 系列三相式热继电器得到了广泛应用。这两种系列的热继电器按其功能又分为带断相保护和不带断相保护两种类型。带断相保护的热继电器，具有差动式断相保护机构。选择时主要根据电动机定子绕组的联结方式来确定热继电器的型号，在三相异步电动机电路中，对于 Y 联结的电动机可选用两相或三相结构的热继电器，一般采用两相结构，即在两相主电路中串接热元件。但对于定子绕组为△联结的电动机，必须采用带断相保护的热继电器。

在电气原理图中，热继电器的发热元件和触点的图形符号如图 1-36 所示。

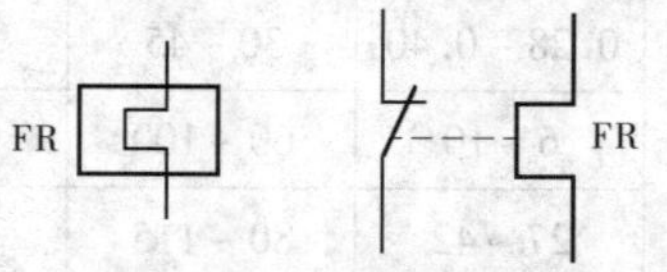

(a)发热元件　　(b)常闭触点

图 1-36　热继电器的图形符号和文字符号

常用的 JRS1 系列和 JR20 系列热继电器的图形符号如图 1-37 所示。

JR0、JR1、JR2 和 JR15 系列的热继电器均为两相结构，是双热元件的热继电器，可以用作三相异步电动机的均衡过载保护和定子绕组为 Y 联结的三相异步电动机的断相保护，但不能用作定子绕组为△联结的三相异步电动机的断相保护。

常用的 JR16、JR20、JRS1、T 系列热继电器的技术参数见表 1-5。

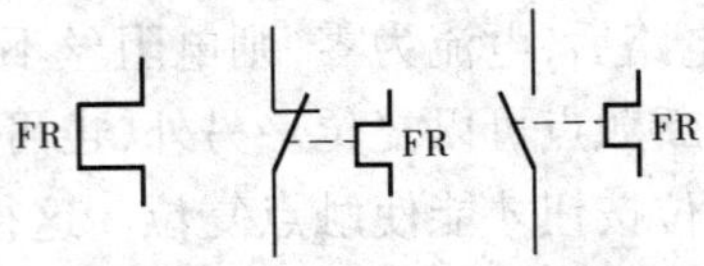

(a)发热元件 (b)常闭触头 (c)常开触头

图1-37　JRS1 和 JR20 系列热继电器的图形符号

表1-5　常用的热继电器技术参数

型号	额定电压(V)	额定电流(A)	相数	热元件			断相保护	温度补偿	触点数量
				最小规格(A)	最大规格(A)	挡数			
JR16	380	20	3	0.25～0.35	14～22	12	有	有	一动合一动断
		60		14～22	40～63	4			
		150		40～63	100～160	4			
JR20	660	6.3	3	0.1～0.15	5～7.4	14	无	有	一动合一动断
		16		3.5～5.3	14～18	6			
		32		8～12	28～36	6			
		63		16～24	55～71	6			
		160		33～47	144～176	9			
		250		83～125	167～250	4			
		400		130～195	267～400	4			
		630		200～300	420～630	4			
JRS1	380	12	3	0.11～0.15	9.0～12.5	13	有	有	一动合一动断
		25		9.0～12.5	18～25	3			
T	660	16	3	0.11～0.16	12～17.6	22	有	有	一动合一动断
		25		0.17～0.25	26～32	21			
		45		0.28～0.40	30～45	21			一动合或一动断
		85		6～10	60～100	8			一动合一动断
		105		27～42	80～115	6			
		170		90～130	140～220	3			
		250		100～160	250～400	3			
		370		100～160	310～500	4			

1.6.3.2　热继电器的选用

通常选用热继电器时应按电动机形式、工作环境、启动情况及负荷情况等几方面综合加以考虑。

(1)原则上,热继电器的额定电流应按电动机的额定电流选择。对于过载能力较差的电动机,其配用的热继电器(主要是发热元件)的额定电流可适当小些。通常,选取热继电器的额定电流(实际上是选取发热元件的额定电流)为电动机额定电流的60%～80%。

(2)在不频繁启动场合,要保证热继电器在电动机的启动过程中不产生误动作。通常,电动机启动电流为其额定电流的6倍以及启动时间不超过6 s,若很少连续启动,就可按电动机的额定电流选取热继电器。

(3)当电动机为重复短时工作时,首先应注意确定热继电器的允许操作频率。因为热继电器的操作频率是很有限的,如果用它保护操作频率较高的电动机,效果很不理想,有时甚至不能使用。

(4)在三相异步电动机电路中,对于定子绕组为Y联结的电动机,应选用两相或三相结构的热继电器;对于定子绕组为△联结的电动机,必须采用带断相保护的热继电器。

1.7 速度继电器

速度继电器是利用转轴的转速来切换电路的自动电器,它主要用于鼠笼型异步电动机的反接制动控制中,故也称为反接制动继电器。

1.7.1 速度继电器的外形结构及符号

速度继电器的外形结构如图1-38(a)所示,图1-38(b)为其图形符号,其文字符号为KS。

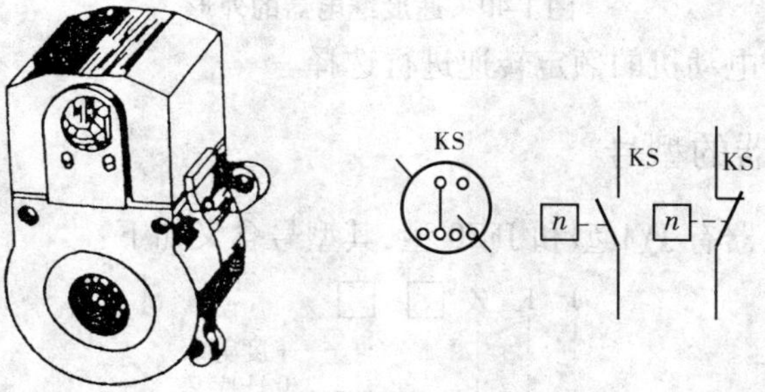

(a)外形 (b)符号

图1-38 速度继电器的外形结构及符号

速度继电器主要由转子、定子和触点三部分组成。转子是一个圆柱形永久磁铁,定子是一个笼型空心圆环。定子由硅钢片叠成,并装有笼型绕组。

1.7.2 速度继电器的动作原理

速度继电器的动作原理如图1-39所示。其外形见图1-40。其转轴与电动机的轴相连接,而定子空套在转子上。当电动机转动时,速度继电器的转子(永久磁铁)随之转动,在空间产生旋转磁场,切割定子绕组,而在其中感应出电流。此电流又在旋转的转子磁场作用下产生转矩,使定子随转子转动方向而旋转,和定子装在一起的摆锤推动动触点动作,使动断触点断开、动合触点闭合。当电动机转速低于某一值时,定子产生的转矩减小,动触点复位。

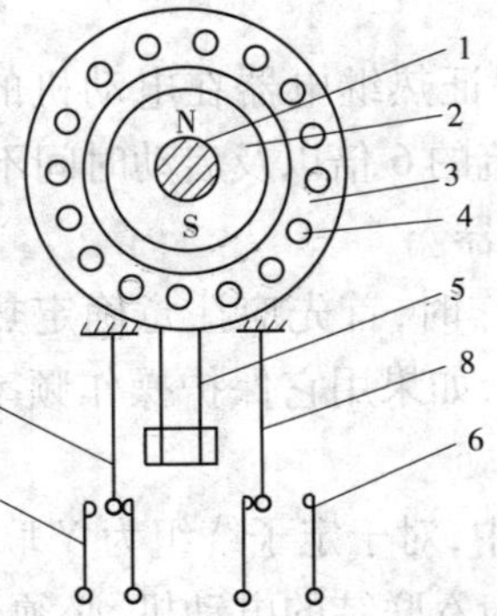

1—转轴;2—转子;3—定子;4—绕组;5—摆锤;6、7—静触点;8、9—动触点

图 1-39 速度继电器的动作原理图

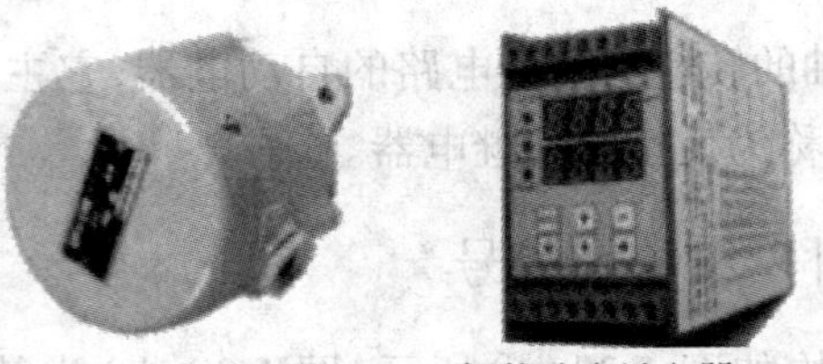

(a)JY1 速度继电器 (b) 智能速度继电器 (SR 型)

图 1-40 速度继电器的外形

速度继电器根据电动机的额定转速进行选择。

1.7.3 速度继电器的型号

常用的速度继电器有 JY1 型和 JFZ0 型,其型号含义如下:

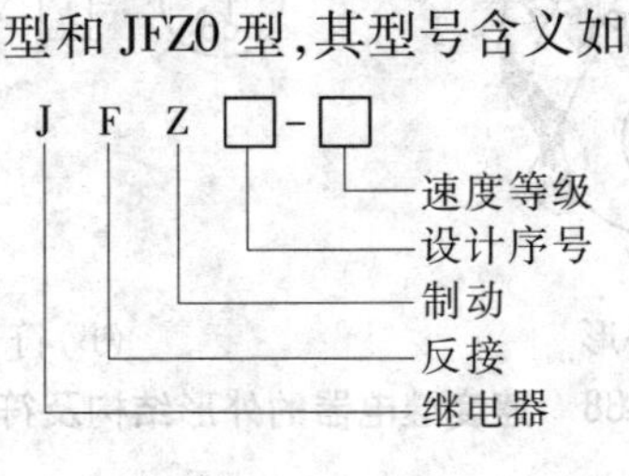

1.8 刀开关

1.8.1 刀开关概述

刀开关是一种手动电器,在低压电路中用于不频繁地接通和分断电路,或用于隔离电源,故又称“隔离开关”。

刀开关是一种结构较为简单的手动电器，主要由手柄、触刀、静插座和绝缘底板等组成，其结构、图形及文字符号如图1-41、图1-42所示。

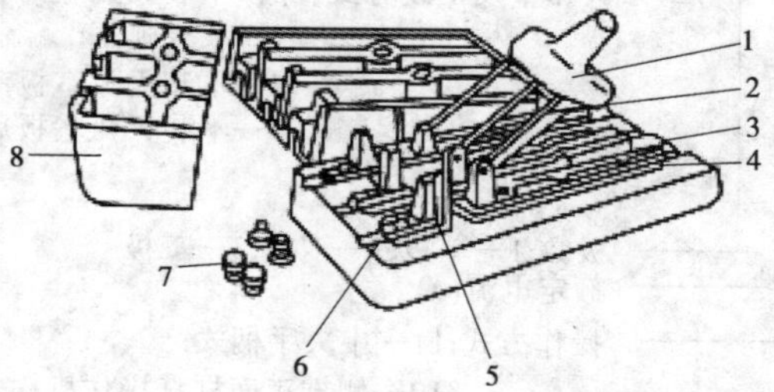

1—瓷柄；2—动触点；3—出线座；4—瓷底座；5—静触点；
6—进线座；7—胶盖紧固螺钉；8—胶盖

图1-41 刀开关结构示意图

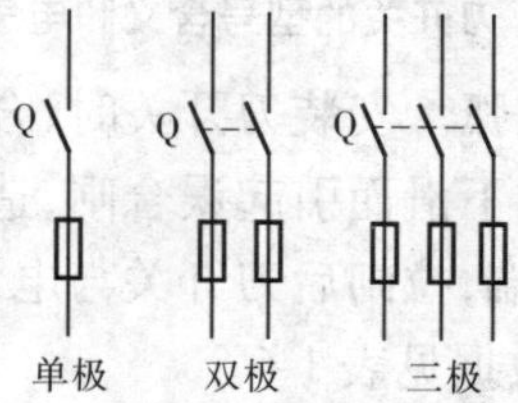

图1-42 刀开关的图形及文字符号

1.8.2 常用刀开关

常用刀开关有HD系列及HS系列板用刀开关、HK系列开启式负荷开关和HH系列封闭式负荷开关。

刀开关的外形如图1-43所示。

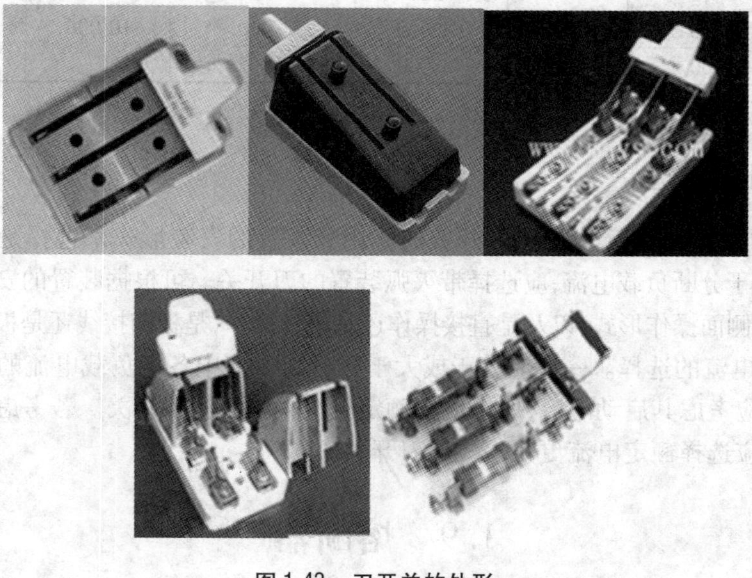

图1-43 刀开关的外形

刀开关的型号含义如图 1-44 所示。

□□-□/□□

灭弧室及接线方式：0—不装灭弧室；
1—装灭弧室；
8—不装灭弧室板前接线方式；
9—不装灭弧室板后接线方式

极数:1—单极;2—双极;3—三极

额定电流(A)

操作方式:11—中央手柄式；
12—侧方正面杠杆操作机构式；
13—中央正面杠杆操作机构式；
14—侧面手柄式

刀开关型号:HD—单投刀开关；
HS—双投刀开关

图 1-44　刀开关的型号含义和电气符号

刀开关在切断电源时会产生电弧。安装刀开关时,合上开关时手柄在上方,不得倒装或平装。倒装时手柄有可能因自重下滑而引起误合闸,造成安全事故。接线时,将电源线接在熔丝上端,负载线接在熔丝下端,拉闸后刀开关与电源隔离,便于更换熔丝,可防止意外发生。HK2 系列刀开关的技术数据见表 1-6。

表 1-6　HK2 系列刀开关的技术数据

额定电压(V)	额定电流(A)	极数	熔体极限分断能力(A)	控制电动机最大容量(kW)	机械寿命(次)	电气寿命(次)
250	10	2	500	1.1	10 000	2 000
	15		500	1.5		
	30		1 000	3.0		
500	15	3	500	2.2	10 000	2 000
	30		1 000	4.0		
	60		1 000	5.5		

1.8.3　刀开关的选择

(1)结构形式的选择。应根据刀开关的作用和装置的安装形式来选择是否带灭弧装置。如开关用于分断负载电流,应选择带灭弧装置的刀开关。可根据装置的安装形式来选择正面、背面、侧面操作形式,以及是直接操作还是杠杆操作,是板前接线还是板后接线。

(2)额定电流的选择。一般应等于或大于所分断电路中各个负载电流的总和。对于电动机负载,应考虑其启动电流,所以应选额定电流大一级的刀开关。若考虑电路出现的短路电流,还应选择额定电流更大一级的刀开关。

1.9　熔断器

熔断器是一种结构简单、使用方便、价格低廉、控制有效的短路保护电器。

1.9.1　熔断器的结构和工作原理

熔断器主要由熔体(俗称保险丝)和安装熔体的熔管(或熔座)组成。

熔断器的熔体与被保护的电路串联,当电路正常工作时,熔体允许通过一定大小的电流而不熔断。当电路发生短路或严重过载时,熔体中流过很大的故障电流,当电流产生的热量使熔体温度升高达到熔点时,熔体熔断并切断电路,从而达到保护的目的。

1.9.2　熔断器的结构与分类

熔断器是一种简单而有效的保护电器,在电路中主要起短路保护作用,其外形结构如图1-45所示。熔断器主要由熔体和安装熔体的绝缘管(或盖、座)等部分组成。其中,熔体是主要部分,它既是感测元件又是执行元件。熔体由不同金属材料(铅锡合金、锌、铜或银)制成丝状、带状、片状或笼状,串接于被保护电路。当电路发生短路或过载故障时,通过熔体的电流使其发热,当达到熔化温度时,熔体自行熔断,从而分断故障电路。熔断管一般由硬质纤维或瓷质绝缘材料制成半封闭式或封闭式管状外壳,熔体装于其中。熔断管的作用是便于安装熔体和有利于熔体熔断时熄灭电弧。

(a) 螺旋式熔断器　(b) 圆筒形帽熔断器　(c) 螺栓连接熔断器

(d) 其他类型熔断器

图1-45　熔断器外形结构

熔断器的种类很多,按结构可分为半封闭插入式、螺旋式、无填料封闭式和有填料封闭式。按用途可分为一般工业用熔断器、半导体器件保护用快速熔断器和特殊熔断器(如具有两段保护特性的快慢动作熔断器、自复式熔断器)。常用的熔断器有以下几种。

1.9.2.1 插入式熔断器

插入式熔断器如图1-46所示,常用于380 V及以下电压等级的电路末端,作为配电支线或电气设备的短路保护来使用。

1.9.2.2 螺旋式熔断器

螺旋式熔断器如图1-47所示。熔体的上端盖有一熔断指示器,一旦熔体熔断,指示器马上弹出,可透过瓷帽上的玻璃孔观察到,它常用于机床电气控制设备中。螺旋式熔断器分断电流较大,可用于电压等级500 V及其以下、电流等级200 A以下的电路中,作短路保护。

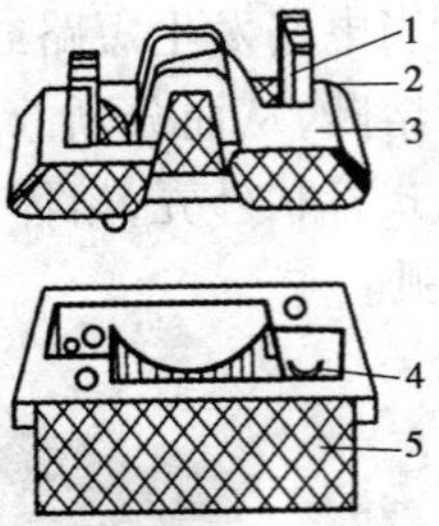

1—动触点;2—熔体;3—瓷插件;4—静触点;5—瓷座

图1-46 插入式熔断器

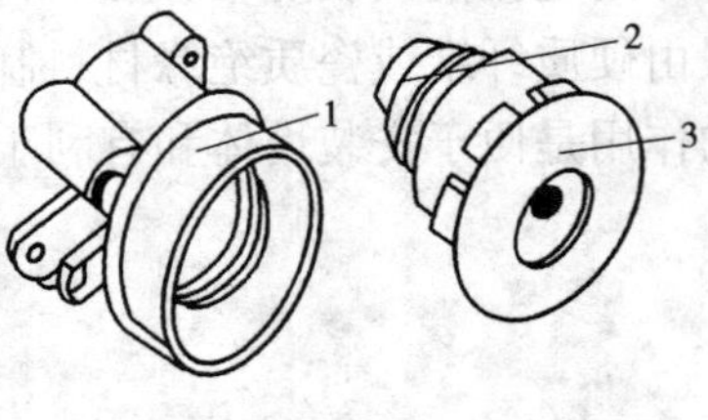

1—底座;2—熔体;3—瓷帽

图1-47 螺旋式熔断器

1.9.2.3 封闭式熔断器

封闭式熔断器分为有填料熔断器和无填料熔断器两种。有填料封闭式熔断器如图1-48所示,一般用方形瓷管,内装石英砂及熔体,分断能力强,用于电压等级500 V以下、电流等级1 kA以下的电路中。无填料封闭式熔断器如图1-49所示,将熔体装入密闭式圆筒中,分断能力稍小,用于500 V以下、600 A以下电力网或配电设备中。

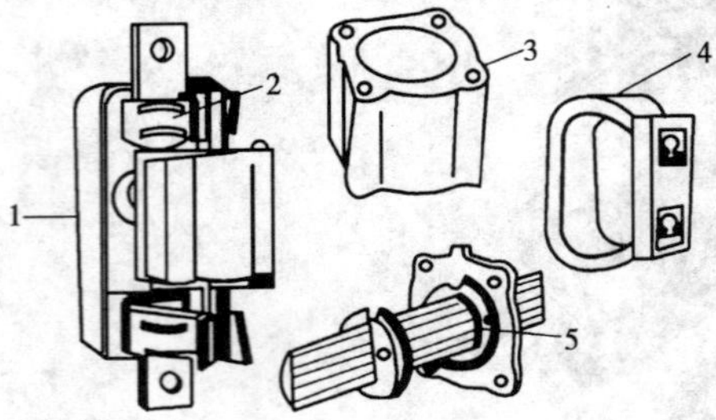

1—瓷底座;2—弹簧片;3—管体;

4—绝缘手柄;5—熔体

图1-48 有填料封闭式熔断器

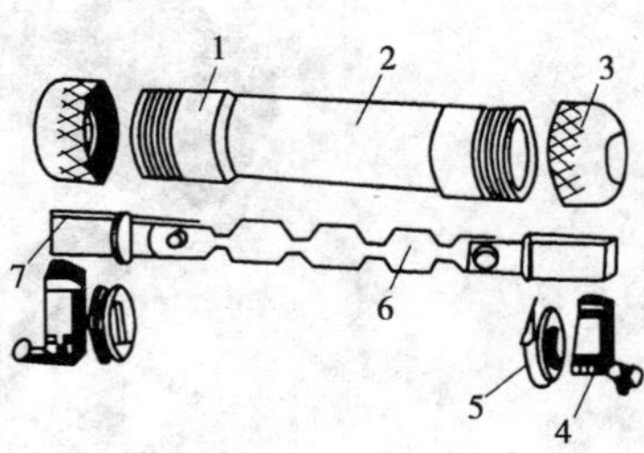

1—铜圈;2—熔断管;3—管帽;4—插座;

5—特殊垫圈;6—熔体;7—熔片

图1-49 无填料封闭式熔断器

1.9.2.4 快速熔断器

快速熔断器主要用于半导体整流元件或整流装置的短路保护。由于半导体元件的过载能力很低,只能在极短时间内承受较大的过载电流,因此要求短路保护具有快速熔断的能力。快速熔断器的结构和有填料封闭式熔断器基本相同,但熔体材料和形状不同,它是以银片冲制的有V形深槽的变截面熔体。

1.9.2.5　自复熔断器

自复熔断器采用金属钠作熔体,在常温下具有高电导率。当电路发生短路故障时,短路电流产生高温使钠迅速汽化,气态钠呈现高阻态,从而限制了短路电流。当短路电流消失后,温度下降,金属钠恢复原来的良好导电性能。自复熔断器只能限制短路电流,不能真正分断电路。其优点是不必更换熔体,能重复使用。

熔断器的型号含义和电气符号如图1-50所示。

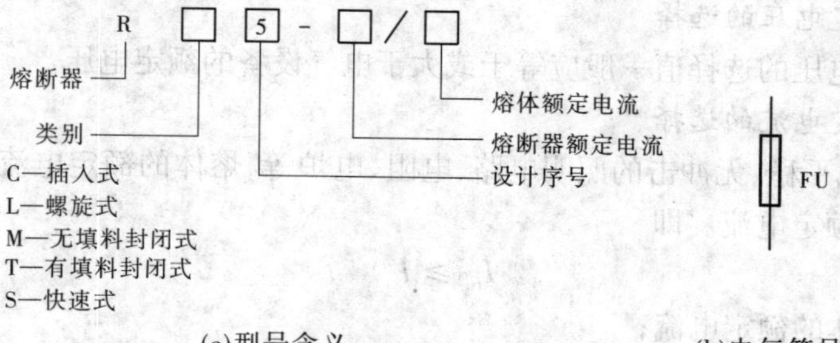

图1-50　熔断器的型号含义

1.9.3　熔断器的选用

1.9.3.1　熔断器的保护特性

熔断器的动作是靠熔体的熔断来实现的,当电流较大时,熔体熔断所需的时间就较短;而电流较小时,熔体熔断所需的时间就较长,甚至不会熔断。这一特性可用“时间—电流特性”曲线来描述,称熔断器的保护特性,如图1-51所示。

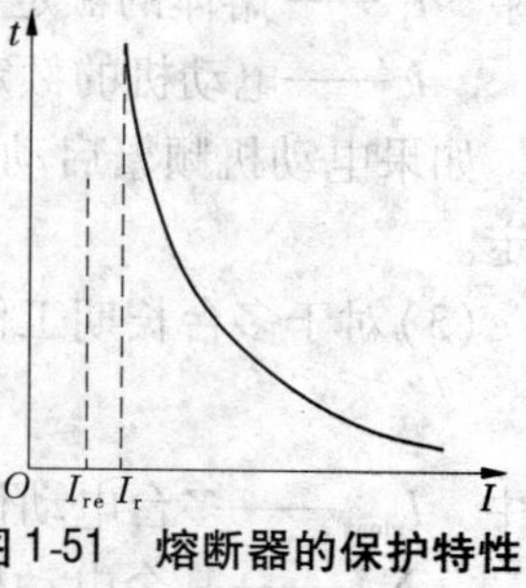

图1-51　熔断器的保护特性

图1-51中I_r为最小熔化电流或称临界电流,I_{re}为熔体额定电流。当熔体电流大于I_r时,会熔断。I_r与熔体额定电流I_{re}之比称为熔断器的熔化系数,即$K = I_r/I_{re}$,K值小对小倍数过载保护有利,但K值也不宜接近于1,否则不仅熔体在I_{re}下工作温度会过高,而且还有可能因保护特性本身的误差而发生熔体在I_{re}下也熔断的现象,影响熔断器工作的可靠性。

1.9.3.2　熔断器的主要参数

(1)额定电压。指熔断器长期工作时和分断后能够承受的压力。

(2)额定电流。指熔断器长期工作时,电气设备升温不超过规定值时所能承受的电流。熔断器的额定电流有两种:一种是熔管的额定电流,也称熔断器的额定电流;另一种是熔体的额定电流。厂家为减少熔管额定电流的规格,其等级少,而熔体电流等级较多,在一种电流规格的熔断管内有适于几种电流规格的熔体,但熔体的额定电流最大不能超过熔断管的额定电流。

(3)极限分断能力。指熔断器在规定的额定电压和功率因数(或时间常数)条件下,能可靠分断的最大短路电流。

(4)熔断电流。指通过熔体并能使其熔化的最小电流。

1.9.3.3　熔断器的选择

选择熔断器时主要考虑熔断器的类型、额定电压和熔体的额定电流等。

1. 熔断器类型的选择

熔断器的类型主要依据负载的保护特性和短路电流的大小选择。对于容量小的电动机和照明支线,常采用熔断器作为过载及短路保护,因此熔体的熔化系数可适当小些;对于较大容量的电动机和照明干线,则应着重考虑短路保护和分断能力,通常选用具有较高分断能力的熔断器;当短路电流很大时,宜采用具有限流作用的熔断器。

2. 熔断器额定电压的选择

熔断器额定电压的选择值一般应等于或大于电气设备的额定电压。

3. 熔体的额定电流的选择

(1)对于负载平稳、无冲击的照明电路、电阻、电炉等,熔体的额定电流应略大于或等于负荷电路中的额定电流。即

$$I_{re} \geqslant I_e \tag{1-1}$$

式中　I_{re}——熔体的额定电流;

I_e——负载的额定电流。

(2)对于单台长期工作的电动机,熔体电流可按最大启动电流选取,也可按下式选取:

$$I_{re} \geqslant (1.5 \sim 2.5)I_e \tag{1-2}$$

式中　I_{re}——熔体的额定电流;

I_e——电动机的额定电流。

如果电动机频繁启动,式(1-2)中系数可适当加大至 3~3.5,具体应根据实际情况而定。

(3)对于多台长期工作的电动机(供电干线),熔体的额定电流应满足下列关系:

$$I_{re} \geqslant (1.5 \sim 2.5)I_{emax} + \sum I_e \tag{1-3}$$

式中　I_{emax}——多台电动机中容量最大的一台电动机的额定电流;

$\sum I_e$——其余电动机额定电流之和。

当熔体的额定电流确定后,根据熔断器的额定电流大于或等于熔体的额定电流来确定熔断器的额定电流。

(4)熔断器级间的配合。

为防止发生越级熔断,上、下级(供电干、支线)的熔断器之间应有良好的配合。选用时,应使上级(供电干线)熔断器熔体的额定电流比下级(供电支线)的大 1~2 个级差。

1.10　低压断路器

低压断路器(也称自动开关)是一种既可以接通和分断正常负荷电流和过负荷电流,又可以接通和分断短路电流的开关电器。低压断路器在电路中除起控制作用外,还具有一定的保护功能,如过负荷、短路、过载、欠压和漏电保护等。

低压断路器过去称为自动空气开关,为了与 IEC 标准一致,故改用此名。它是一种既

有手动开关作用,又能进行自动失压、欠压、过载和短路保护的电器,应用极为广泛。

低压断路器可用来分配电能、不频繁地启动异步电动机、对电动机及电源线路进行保护,当它们发生严重过载、短路或欠电压等故障时能自动切断电源,其功能相当于熔断器与过流、过压、热继电器等的组合,而且在分断故障电流后,一般不需要更换零部件。

1.10.1 低压断路器的结构及工作原理

低压断路器主要由触点、灭弧装置、操作机构和保护装置等组成。断路器的保护装置由各种脱扣器来实现。断路器的脱扣器形式有欠电压脱扣器、过电流脱扣器、分励脱扣器等。其结构如图1-52所示。

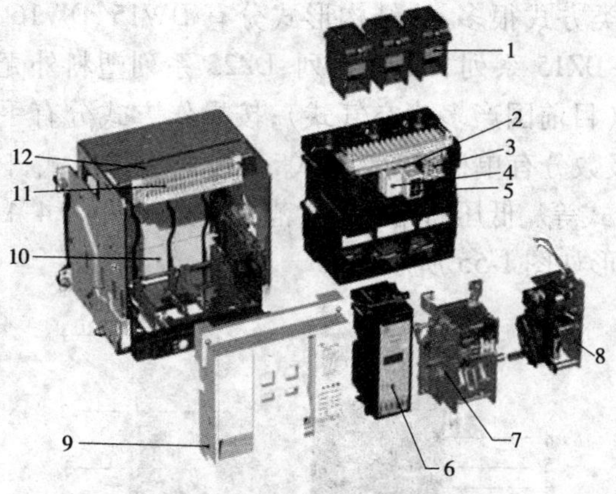

1—灭弧室;2—分励脱扣器;3—辅助触点;4—欠电压脱扣器;5—合闸电磁铁;6—智能控制器;7—操作机构;8—电动操作机构;9—面板;10—安全隔板;11—二次回路接线端子;12—抽屉座

图1-52 低压断路器结构示意图

低压断路器工作原理图如图1-53所示,图形及文字符号如图1-54所示。

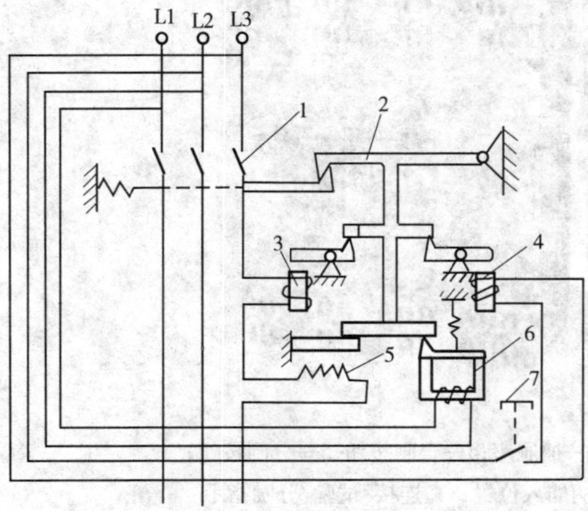

1—主触点;2—自由脱扣机构;3—过电流脱扣器;4—分励脱扣器;5—热脱扣器;6—欠电压脱扣器;7—启动按钮

图1-53 低压断路器工作原理图

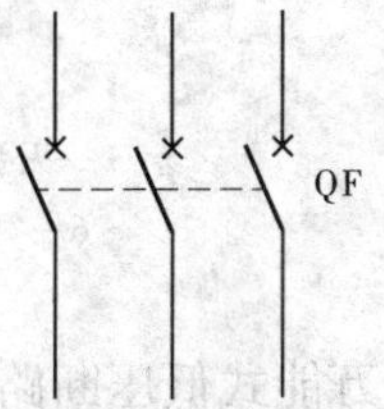

图1-54 低压断路器的图形及文字符号

低压断路器的主触点1是靠手动操作或自动合闸的。主触点1闭合后，自由脱扣机构2将主触点锁在合闸位置上。过电流脱扣器3的线圈和电源并联。当电路发生短路或严重过载时，过电流脱扣器3的衔铁吸合，使自由脱扣机构2动作，主触点1断开主电路。当电路过载时，热脱扣器5的热元件发热使双金属片上弯曲，推动自由脱扣机构2动作。当电路欠电压时，欠电压脱扣器6的衔铁释放，也使自由脱扣机构动作。分励脱扣器4则作为远距离控制用，在正常工作时，其线圈是断电的。在需要远距离控制时，按下启动按钮7，使线圈得电，衔铁带动自由脱扣机构动作，使主触点断开。

1.10.2 低压断路器的类型

低压断路器的分类方式很多，按结构形式分有DW15、DW16、CW系列万能式（又称框架式）和DZ5系列、DZ15系列、DZ20系列、DZ25系列塑料外壳式断路器；按灭弧介质分有空气式和真空式（目前国产多为空气式）；按操作方式分有手动操作、电动操作和弹簧储能机械操作；按极数分有单极式、二极式、三极式和四极式；按安装方式分有固定式、插入式、抽屉式和嵌入式等。低压断路器容量范围很大，最小为4 A，而最大可达5 000 A。

断路器结构及外形如图1-55所示。

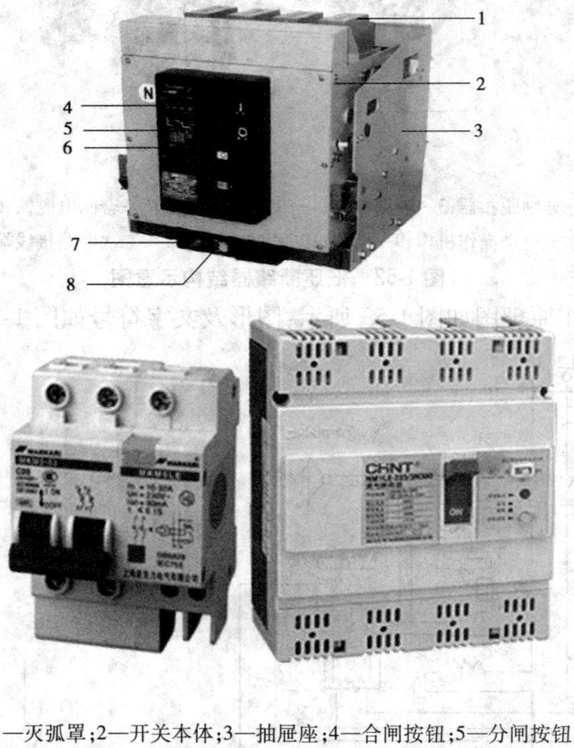

1—灭弧罩；2—开关本体；3—抽屉座；4—合闸按钮；5—分闸按钮；
6—智能脱扣器；7—摇匀柄插入位置；8—连接/试验/分励指示

图1-55 断路器结构及外形

（1）万能式低压断路器又称开启式低压断路器。容量较大，具有较高的短路分断能力和较高的动稳定性，适用于交流50 Hz、额定电压380 V的配电网中作为配电干线的主保护。主要型号有DW10和DW15（见图1-56）两个系列。

（2）装置式低压断路器又称塑料外壳式低压断路器，内装触点系统、灭弧室及脱扣器等，有手动和电动合闸，适用于配电网的保护和电动机、照明电路及电热器等的控制开关。主要型号有 DZ5、DZ10 和 DZ20 等系列，如图 1-57 所示。

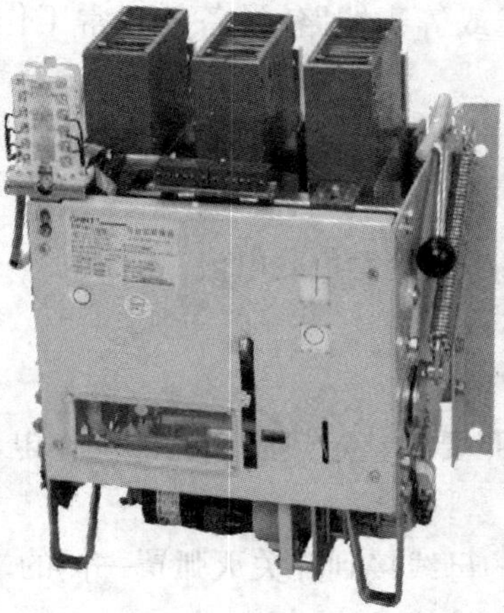

图 1-56　DW15 系列万能式断路器

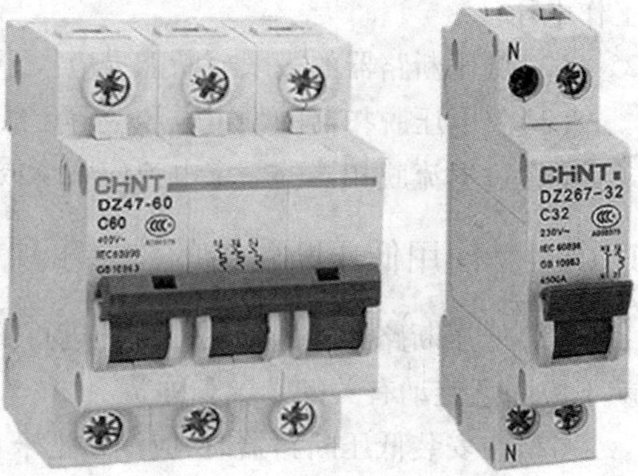

图 1-57　DZ 系列小型低压断路器外形

（3）快速断路器具有快速电磁铁和强有力的灭弧装置，最快动作时间可在 0.02 s 以内，用于半导体整流元件和整流装置的保护。主要型号有 DS 系列。

（4）限流断路器利用短路电流产生的巨大吸力，使触点迅速断开，能在交流短路电流尚未达到峰值之前就把故障电路切断，用于短路电流相当大（高达 70 kA）的电路中。主要型号有 DWX15 和 DZX10 两种系列。

（5）目前国产的智能化断路器有框架式和塑料外壳式两种。前者主要用作智能化自动配电系统中的主断路器，后者主要用于配电网中，分配电能和作为电路及电源设备的控制和保护。智能化断路器的控制核心采用了微处理器或单片机技术，它不仅具有普通断路器的各种保护功能，同时还具有实时显示电路中的电气参数（电流、电压、功率、功率因数等），对电路进行在线监视、自动调节、测量、试验、自诊断和通信等功能。它能够对各种保护功能的动作参数进行显示、设定和修改，保护电路动作时的故障参数能够存储以便查询。

断路器的型号含义和电气符号如图 1-58 所示。

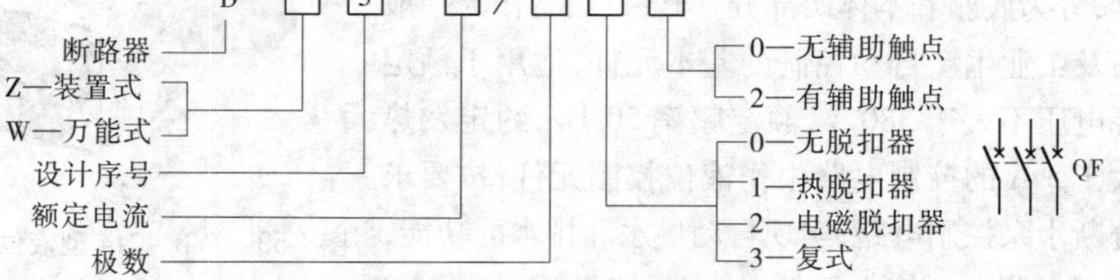

(a)型号含义　　(b)电气符号

图 1-58　断路器的型号含义和电气符号

1.10.3 低压断路器的选择

选择低压断路器时应注意以下几方面：

（1）低压断路器的额定电流和额定电压应大于或等于线路、设备的正常工作电流和工作电压。

（2）低压断路器的极限分断能力应大于或等于电路最大短路电流。

（3）欠电压脱扣器的额定电压应等于线路的额定电压。

（4）过电流脱扣器的额定电流应大于或等于线路的最大负载电流。

1.10.4 使用低压断路器的注意事项

（1）低压断路器投入使用时应先进行整定，按照要求整定热脱扣器的动作电流，以后就不应随意旋动有关的螺丝和弹簧。

（2）在安装低压断路器时，应注意把来自电源的母线接到开关灭弧罩一侧的端子上。

（3）在正常情况下，每6个月应对开关进行一次检修，清除灰尘。

（4）发生断、短路事故后，应立即对触点进行清理，检查有无熔坏现象，清除金属熔粒、粉尘，特别要把散落在绝缘体上的金属粉尘清除掉。

使用低压断路器来实现短路保护比熔断器要好，因为三相电路短路时，很可能只有一相熔断器熔断，造成缺相运行。对于低压断路器来说，只要造成短路就会使开关跳闸，将三相同时切断。低压断路器还有其他自动保护作用，性能优越，但其结构复杂、操作频率低、价格高，因此适合于要求较高的场合，如电源总配电盘。

1.11 液位继电器

进行水泵控制是水利水电高职机电类专业学生必须掌握的技能，而液位继电器又是水泵常规控制的核心元件，下面以实验形式介绍JYB－714型液位继电器的使用。

1.11.1 JYB－714型液位继电器简介

JYB－714型液位继电器如图1-59所示，属于晶体管继电器，分为底座和本体两部分。其特点有：作为一般科学实验及工业生产自动控制的基本元件，适用于额定控制电源电压不大于380 V，额定频率50 Hz，约定发热电流不大于3 A的控制电路中作液位控制元件；按要求接通或分断水泵控制电路，实现自动供水和排水的功能，是液位控制电路中的核心元件；具有电路简便、体积小、重量轻、功耗小、稳定性高的优点，而且采用了电子管插入式结构，维修方便。

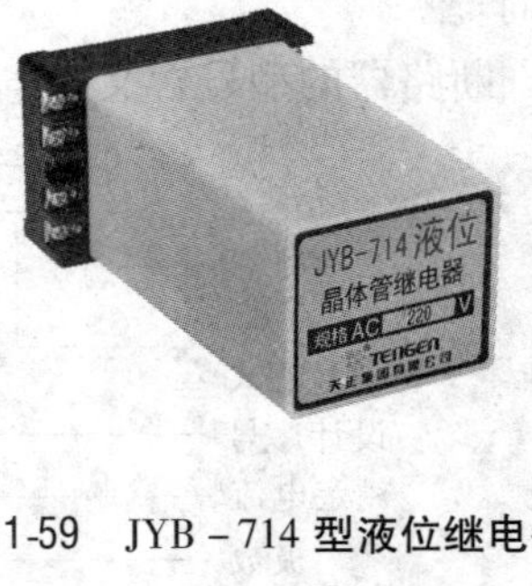

图1-59 JYB－714型液位继电器

1.11.2 JYB－714型液位继电器教学演示实验

1.11.2.1 实验目的

认识、熟悉液位继电器。了解JYB－714型液位继电器的结构,电源类型,接线端子数目、作用,接线方式等。

1.11.2.2 应用场合和实验性质

它适用于教室或实验实训室,作为辅助教学手段。现场接线、工作演示,如果学生自己接线并进行操作即可变成实训性质的实验。

1.11.2.3 设备材料及工具

JYB－714型液位继电器一只(AC 220 V),红绿信号灯各一只(AC 220 V),一个带软线的单相插头,软线长度与教室插座位置匹配,2 m导线,剥线钳,螺丝刀,一杯自来水(水杯透明)。

1.11.2.4 实验接线图

如图1-60所示,JYB－714型液位继电器共有8个接线端子,其中:

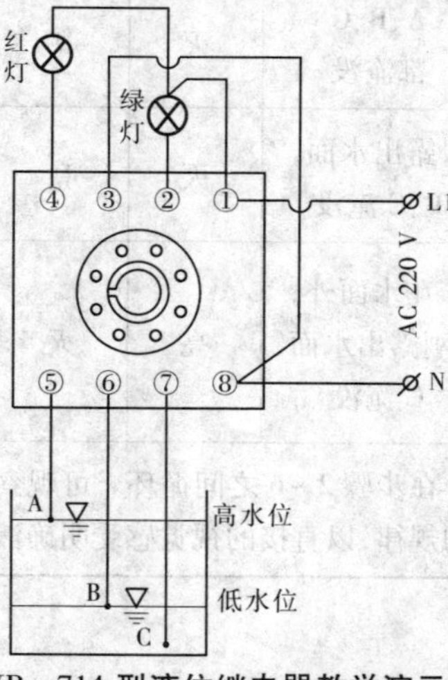

图1-60 JYB－714型液位继电器教学演示实验接线图

①、⑧端子为继电器工作电源接线端子,电源有AC 380 V和AC 220 V两种电源,图中液位继电器电源为AC 220 V,即①端子接L1,⑧端子接N。

②、③、④端子输出液位继电器的自动控制信号,输出端子工作电压为AC 220 V,③端子为输出信号公共端,②和③端子之间输出供水泵液位控制信号,③和④端子之间输出排水泵液位控制信号。

⑤、⑥、⑦为水池中液位电极A、B、C对应的接线端子,液位电极端子间为DC 24 V的安全电压,⑤端子接高水位电极A,⑥端子接低水位电极B,⑦端子接水池中位置最低的公共电极C。注意,实验中入水电极采用1～1.5 mm^2的铜芯硬质绝缘线,入水一端剥离5 mm绝缘皮。

1.11.2.5 实验过程及现象

按照图1-60完成接线后,即可进行演示实验,演示时液位的变化可采用升高或降低水杯来模拟。演示过程及现象如表 1-7 所示。

表 1-7　JYB－714 型液位继电器教学演示实验过程及现象

电源（①⑧）	步骤	水杯动作（液位变化）	液位电极状况（A、B、C）	输出信号现象		现象解读
				绿灯（②③）	红灯（③④）	
接通 AC 220 V	1	液位电极在水杯水面之上	A、B、C 都未淹没	亮	不亮	A、B、C 在水杯外，继电器“感知”水池中无水，需要启动供水泵抽水，②③接通输出供水泵运行信号，绿灯回路通，绿灯亮
	2	水杯（液位）上升	C 淹没	亮	不亮	供水泵是低水位启动，高水位停止；排水泵是高水位启动、低水位停止。A 未淹没，水位未达高水位，供水信号继续存在，绿灯亮；排水信号无，红灯不亮
	3	水杯（液位）继续上升	B、C 淹没	亮	不亮	
	4	水杯（液位）继续上升	A、B、C 都淹没	灭	亮	水位到高水位，②③断，供水泵停止运行；水位到高水位，③④通，发出排水泵运行信号，红灯亮
	5	水杯（液位）转而下降	A 露出水面，B、C 淹没	灭	亮	B 淹没，水位未到低水位，供水、排水信号维持上述状态
	6	水杯（液位）继续下降	A 在水面外，B 刚露出水面，C 淹没	亮	灭	②③接通输出供水泵运行信号，绿灯回路通，绿灯亮；③④断，发出排水泵停止运行信号，红灯灭
	7	水杯（液位）转而上升	在步骤 2～6 之间循环。可观察绿灯、红灯的明灭情况与液位变化的规律，以直接的视觉感受明确液位继电器的工作情况			

1.11.2.6　实验总结

根据上述的实验演示结果可总结出 JYB－714 型液位继电器的工作原理，其动作情况可用液位继电器的输出接点动作图表示，如图 1-61 所示。

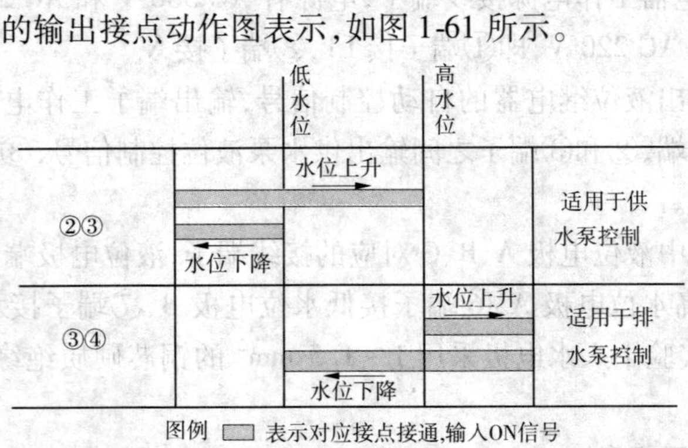

图 1-61　JYB－714 型液位继电器输出接点动作图

本实验项目演示操作方便，接线简单，学生可以直接参与，既可以在教室进行，也可以在实验实训室进行。如果设备、工具数量足够，由学生分组自己接线、验证操作，就可以达到实训的效果。如果将信号灯换成线圈电压为 AC 220 V 的交流接触器，便可以直接控制水泵电机，该演示实验也可以扩展成基于工程项目的实训性实验项目。

【技能训练】

项目1 熔断器、刀开关、主令电器的认知与拆装

1. 元件识别

在实训场地准备一些不同种类的电气元件，让学生识别，并将元件名称、数量以及元件上的型号规格记录在表1-8中。在准备电气元件时，应准备一些相近而尚未接触的电器产品和新品种。

表1-8 电气元件明细表

序号	电气元件名称	型号规格	数量	备注
1				
2				
3				
4				
5				
6				
7				
8				
9				
10				

2. 评分

评分细则见表1-9。

表1-9 “电气元件认识”技能自我评分表

项目	技术要求	配分	评分细则	评分记录
电气元件识别	正确识别电气元件	70	电气元件识别错误，每个扣5分	
			认识元件型号错误，每个扣3分	
			规格识别错误，每个扣2分	
回答问题	正确回答三个问题	30	回答错误，每个扣10分	

项目2　交流接触器的认知与拆装

【任务目标】

(1)熟悉接触器的结构与动作原理;

(2)掌握接触器的拆装,并能对常见故障进行检查;

(3)理解接触器的参数测试。

【实践操作】

1. 工具、材料清单

(1)所需工具有常用的电工工具、万用表等。

(2)所需材料见表1-10。

表1-10　电气元件明细表

电气符号	元件名称	型号规格	数量	备注
T	自耦变压器	TDGC2－10/0.5	1个	
KM	交流接触器	CJ10－20,380 V	1个	
QS1	刀开关	HK1－15/3	1个	
QS2	刀开关	HK1－15/2	1个	
FU1、FU2	熔断器	RL1－15/2	5个	
EL	白炽灯	220 V/25 W	3只	
A	交流电流表	85L1－A,5 A	1个	
V	交流电压表	85L1－V,400 V	1个	
	万用表	MF47	1个	
	开关板	500 mm×400 mm×30 mm	1块	
	导线	BVR－1.0 mm^2	若干	
	常用电工工具		1套	

2. 实训内容和步骤

1)观察接触器的结构

接触器主要由电磁系统、触点系统、灭弧装置三部分组成。灭弧罩内有三格罩在主触点的上方,称之为相间隔弧板。所有触点都是桥式结构,有三对主触点,两边的是辅助触点,各有一对,上面的是常闭的,下面的是常开的。电磁系统由铁芯、衔铁和线圈组成。

2)拆卸

(1)拆下灭弧罩。

(2)拉紧主触点定位弹簧夹,将主触点侧转45°后,取下主触点和压力弹簧片。

(3)松开辅助常开静触点的螺钉,卸下常开静触点。

(4)用手按压底盖板,卸下螺钉,取下底盖板。

(5)取出静铁芯和静铁芯支架及缓冲弹簧。

(6)拔出线圈弹簧片,取出线圈。

(7)取出反作用弹簧和动铁芯塑料支架。

(8)从支架上取下动铁芯定位销,取下动铁芯。

3)检修

(1)检查灭弧罩有无破裂或烧损,清除灭弧罩内的金属溅物和颗粒,保持灭弧罩内的清洁。

(2)检查触点磨损的程度,磨损严重时应更换触点。若不需要更换,清除表面上烧损的颗粒。

(3)检查触点压力弹簧及反作用弹簧是否变形和弹力不足。

(4)检查铁芯有无变形及端面接触是否平整。

(5)用万用表检查线圈是否有短路或断路现象。

将万用表旋到电阻 R×10 挡进行测量,首先进行欧姆调零,然后进行测量。如果测量电阻值很小或为0,则线圈短路;如果电阻值很大或为∞,则线圈断路,应更换线圈。

4)装配

按拆除的逆序进行装配。

5)调试

将接触器装配好后进行调试。

(1)将装配好的接触器接入电路。

(2)将调压器调到零位。

(3)合上开关 QS1、QS2,均匀调节自耦调压器,使输出电压逐渐增大,直到接触器吸合,此时电压表上的电压值就是接触器吸合电压值,该电压值应小于或等于接触器线圈额定电压的85%。接触器吸合后,接在接触器主触点上的灯应亮。

(4)保持吸合电压值,直接分合开关 QS2 两次,以校验其动作的可靠性。

(5)均匀调节自耦调压器,使输出电压逐渐减小,直到接触器释放,此时电压表上的电压值就是接触器释放电压值,该电压值应大于接触器线圈额定电压的50%。

(6)调节自耦调压器,使输出电压等于接触器线圈额定电压,观察、倾听接触器铁芯有无振动及噪声。如果振动,指示灯也有明暗的现象。

(7)触点压力测量、调整。

①断开开关 QS1、QS2,拆除主触点上的接线。

②把一张厚度为0.1 mm(比主触点稍宽)的纸条放在主触点的动、静触点之间。

③合上 QS2,使接触器在线圈额定电压下吸合。用手拉动纸条,若触点压力合适,稍用力即可拉出。触点压力小,纸条很容易拉出,触点压力大,纸条容易拉断。上述两种情况都不合适,需要调整或更换触点弹簧,直到符合要求。

【巩固训练】

1.任务要求

(1)拆装交流接触器。

(2)检修交流接触器。

(3)校验交流接触器。

(4)调试交流接触器。

2. 注意事项

(1)拆卸前,应备有盛装零件的容器,以免零件丢失。

(2)拆装过程中,不允许硬撬,以免损坏电气元件。

(3)装配辅助静触点时,要防止卡住动触点。

(4)自耦调压器金属外壳必须接地。

(5)调节自耦调压器时,应均匀用力,不可过快。

(6)通电调试时,接触器必须固定在开关板上,并在指导教师的监护下进行。

(7)要做到安全操作和文明生产。

3. 额定工时

额定工时为60 min。

4. 评分

评分细则见表1-11。

表1-11 "交流接触器的拆装与检修"技能自我评分表

项目	技术要求	配分	评分细则	评分记录
拆卸和装配	正确拆装	20	1. 拆卸步骤及方法不正确,每次扣3分; 2. 拆装不熟练,扣3分; 3. 丢失零件,每个扣2分; 4. 拆卸后不能组装,扣10分; 5. 损坏零件,扣2分	
检修	正确检修	30	1. 没有检修或检修无效果,每次扣5分; 2. 检修步骤及方法不正确,每次扣5分; 3. 扩大故障、无法修复,扣20分	
校验	正确校验	25	1. 不能进行通电校验,扣5分; 2. 校验方法不正确,每次扣2分; 3. 校验结果不正确,扣5分; 4. 通电时有振动或噪声,扣10分	
调整触点压力	正确调整	25	1. 不能判断触点压力,扣10分; 2. 触点压力调整方法不正确,扣15分	
额定工时60 min	超时,从总分中扣分		每超过5 min,从总分中倒扣3分,但不超过10分	
安全、文明生产	满足安全、文明生产要求		违反安全、文明生产要求,从总分中倒扣5分	

项目3　时间继电器的认知与拆装

【任务目标】

(1)熟悉时间继电器的结构与动作原理;

(2)掌握时间继电器的拆装,并能对常见故障进行检修、校验。

【实践操作】

1. 工具、材料清单

(1)所需工具有常用的电工工具、万用表等。

(2)所需材料见表1-12。

表1-12　电气元件明细表

电气符号	元件名称	型号规格	数量	备注
T	自耦变压器	TDGC2－10/0.5	1个	
KT	时间继电器	JS7－2A,380 V	1个	
QS	组合开关	HZ10－25/3	1个	
SB1、SB2	按钮	LA10－2H	1个	
FU	熔断器	RL1－15/2		
EL	白炽灯	220 V/25 W	3只	
A	交流电流表	85L1－A,5 A	1个	
V	交流电压表	85L1－V,400 V	1个	
	万用表	MF47	1个	
	开关板	500 mm×400 mm×30 mm	1块	
	导线	BVR－1.0 mm^2	若干	
	常用电工工具		1套	

2. 实训内容和步骤

1)触点检修

(1)拆下延时微动开关和瞬时微动开关。

(2)均匀用力慢慢撬开并取下微动开关盖板。

(3)取下动触点及其附件。注意,不要用力过猛使小弹簧和垫片丢失。

(4)进行触点整修。整修时,不允许用砂纸或其他研磨材料修整。应当使用锋利的刀刃或什锦锉修整。若触点确实不能修复,则更换微动开关。

(5)按拆卸时的逆序装配。

(6)手动检查微动开关的分合是否动作正常和接触良好。

2)线圈更换

如果线圈短路、断路或烧坏,应予更换,更换时的操作顺序如下:

(1)拆下线圈和铁芯总成部分。

(2)连同安装底板拆下瞬时触点。

(3)拆下线圈部分的反力弹簧和定位卡簧。

(4)取下柱销卡簧片,拔出柱销,取下弹簧片和衔铁(动铁芯)。

(5)将线圈从推杆上取下,取出静铁芯。注意,取下线圈时应当小心,不要丢失线圈与推杆之间的钢珠。

(6)更换相同电压等级的线圈,按拆卸时的逆序装配。

3)改装

将 JS7 -2A 通电延时型时间继电器改装成 JS7 -4A 断电延时型时间继电器的操作顺序如下:

(1)松开线圈支架紧固螺丝,取下线圈和铁芯总成。

(2)将总成部件沿水平方向旋转 180°。

(3)装上总成,旋转螺丝。

(4)观察触点的动作情况,将其调整在最佳位置上。调整延时触点时,前后移动线圈和铁芯总成;调整瞬时触点时,前后移动调整微动开关安装底板。调整后旋紧相应的螺丝。

4)调试校验

(1)将改装好的时间继电器接入电路,时间整定为 3 s。

(2)合上 QS,此时接在 L1 和 L2 相上的灯亮。

(3)按下启动按钮 SB1,延时 3 s 后,L1 相上的灯熄灭,L2 和 L3 相上的灯亮。

(4)1 min 内往复试验 10 次。

(5)合格标准为:在 1 min 内通电频率不小于 10 次,做到各触点工作良好,吸合时无噪声,铁芯释放迅速。10 次的动作延时时间一致。

【巩固训练】

1. 任务要求

(1)拆装空气阻尼式时间继电器。

(2)检修空气阻尼式时间继电器。

(3)校验空气阻尼式时间继电器。

2. 注意事项

(1)拆卸前,应备有盛装零件的容器,以免零件丢失。

(2)拆装过程中,不允许硬撬,以免损坏电气元件。

(3)接线时注意接线端子上的线头距离,线头不要有毛刺,以免发生短路故障。

(4)通电调试时,时间继电器必须固定在开关板上,并在指导教师的监护下进行。

(5)要做到安全操作和文明生产。

3. 额定工时

额定工时为 60 min

4. 评分

评分细则见表 1-13。

表1-13 “时间继电器的拆装与检修”技能自我评分表

项目	技术要求	配分	评分细则	评分记录
拆卸和装配	正确拆装	20	1. 拆卸步骤及方法不正确,每次扣3分; 2. 拆装不熟练,扣3分; 3. 丢失零件,每个扣2分; 4. 拆卸后不能组装,扣10分; 5. 损坏零件,每个扣2分	
检修	正确检修	30	1. 没有检修或检修无效果,扣5分; 2. 检修步骤及方法不正确,扣5分; 3. 扩大故障无法修复,扣20分	
校验	正确校验	25	1. 不能进行通电校验,扣5分; 2. 校验方法不正确,每次扣2分; 3. 校验结果不正确,扣5分; 4. 通电时有振动或噪声,扣10分	
改装	正确改装	25	1. 改装不熟练,扣5分; 2. 改装错误,每返工1次,扣5分	
额定工时 60 min	超时,从总分中扣分		每超过5 min,从总分中倒扣3分,但不超过10分	
安全、文明生产	满足安全、文明生产要求		违反安全、文明生产要求,从总分中倒扣5分	

项目4 低压断路器的认知与拆装

【任务目标】

(1)熟悉低压断路器的结构与动作原理;

(2)掌握低压断路器的拆装,并能对常见故障进行检修、校验。

【实践操作】

1. 工具、材料清单

(1)所需工具有常用的电工工具、万用表等。

(2)所需材料见表1-14。

表 1-14 电气元件明细表

电气符号	元件名称	型号规格	数量	备注
T	自耦变压器	TDGC2 - 10/0.5	1 个	
QF	低压断路器	DZ20Y - 100	1 个	
QS1	刀开关	HK1 - 15/3	1 个	
QS2	刀开关	HK1 - 15/2	1 个	
FU1、FU2	熔断器	RL1 - 15/2	5 个	
EL	白炽灯	220 V/25 W	3 只	
A	交流电流表	85L1 - A,5 A	1 个	
V	交流电压表	85L1 - V,400 V	1 个	
	万用表	MF47	1 个	
	开关板	500 mm × 400 mm × 30 mm	1 块	
	导线	BVR - 1.0 mm^2	若干	
	常用电工工具		1 套	

2. 实训内容和步骤

1)拆卸

(1)拆下灭弧罩。

(2)拉紧主触点定位弹簧夹,将主触点侧转 45°后,取下主触点和压力弹簧片。

(3)松开主触点的螺钉,卸下主触点。

(4)用手按压底盖板,卸下螺钉,取下底盖板。

(5)取出静铁芯和静铁芯支架及缓冲弹簧。

(6)拔出线圈弹簧片,取出线圈。

(7)取出反作用弹簧和动铁芯塑料支架。

(8)从支架上取下动铁芯定位销,取下动铁芯。

2)检修

(1)检查灭弧罩有无破裂或烧损,清除灭弧罩内的金属溅物和颗粒,保持灭弧罩内的清洁。

(2)检查触点磨损的程度,磨损严重时应更换触点。若不需要更换,清除表面上烧毛的颗粒。

(3)检查触点压力弹簧及反作用弹簧是否变形和弹力不足。

(4)检查铁芯有无变形及端面接触是否平整。

(5)用万用表检查线圈是否有短路或断路现象。

将万用表旋到电阻 R × 10 挡进行测量,首先进行欧姆调零,然后进行测量。如果测量电阻值很小或为 0,则线圈短路;如果电阻值很大或为∞,则线圈断路,应更换线圈。

3)装配

按拆除的逆序进行装配。

4)调试

将断路器装配好后进行调试。

(1)将装配好的断路器接入电路。

(2)将调压器调到零位。

(3)合上开关 QS1、QS2,均匀调节自耦调压器,使输出电压逐渐增大,直到断路器动作吸合,此时电压表上的电压值就是断路器吸合动作电压值,该电压值应小于或等于断路器线圈额定电压的85%。断路器吸合后,接在断路器主触点上的灯应亮。

(4)保持吸合电压值,直接分合开关 QS2 两次,以校验其动作的可靠性。

(5)均匀调节自耦调压器,使输出电压逐渐减小,直到断路器释放,此时电压表上的电压值就是断路器释放电压值,该电压值应大于断路器线圈额定电压的50%。

(6)调节自耦调压器,使输出电压等于断路器线圈额定电压,观察、倾听接触器铁芯有无振动及噪声。如果振动,指示灯也有明暗的现象。

(7)触点压力测量、调整。

①断开开关 QS1、QS2,拆除主触点上的接线。

②把一张厚度为0.1 mm(比主触点稍宽)的纸条放在主触点的动、静触点之间。

③合上 QS2,使断路器在线圈额定电压下吸合。用手拉动纸条,若触点压力合适,稍用力即可拉出。触点压力小,纸条很容易拉出,触点压力大,纸条容易拉断。上述两种情况都不合适,需要调整或更换触点弹簧,直到符合要求。

【巩固训练】

1. 任务要求

(1)拆装低压断路器。

(2)检修低压断路器。

(3)校验低压断路器。

(4)调试低压断路器。

2. 注意事项

(1)拆卸前,应备有盛装零件的容器,以免零件丢失。

(2)拆装过程中,不允许硬撬,以免损坏电气元件。

(3)装配辅助静触点时,要防止卡住动触点。

(4)自耦调压器金属外壳必须接地。

(5)调节自耦调压器时,应均匀用力,不可过快。

(6)通电调试时,低压断路器必须固定在开关板上,并在指导教师的监护下进行。

(7)要做到安全操作和文明生产。

3. 额定工时

额定工时为60 min。

4. 评分

评分细则见表1-15。

表 1-15 “低压断路器的拆装与检修”技能自我评分表

项目	技术要求	配分	评分细则	评分记录
拆卸和装配	正确拆装	20	1. 拆卸步骤及方法不正确,每次扣 3 分; 2. 拆装不熟练,扣 3 分; 3. 丢失零件,每个扣 2 分; 4. 拆卸后不能组装,扣 10 分; 5. 损坏零件,每个扣 2 分	
检修	正确检修	30	1. 没有检修或检修无效果,每次扣 5 分; 2. 检修步骤及方法不正确,每次扣 5 分; 3. 扩大故障、无法修复,扣 20 分	
校验	正确校验	25	1. 不能进行通电校验,扣 5 分; 2. 校验方法不正确,每次扣 2 分; 3. 校验结果不正确,扣 5 分; 4. 通电时有振动或噪声,扣 10 分	
调整触点压力	正确调整	25	1. 不能判断触点压力,扣 10 分; 2. 触点压力调整方法不正确,扣 15 分	
额定工时 60 min	超时,从总分中扣分		每超过 5 min,从总分中倒扣 3 分,但不超过 10 分	
安全、文明生产	满足安全、文明生产要求		违反安全、文明生产要求,从总分中倒扣 5 分	

小 结

本单元主要介绍了常用低压电器的用途、基本构造、工作原理及其主要参数、型号与电气符号。对于这些种类繁多的低压电器,应抓住它们的共同本质,了解其特点,这对于正确选择和合理使用这些电器是很有必要的。

每种电器都有一定的使用范围,要根据使用要求正确选用。电器的技术参数是选用的主要依据。其参数可以在产品说明书及电工手册中查阅。

开关电器是利用触点来接通和断开电路的,在断开过程中由于电弧存在而需要灭弧装置,选择电器时要考虑到触点通断电路的能力。

从工作原理上来说,低压电器绝大部分都是利用电磁原理制成的,所以自动化电器普遍带有电磁机构,因此电磁线圈的电流种类、电压高低也是这些电器选择的重要依据。对电磁式继电器而言,为适应控制系统要求,其电磁系统应能够进行调整并有足够的调整范围。

学习本单元时一定要联系实际,对照实物,并进行实验实训。同时对照电器产品目录了解电器参数,学会正确选择和合理使用电器。

习 题

1. 什么是低压电器？常用的低压电器有哪些？

2. 低压电器的电磁系统有哪些常见故障？各由哪些可能原因造成？怎样检查排除？

3. 说明触点分断时电弧产生的原因及常用的灭弧方法。

4. 单相交流电磁机构中的短路环作用是什么？三相交流电磁机构中是否需要短路环？当交流接触器内部发出振动和噪声时,产生的原因可能有哪几种？

5. 额定电流30 A的电动机带稳定负载,测得电流值为26 A,应如何整定热继电器的额定电流值？对于三角形接法的电动机,应如何选择热继电器？

6. 对保护一般照明线路的熔体,额定电流如何选择？对保护一台电动机和多台电动机的熔体,额定电流如何选择？

7. 从结构、性能及故障形式等方面说明交流接触器与直流接触器的主要区别是什么。交流接触器频繁操作后线圈为什么会发热？其衔铁卡住后会出现什么后果？

8. 交流接触器在衔铁吸合前的瞬间,为什么在线圈中产生很大的冲击电流？直流接触器会不会出现这种现象？为什么？

9. 交流电磁线圈误接入直流电源,直流电磁线圈误接入交流电源,会发生什么现象？为什么？

10. 交流接触器线圈断电后,动铁芯不能立即释放,从而使电动机不能及时停止,原因何在？应如何处理？

11. 热继电器主要有哪些电气符号？用途与熔断器是否相同？直流电机的保护电路能否使用热继电器？

12. 电动机启动电流远大于热继电器整定电流,启动时热继电器会不会动作？为什么？如何防止可能发生的误动作？

13. 中间继电器与交流接触器有什么差异？在什么条件下中间继电器也可以用来启动电动机？在什么条件下可以用中间继电器来代替接触器？

14. 时间继电器和中间继电器在控制电路中各起什么作用？如何选用时间继电器和中间继电器？

15. 电压继电器、电流继电器各在电路中起什么作用？它们的线圈和触点各接于什么电路中？如何调节电压继电器、电流继电器的返回系数？

16. 既然在电动机的主电路中装有熔断器,为什么还要装热继电器？装有热继电器是否就可以不装熔断器？为什么？

17. 过流继电器能否用于绕线式交流异步电动机的过载和短路保护？鼠笼式交流异步电动机的过载和短路保护使用过流继电器吗？为什么？

18. 低压断路器在电路中的作用如何？如何选择低压断路器？怎样实现干、支线断路器的级间配合？

19. 某机床上一台型号为 Y132－S－4 的交流电动机，额定功率 5.5 kW，电压 380 V，电流 11.6 A，启动电流为额定电流的 7 倍。试为其启、停控制线路选择电源开关、熔断器、热继电器、按钮、接触器等电气元件的型号与规格。

20. 两台电动机不同时启动，一台电动机额定电流为 14.8 A，另一台电动机额定电流为 6.47 A，试选择同时对两台交流电动机进行短路保护的熔断器的额定电流及熔体的额定电流。

第2单元 继电器接触器基本控制线路的安装与调试

【学习目标】

1. 理解异步电动机控制系统的工作原理。
2. 学会分析异步电动机控制线路。
3. 能识读异步电动机控制系统的安装图和原理图。

【能力目标】

1. 掌握异步电动机控制线路的安装、调试。
2. 会选用机床电气控制的元件和导线。
3. 掌握板前布线和线槽布线的基本要求。
4. 通过实训,能独立完成异步电动机控制线路的安装、调试。
5. 会处理通车试车中出现的故障。

【安全规范】

1. 穿戴好安全防护用具,严禁穿凉鞋、背心、短裤、裙装进入实训场地。
2. 使用绝缘工具,并认真检查工具绝缘是否良好。
3. 停电作业时,必须先验电,确认无误后方可工作。
4. 带电作业时,必须在教师的监护下进行。
5. 树立安全和文明生产意识。

2.1 电气控制线路的绘制原则、图形及文字符号

在生产机械中,最广泛使用的拖动方式是电力拖动。也就是说,我们往往把对生产机械的控制转化成对电动机的拖动和其他执行电器的控制。最常见的是继电器接触器控制方式。它是由各种有触点的接触器、继电器、按钮、熔断器、行程开关等组成的电气控制线路,以实现对电动机或其他执行电器的启停、正反转、调速、制动等运行方式的控制。由于它具有线路简单、维修方便、价格低廉等优点,因此一直在各种生产机械的电气控制领域中得到广泛应用。

由于生产机械种类繁多,所以电气控制线路也千差万别。但是它们都是由一定规律的基本环节、基本单元组成的。因此,本单元着重介绍电气控制的基本环节及典型线路。由于涉及电气控制图,首先介绍电气原理图的绘制原则及图形、文字符号的含义。

2.1.1 绘制电气控制线路

电气控制系统是由许多电气元件按一定要求连接而成的。为便于设计阅读、安装和维修,电气线路图可绘制成电气原理图、电器布置图、电气安装接线图等不同的形式。本节主要介绍电气原理图的绘制原则、分析方法及常用图形和文字符号。

电气控制线路图是工程技术的通用语言,为了便于交流与沟通,在电气控制线路中,各种电气元件的图形、文字符号必须符合国家标准。为了便于掌握引进技术和先进设备,便于国际交流和满足国际市场的需要,国家标准局参照国际电工委员会(IEC)公布的有关文件,制定了我国电气设备有关国家标准,采用新的图形和文字符号及回路标号,颁布了《电气图常用图形符号》(GB/T 4728—2000)、《电气制图》(GB 6988—86)和《电气技术中的文字符号制定通则》(GB 7159—87)。表 2-1 列出了常用电气图形、文字符号,以供参考。

2.1.1.1 图形符号

图形符号通常是指用于图样或其他表示一个设备概念的图形、标记或字符。图形符号由符号要素、一般符号及限定符号构成。

(1)符号要素。符号要素是一种具有确定意义的简单图形,必须同其他图形组合才能构成一个设备或概念的完整符号。例如,三相绕线式异步电动机是由定子、转子引线等几个符号要素构成的,这些符号要素有确切的含义,但一般不能单独使用,其布置也不一定与符号所表示设备的实际结构相一致。

(2)一般符号。用于表示同一类产品和此类产品特性的一种很简单的符号,它们是各类元器件的基本符号。例如,一般电阻器、电容器和具有一般单向导电性的二极管的符号。一般符号不但广义上代表各类元器件,也可以表示没有附加信息或功能的具体元件。

(3)限定符号。限定符号是用以提供附加信息的一种加在其他符号上的符号。例如,在电阻器一般符号的基础上,加上不同的限定符号就可以代表可变电阻器、光敏电阻器、热敏电阻器等具有不同功能的电阻器。也就是说,使用限定符号以后可以使图形符号具有多样性。

限定符号一般不能单独使用。一般符号有时也可以作为限定符号。例如,电容器的一般符号加到二极管的一般符号上就构成变容二极管的符号。

图形符号有以下几点需注意:

(1)所有符号均应按无电压、无外力作用的正常状态(常态)绘制。例如,按钮未按下、闸刀未合闸等。

(2)在图形符号中,某些设备元件有多个图形符号,在选用时,应选用优选形。在能够表达其含义的情况下,尽可能采用最简单形式,在同一图中使用时,应采用同一形式。图形符号的大小和线条的粗细应基本一致。

(3)为适应不同需求,可将图形符号根据需要放大或缩小,但各符号相互间的比例应该保持不变。绘制图形符号时,方位不是强制的,在不改变符号本身含义的前提下,可将图形符号根据需要旋转或镜像放置。

表 2-1 常用电气图形、文字符号表

名称	图形符号	文字符号	名称	图形符号	文字符号
三极电源开关		QS	速度继电器 常开触头	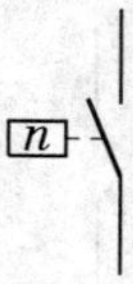	KS
低压断路器	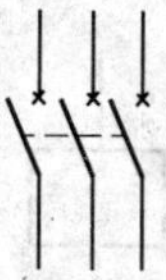	QF	速度继电器 常闭触头	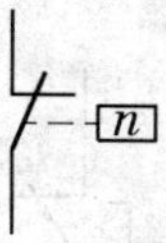	KS
位置开关 常开触头		SQ	时间继电器 线圈	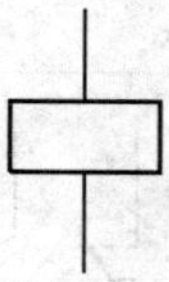	KT
位置开关 常闭触头	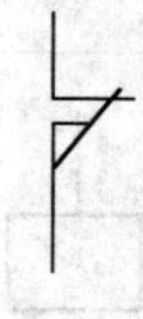	SQ	时间继电器 常开延时闭合触头	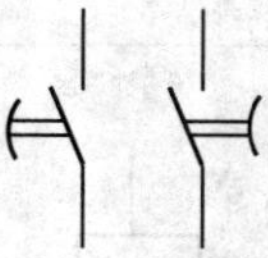	KT
位置开关 复合触头	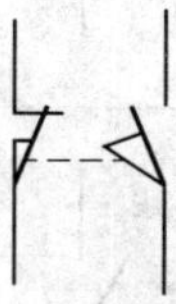	SQ	时间继电器 常闭延时断开触头	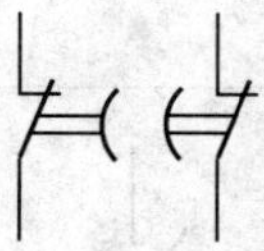	KT
熔断器	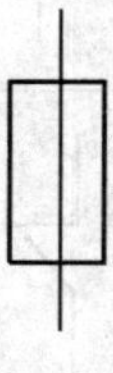	FU	时间继电器 常开延时断开触头	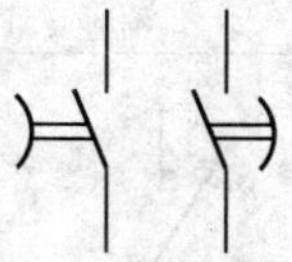	KT
转换开关		SA	时间继电器 常闭延时闭合触头	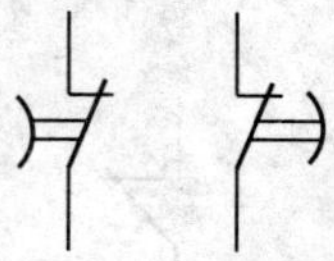	KT

续表 2-1

名称		图形符号	文字符号	名称		图形称号	文字符号
按钮	启动	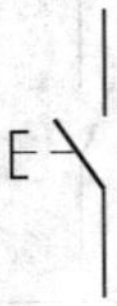	SB	制动电磁铁		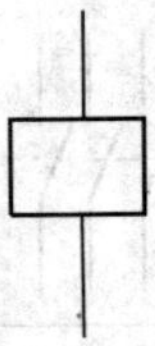	YB
	停止	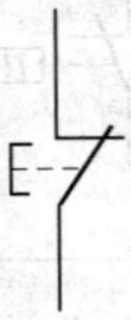		继电器	中间继电器线圈	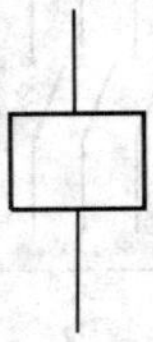	KA
	复合	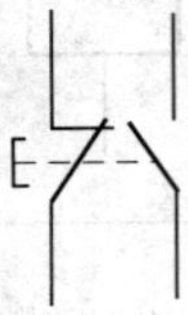			过流继电器线圈	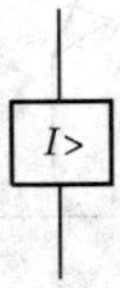	
接触器	线圈	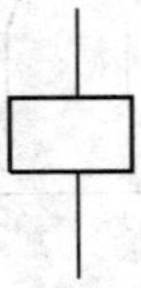	KM		欠电压继电器线圈		KV
	主触头	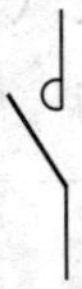			常开触头		相应线圈符号
	常开辅助触头				常闭触头	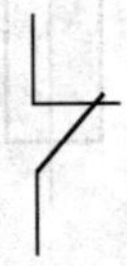	
	常闭辅助触头	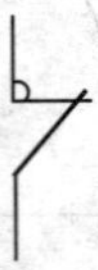			欠电流继电器线圈	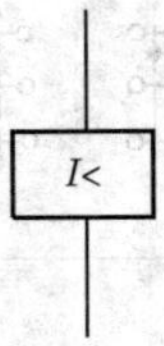	KA

续表 2-1

名　称		图形符号	文字符号	名　称	图形符号	文字符号
热继电器	热元件		FR	串励直流电机	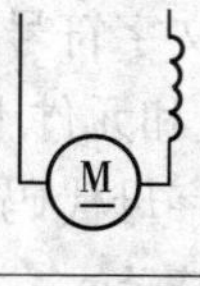	ZD
	常闭触头	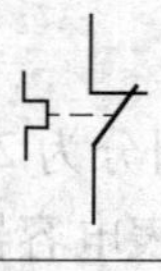		并励直流电机	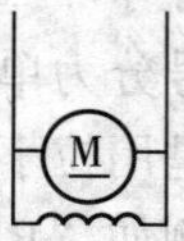	
电磁复合器		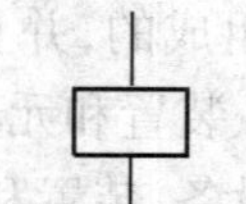	YC	他励直流电机		
电位器		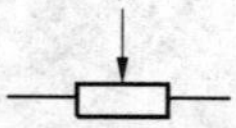	RP	复励直流电机		
整流桥		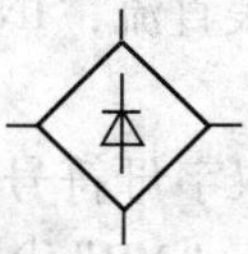	VC	直流发电机		ZF
照明灯			EL	三相鼠笼异步电机		D
信号灯		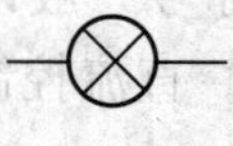	HL	三相绕线异步电机		D
电阻		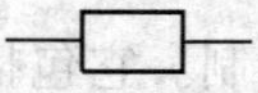	R	单相变压器		T
插座		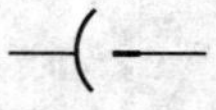	X	三相自耦变压器	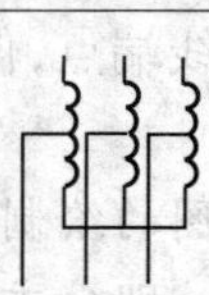	T
电磁铁		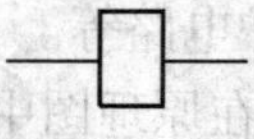	YA	二极管	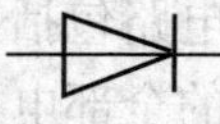	V

(4)图形符号中的导线符号可以用不同宽度的线条表示,以突出和区分某些电路或连接线。一般常将电源或主信号导线用加粗的实线表示。

2.1.1.2 文字符号

电气图中的文字符号用于标明电气设备、装置和元器件的名称、功能、状态和特征,可在电气设备、装置和元件上或其近旁使用,主要包括表明电气设备、装置和元器件种类的字母代码和功能字母代码。电气技术中的文字符号分为基本文字符号和辅助文字符号。

1. 基本文字符号

基本文字符号分为单字母符号和双字母符号两种。

单字母符号是用拉丁字母将各种电气设备、装置和元器件划分为23大类,每一类用一个字母表示。例如,“R”代表电阻器,“M”代表电动机,“C”代表电容器等。

双字母符号是由一个代表种类的单字母符号与另一字母组成的,并且是单字母符号在前,另一字母在后。双字母中在后的字母通常选用该类设备、装置和元器件的英文名词的首字母,这样,双字母符号可以较详细和更具体地描述电气设备、装置和元器件的名称。例如,“RP”代表电位器,“RT”代表热敏电阻,“MD”代表直流电动机,“MC”代表笼型异步电动机。

2. 辅助文字符号

辅助文字符号是用以表示电气设备、装置和元器件以及线路的功能、状态和特征的,通常也是由英文单词的前一两个字母构成的。例如,“DC”代表直流,“IN”代表输入,“S”代表信号。

辅助文字符号一般放在单字母文字符号后面,构成组合双字母符号,例如,“Y”是电器操作机械装置的单字母符号,“B”代表制动的辅助文字符号,“YB”代表制动电磁铁的组合符号。辅助文字符号也可单独使用,例如,“ON”代表闭合,“N”代表中性线。

主电路标号由文字符号和数字组成。文字符号用以标明主电路的元件或线路的主要特征;数字标号用以区别电路不同线段。三相交流电源引入线采用L1、L2、L3标号,电源开关之后的三相交流电源主电路分别标U、V、W。

控制电路标号由3位以上的数字组成,交流控制电路的标号一般以主要压降元件(如电气元件线圈)为分界,左侧用奇数标号,右侧用偶数标号。直流控制电路中正极按奇数标号,负极按偶数标号。

2.1.1.3 电气原理图绘图原则

根据简单清晰的原则,原理图采用电气元件展开的形式绘制。它包括所有电气元件的导电部件和接线端点,但并不按照电气元件的实际位置来绘制,也不反映电气元件的大小。

1. 电气原理图的绘制原则

电气原理图一般分主电路和辅助电路两部分。主电路是指从电源到电动机大电流通过的电路。辅助电路包括控制电路、照明电路、信号电路及保护电路等。

控制系统内的全部电机、电器和其他器械的带电部件都应在原理图中表示出来。

无论是主电路还是辅助电路,各元件一般应按动作顺序从上到下、从左到右依次排列。

原理图中各个电气元件和部件在控制线路中的位置,应根据便于阅读的原则安排。

同一电气元件的各个部件可以不画在一起，但必须采用同一文字符号标明。

对于原理图中各个电气元件，不画实际的外形图，而采用国家规定的统一标准图形符号，文字符号也要符合国家标准规定。

图中元件、器件和设备的可动部分，都按没有通电和没有外力作用时的开闭状态画出。例如继电器、接触器的触点，按吸引线圈不通电状态画出，控制器按手柄处于零位时的状态画出，按钮、行程开关触点按不受外力作用时的状态画出。

原理图中，有直接电联系的交叉导线连接点，用实心圆点表示；可拆卸或测试点，用空心圆点表示；无直接电联系的交叉点，则不画圆点。

对与电气控制有关的机、液、气等装置，应用符号绘出简图，以表示其关系。

2. 图幅分区及符号位置索引

为了便于检索电气线路，方便阅读电气原理图，往往需要将图面划分为若干区域。

图幅分区的方法是：在图的边框处，竖边方向用大写拉丁字母，横边方向用阿拉伯数字，编写顺序应从左上角开始。

在具体使用时，对水平布置的电路，一般只需标明行的标记；对垂直布置的电路，一般只需标明列的标记；复杂的电路才采用组合标记，字母在前，数字在后。

在图的上方一般还设有用途栏，用文字注明该栏对应的下面的电路或元件的功能，以利于理解全电路的工作原理，如图2-1所示。

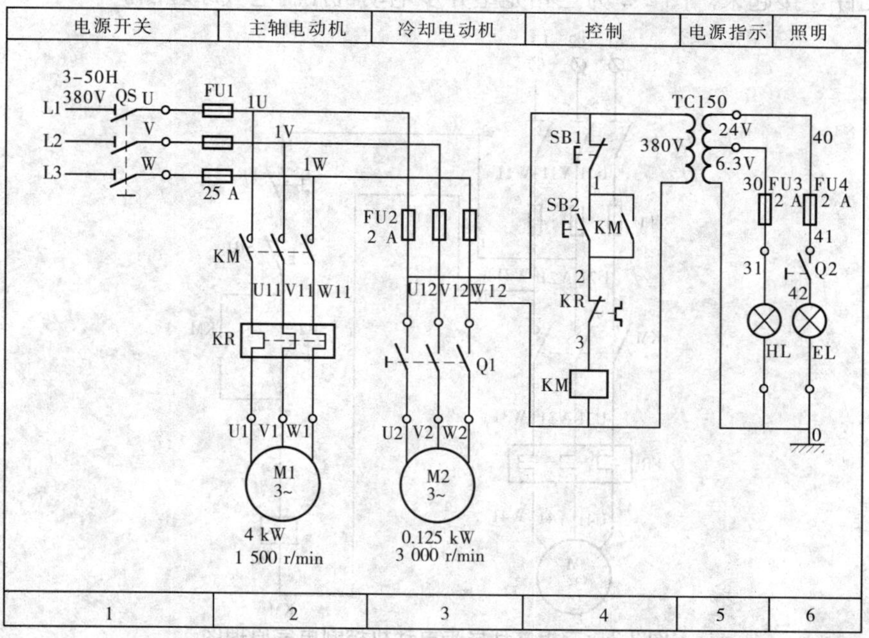

图2-1 图幅分区示例

由于接触器、继电器的线圈和触点在电气原理图中不是画在一起的，为了便于阅读，在接触器、继电器线圈的下方画出其触点的索引表，阅读时可以通过索引方便地在相应的图区找到其触点。

对于接触器,索引表中各栏含义如下:

左栏	中栏	右栏
主触点所在图区号	辅助动合(常开)触点所在图区号	辅助动断(常闭)触点所在图区号

对于继电器,索引表中各栏含义如下:

左栏	右栏
动合(常开)触点所在图区号	动断(常闭)触点所在图区号

2.1.2 电气图的分类与作用

电气图是用电气图形绘制的图,用来描述电气控制设备结构、工作原理和技术要求,电气图包括电气原理图、电气安装图、电气互连图等。它必须符合国家电气制图标准及国际电工委员会(IEC)颁布的有关文件要求,用统一标准的图形符号、文字符号及规定的画法绘制。

2.1.2.1 电气原理图

电气原理图是说明电气设备工作原理的线路图。在电气原理图中并不考虑电气元件的实际安装位置和实际连线情况,只是把各元件按接线顺序用符号展开在平面图上,用直线将各元件连接起来。图 2-2 为三相笼型异步电动机控制电气原理图。

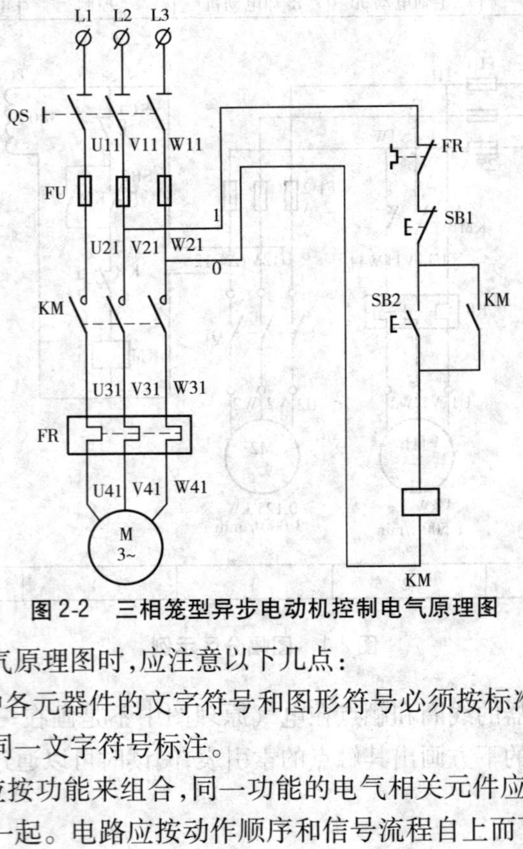

图 2-2 三相笼型异步电动机控制电气原理图

在阅读和绘制电气原理图时,应注意以下几点:

(1)电气原理图中各元器件的文字符号和图形符号必须按标准绘制和标注。同一电器的所有元件必须用同一文字符号标注。

(2)电气原理图应按功能来组合,同一功能的电气相关元件应画在一起,但同一电器的各部件不一定画在一起。电路应按动作顺序和信号流程自上而下或自左向右排列。

(3)电气原理图分主电路和控制电路,一般主电路在左侧,控制电路在右侧。

(4)电气原理图中各电器应该是未通电或未动作的状态,二进制逻辑元件应是置零的状态,机械开关应是循环开始的状态,即按电路"常态"画出。

【例2-1】 认识笼型电动机连续运转控制线路的电气原理图,如图2-3所示。

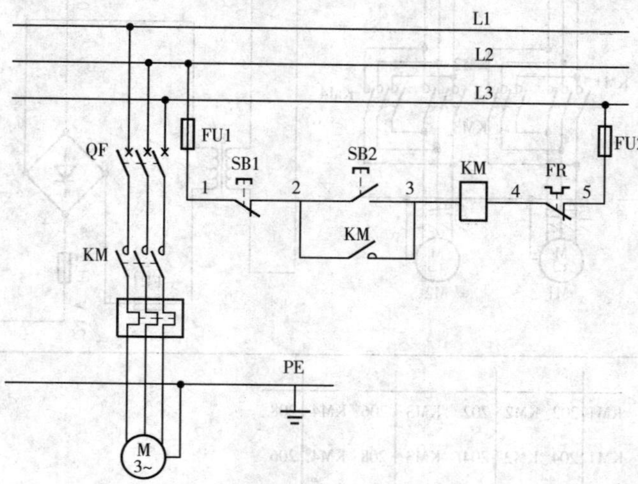

图2-3　笼型电动机连续运转控制线路的电气原理图

电气原理图坐标图示法是在上述电气原理图基础上发展而来的,分为轴坐标标注和横坐标标注两种方法。

1. 轴坐标标注法

首先根据线路的繁简程度以及线路中各部分线路的性质、作用和特点,将线路分为交、直流主电路,交、直流控制电路及辅助电路等。图2-4为造纸机辅助传动两个张紧器轴坐标图示法电气原理图,图中根据线路性质、作用和特点分为交流主电路、交流控制电路、交流辅助电路和直流控制电路四部分。为便于标注坐标,将线路各电气元件均按纵向画法排列。每一条纵向线路为一个线路单元,而每一个线路单元给定一个轴坐标,并用数字表示。

这样每一个线路单元中的各电气元件具有同一轴坐标。在对线路单元进行坐标标号时,为标明各线路性质、作用和特点,往往对同一系统的线路单元用一定的数字来标注轴坐标。在图2-4中,交流主电路轴坐标标号为100~108,交流控制电路轴坐标标号为200~211,直流控制电路轴坐标标号为300~309,交流辅助电路轴坐标标号为400~406。在轴坐标标号202的线路单元中有SB1、KM1电气元件。在选定坐标系统与给定坐标后,下一步就是标注图示坐标。为了阅读、查找方便,可在线路图下方标注"正序图示坐标"和"逆序图示坐标"。

正序图示坐标一般标注在含有接触器或继电器线圈的线路单元的下方。在图2-4中标注了KM1~KM4的正序图示坐标,在该线路单元的下方标注该继电器或接触器各触点分布位置。如接触器KM1在线路中用了4对常开触点、1对常闭触点,它们分别位于102、102、102、402、204号线路单元中。这样,各对触点的位置和作用就一目了然了。

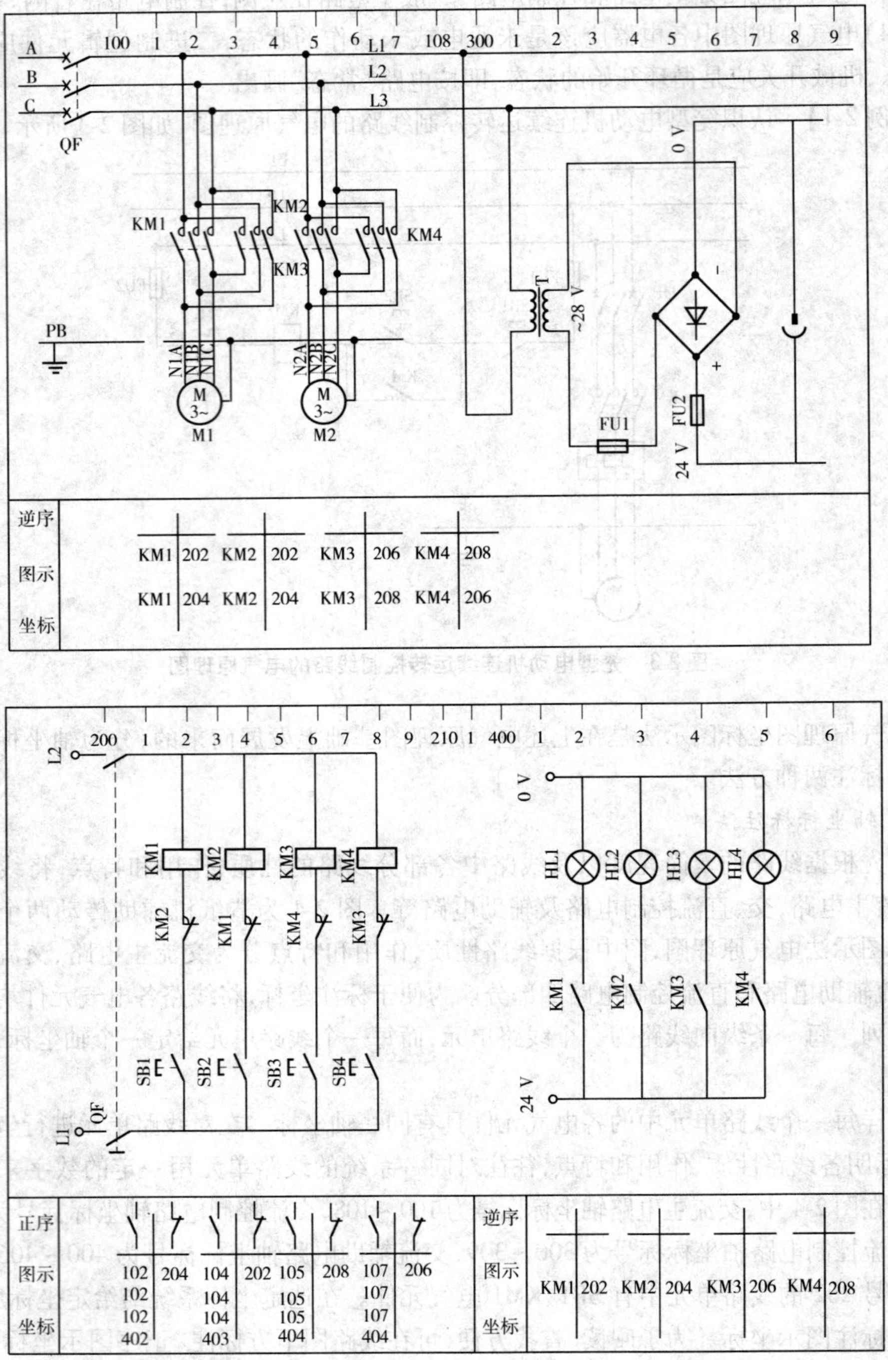

图 2-4　造纸机辅助传动两个张紧器轴坐标图示法电气原理图

逆序图示坐标一般标在各线路单元的下方，用来标注该线路单元中的触点和受控制线圈所在的轴坐标标号。如在图 2-4 中的 202 线路单元中含有触点 SB1、KM1，其中元件 KM1 在 202 和 204 线路单元中(对于按钮 SB1、SB2，因不受其他单元元件的控制，故无需标注)。

由上可知,正序图示坐标是以线圈为据找触点,而逆序图示坐标则是以触点为据找线圈。图示坐标的标注采用与否,可根据线路图的繁简程度决定。线路简单、一目了然的,正、逆图示坐标均可不标注;线路不算很复杂的,一般只标注正序图示坐标即可;线路比较复杂的,可根据需要标注正、逆序图示坐标。线路越复杂,越能体现标注坐标的优越性。

2. 横坐标标注法

造纸机辅助传动多电机状态控制横坐标图示法电气原理如图2-5所示。采用横坐标标注法,线路上的各电气元件均按横向画法排列。各电气元件线圈的右侧,由上到下标明各支路的序号1、2、…,并在该电气元件线圈旁标明其常开触点、常闭触点在电路中所在支路的标号,以便阅读和分析电路时查找。例如,接触器KM1常开触点在主电路中有3对,控制电路2支路中有1对;而KM2、KM3所实现的是点动控制功能,常开触点在主电路中各有3对,常闭触点KM2在控制电路4支路中有1对,常闭触点KM3在控制电路3支路中有1对。KM4的用法与KM1相同,这里不再详述。

3. 阅读和分析电气控制原理图的其他方法

阅读和分析电气控制原理图之前,必须了解设备的主要结构、运动形式、电力拖动形式、电动机和电气元件的分布状况及控制要求等内容。常用的分析方法有查线读图法和逻辑代数法。

1)查线读图法

在看图纸说明的基础上,查看用途栏,了解电气图的名称及用途栏中有关内容。凭借有关的电路基础知识,对该电气图的类型、性质、作用等有明确的认识,同时大致了解电气图的内容。

从主电路入手,通常从下往上看,即从电动机和电磁阀等执行元件开始,经控制元件,顺次往电源看。主要搞清执行元件是怎样从电源取电的,电源是经过哪些元件到达负载的。

通过主电路中控制元件的文字符号,找到有关的控制环节及环节间的联系。

从左至右看各条回路,分析各回路元器件的工作情况及对主电路的控制,搞清回路构成、各元件间的联系(如顺序、互锁等控制关系)和在什么条件下回路构成通路或断路。

检查整个辅助电路,看是否有遗漏,包括电源显示、工作状态显示、照明和故障报警等部分,从整体上理解各控制环节之间的联系,理解电路中每个元件所起的作用。

2)逻辑代数法

由继电器、接触器组成的控制电路中,电气元件只有两种状态,线圈通电或断电,触点闭合或断开。在逻辑代数中,其变量只有“1”和“0”两种取值。也就是说,我们可以用逻辑代数来描述这些电气元件在电路中所处的状态和连接方法。

2.1.2.2 电气安装图

电气安装图表示各种电气设备在机械设备和电气控制柜中的实际安装位置。如图2-6所示,它将提供电气设备各个单元的布局和安装工作所需数据的图样。例如,电动机要和被拖动的机械装置画在一起,行程开关应画在获取信息的地方,操作手柄应画在便于操作的地方,一般电气元件应放在电气控制柜中。

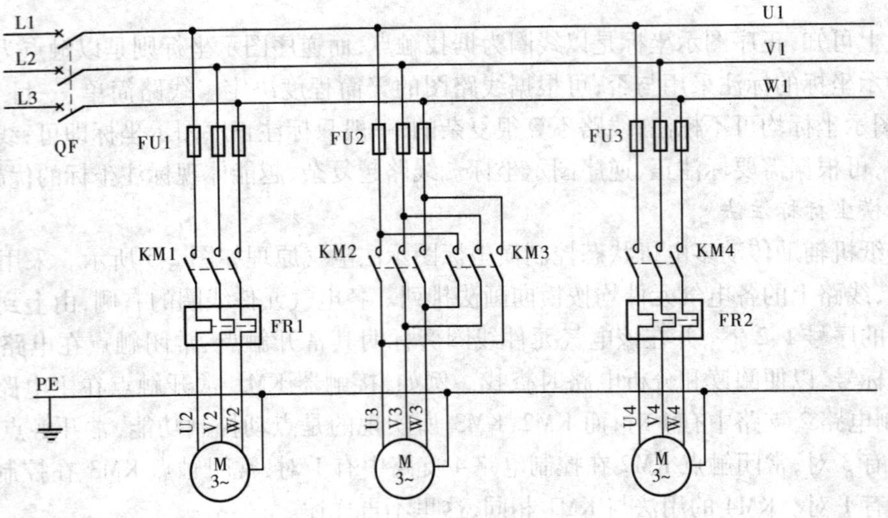

(a)

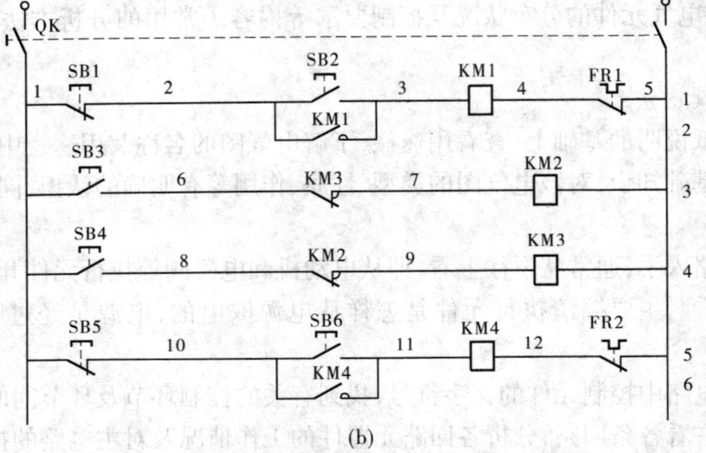

(b)

图 2-5　多电机状态控制横坐标图示法电气原理图

在阅读和绘制电气安装图时,应注意以下几点:

(1)按电气原理图要求,应将动力、控制和信号电路分开布置,并各自安装在相应的位置,以便于操作和维护。

(2)电气控制柜中各元件之间,上、下、左、右之间的连线应保持一定间距,并且应考虑器件的发热和散热因素,应便于布线、接线和检修。

(3)给出部分元器件的型号和参数。

(4)图中的文字符号应与电气原理图和电气设备清单一致。

2.1.2.3　电气互连图

电气互连图是用来表明电气设备各单元之间的接线关系的,一般不包括单元内部的连接,着重表明电气设备外部元件的相对位置及它们之间的电气连接。图 2-7 为三相笼型异步电动机控制线路电气互连图。

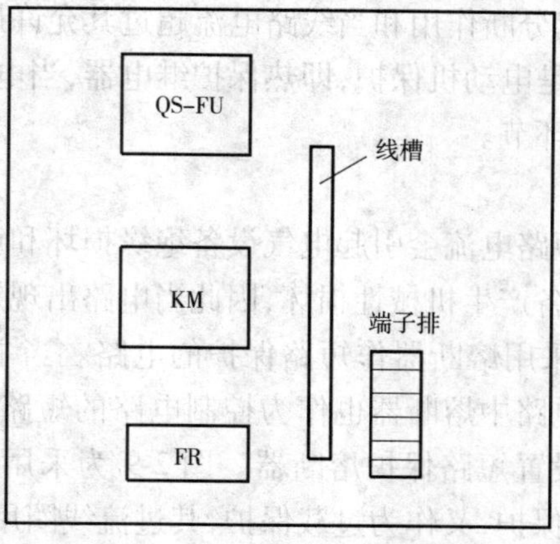

图 2-6　三相笼型异步电动机控制线路安装图

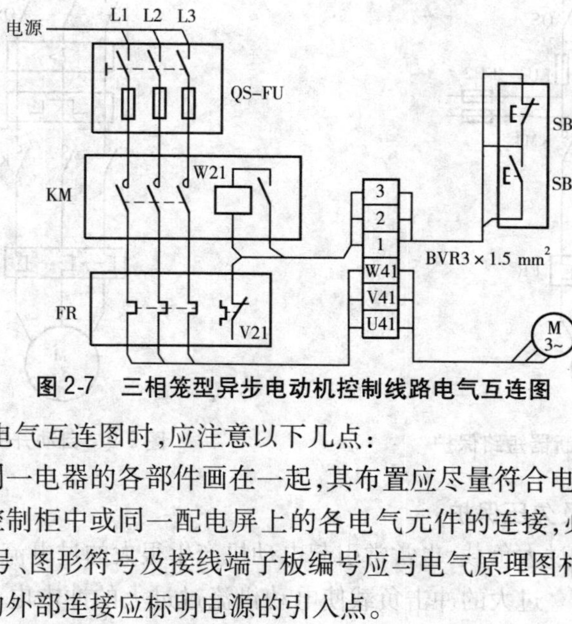

图 2-7　三相笼型异步电动机控制线路电气互连图

在阅读和绘制电气互连图时，应注意以下几点：

(1) 外部单元同一电器的各部件画在一起，其布置应尽量符合电器的实际情况。

(2) 不在同一控制柜中或同一配电屏上的各电气元件的连接，必须经过接线端子板进行。图中文字符号、图形符号及接线端子板编号应与电气原理图相一致。

(3) 电气设备的外部连接应标明电源的引入点。

2.2　继电器接触器基本控制线路的安装与调试

在电力拖动自动控制系统中，各种生产机械均由电动机来拖动。不同的生产机械，对电动机的控制要求也是不同的。电气控制线路能实现对电动机的启动、停止、点动、正反转、制动等运行方式的控制，以及必要的保护，满足生产工艺要求，实现生产过程自动化。

本部分内容主要讲述三相异步电机的基本控制线路，例如启动、制动、调速等电气控制线路的设计方法。

2.2.1　认识电气控制常用的保护环节

电气控制的保护环节非常多，在电气控制线路中，最为常用的是熔断器及断路器，应用方法是串联在回路中，起分断作用和当线路电流超过其允许最大电流时熔断或跳保护。第二类较常用的保护环节是电动机保护，即热保护继电器，当电动机过流时跳保护。电气控制线路常设有以下保护环节。

2.2.1.1　短路保护

当电路发生短路时，短路电流会引起电气设备绝缘损坏和产生强大的电动力，使电动机和电路中的各种电气设备产生机械性损坏，因此当电路出现短路电流时，必须迅速而可靠地断开电源。图 2-8 为采用熔断器作短路保护的电路。当主电机容量较小时，其控制电路不需另设熔断器，主电路中熔断器也作为控制电路的短路保护。当主电机容量较大时，控制电路一定要单独设置短路保护熔断器。图 2-9 为采用自动开关作短路保护的电路。自动开关既作为短路保护，又作为过载保护，其过流线圈用作短路保护。线路出故障时，自动开关动作，事故处理完之后重新合上开关，线路则重新运行。

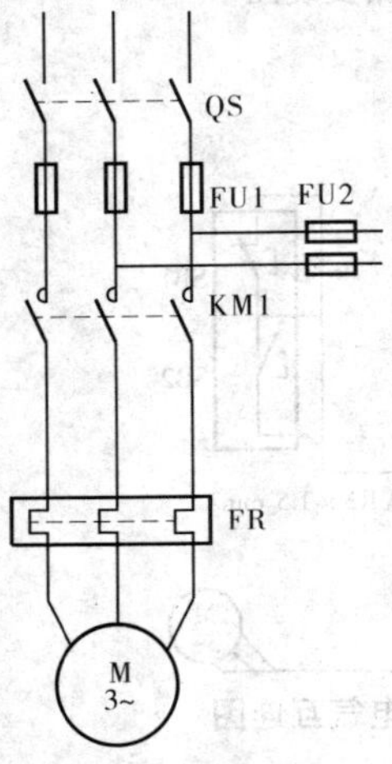

图 2-8　熔断器短路保护

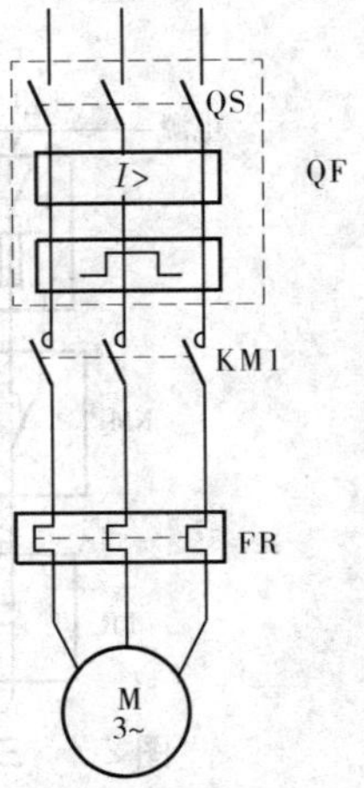

图 2-9　自动开关短路保护

2.2.1.2　过流保护及欠压保护

不正确的启动和过大负载，也常常引起电动机产生很大的过电流，由此引起的过电流一般比短路电流要小。过大的冲击负载使电动机流过过大的冲击电流，以致损坏电动机的换向器；同时，过大的电动机转矩也会使机械的转动部件受到损伤，因此要瞬时切断电源。在电动机运行过程中产生这种过电流比发生短路的可能性要大，特别是对频繁启动和正反转重复短时工作的电动机更是如此。

图 2-10 的控制线路中设有过流保护及欠压保护环节。为避免电机启动时过流保护误动作，线路中接入时间继电器 KT，并使 KT 延时时间稍长于电机 M 的启动时间。这样，电机启动结束后，过流继电器 KI 接入电流检测回路起保护作用。当线路电压过低时，KV 失压，KV 的常开触点断开主电机 M 的控制电路。

2.2.1.3　过载保护

电动机长期超载运行，其绕组的温升将超过允许值而损坏，所以应设过载保护环节。过载保护一般采用热继电器作为保护元件。热继电器具有反时限特性，由于热惯性的关系，热继电器不会受短路电流的冲击而瞬时动作，当有 8～10 倍额定电流通过热继电器

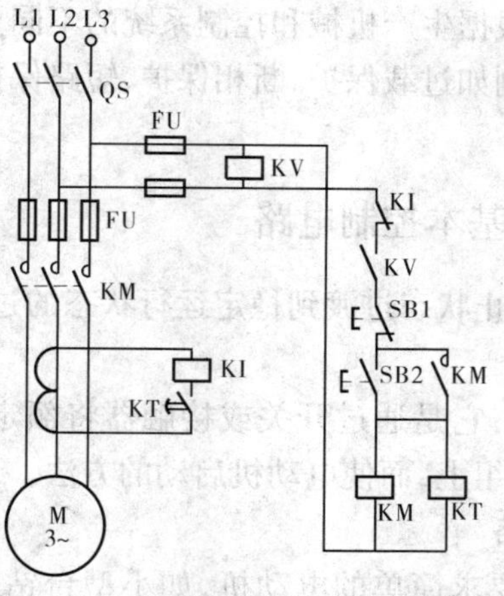

图 2-10　控制电路中的保护环节

时，需经 1～3 s 动作。这样，在热继电器动作前，热继电器的发热元件可能已烧坏。所以，在使用热继电器做过载保护时，还必须装有熔断器或过流继电器配合使用。

热继电器有两相保护和三相保护两种。两相保护，适用于保护电动机任一相断线或三相均衡过载时，但当三相电源发生严重不平衡或电动机内部出现短路、绝缘不良等故障时，有可能使某一相电流比其他两相高，则两相保护就不能进行可靠保护。三相保护的热继电器可有效防止电源发生严重不平衡或电动机内部出现短路、绝缘不良等故障。

2.2.1.4　失压保护

在电动机正常工作时，如果因为电源的关闭而使电动机停转，那么，在电源电压恢复时，电动机就会自行启动。电动机的自启动可能造成人身事故或设备事故。防止电压恢复时电动机自启动的保护称失压保护。通过并联在启动按钮上的接触器的常开触点，或通过并联在主令控制器的零位闭合触点上的零位继电器的常开触点来实现失压保护的，即自锁控制，如图 2-11 所示。

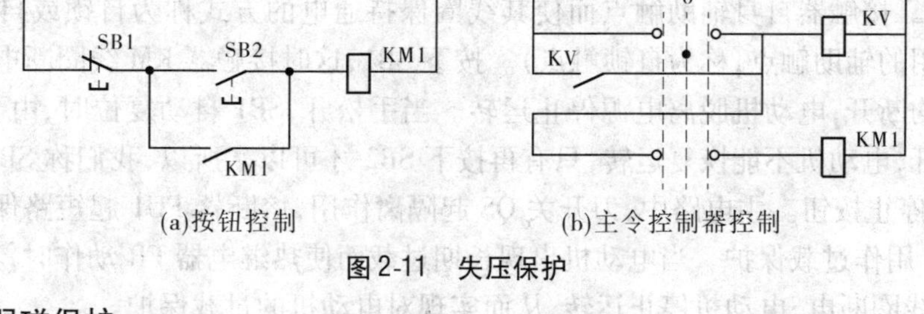

(a)按钮控制　　(b)主令控制器控制

图 2-11　失压保护

2.2.1.5　弱磁保护

直流并励电动机、复励电动机在磁场减弱或磁场消失时，会引起电动机“飞车”。因此，要加强弱磁保护环节。弱磁继电器的吸合值，一般整定为额定励磁电流的 0.8 倍。对于调磁调速的电机，弱磁继电器的释放值为最小励磁电流的 0.8 倍。

2.2.1.6　极限保护

某些直线运动的生产机械常设极限保护，该保护是由行程开关的常闭触点来实现的。如龙门刨床的刨台设有前后极限保护，矿井提升机上设有上、下极限保护。温度、压力、液位等在生产过程中可根据生产机械和控制系统的不同要求，设置相应的极限保护环节。对电动机的基本保护，例如过载保护、断相保护、短路保护等，最好能在一个保护装置内同时实现。

2.2.2 三相异步电动机基本控制电路

电动机接通电源后由静止状态过渡到稳定运行状态的过程称为电动机的启动。

全压启动又称直接启动，它是通过开关或接触器将额定电压直接加在电动机的定子绕组上，而使电动机启动的方法。

2.2.2.1 直接启动控制线路

对于容量较小，且工作要求简单的电动机，如小型台钻、砂轮机的电动机，可用手动开关(刀开关、转换开关、低压断路器等)在动力电路中接通电源直接启动，其控制电路如图 2-12所示。线路中开关 QS 起接通或断开电源的作用，熔断器 FU 用作短路保护。

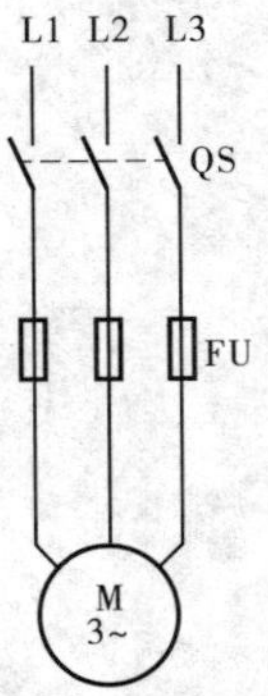

图 2-12 电动机手动开关直接启动

这种线路比较简单，对容量较小、启动不频繁的电动机来说，是经济方便的启动方法。但在容量较大、启动频繁的场合，使用这种方法既不方便，也不安全，还不能进行自动控制。因此，目前广泛采用按钮与接触器来控制电动机的运转。

2.2.2.2 具有自锁启动、停止的控制线路

图 2-13 是采用按钮与接触器控制的单向控制线路。电路分为两部分，主电路由刀开关 QS、熔断器 FU1、接触器 KM 的主触点、热继电器 FR 的热元件组成。控制电路由按钮 SB1、SB2，热继电器 FR 的动断触点，熔断器 FU2 以及接触器 KM 的线圈和辅助触点组成。启动时，合上刀开关 QS，按下按钮 SB2，接触器线圈 KM 通电，其动合主触点闭合，电动机接通电源全压启动，同时，与 SB2 并联的接触器 KM 的动合辅助触点也闭合。当手松开，SB2 自动复位时，KM 线圈通过其自身动合辅助触点保持通电，从而保证电动机的继续运行，这种依靠接触器自身辅助触点而使其线圈保持通电的方式称为自锁或自保持(这个起自锁作用的辅助触点，称为自锁触点)。按下 SB1，这时接触器 KM 线圈断电，主触点和自锁触点均断开，电动机脱离电源停止运转。当手松开，SB1 自动复位时，由于此时控制电路已断开，电动机不能恢复运转，只有再按下 SB2 才可以。所以，我们称 SB2 为启动按钮，SB1 为停止按钮。主电路中，刀开关 QS 起隔离作用，熔断器 FU1 起短路保护作用，热继电器 FR 用作过载保护。当电动机出现长期过载而使热继电器 FR 动作时，其动断触点断开，KM 线圈断电，电动机停止运转，从而实现对电动机的过载保护。

自锁控制并不是只在接触器上使用，同样可以在继电器控制线路中使用，其另一个作用是实现欠压和失压保护，以防止电动机在低压下运行和停电后恢复供电时自启动。

2.2.2.3 正常工作与点动联锁控制线路原理接线图

生产机械常常需要试车或调整，这就要求控制线路既可以连续工作，又能点动操作。

图 2-14 所示控制电路是在图 2-13 控制线路的基础上加入一个复合按钮 SB3 来实现点动控制的。将 SB3 的动断触点串联在接触器 KM 的自锁触点电路中，当正常工作时，按

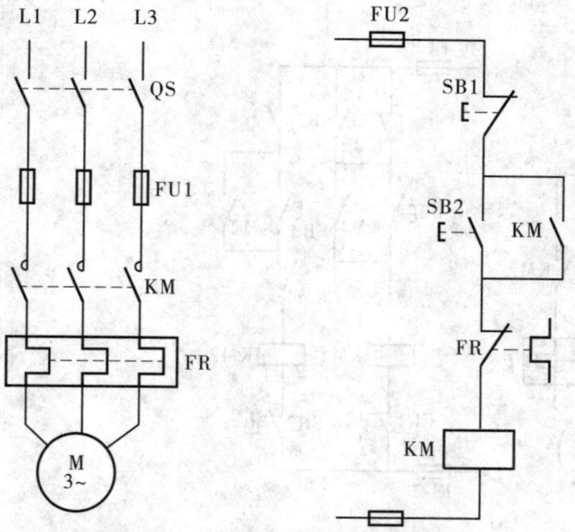

图 2-13 电动机具有自锁启停控制线路

下启动按钮 SB2,接触器 KM 通电并自锁。当需要点动工作时,按下点动按钮 SB3,接触器 KM 通电,并同时切断自锁电路。手一松开,接触器 KM 断电,从而实现了点动控制。电动机通电时间长短,取决于按下按钮的时间长短。

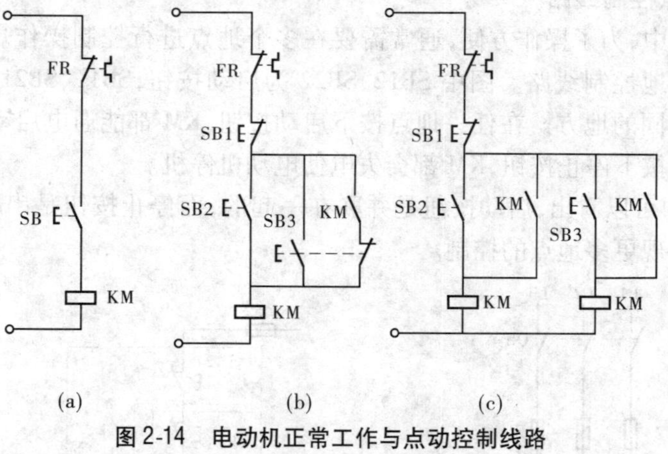

图 2-14 电动机正常工作与点动控制线路

2.2.2.4 顺序启动、停止控制线路的安装与调试

在生产实际中,往往要求各种生产机械或运动部件能按预定的次序启动或停止。一般有同时启动、同时停止,顺序启动、同时停止,同时启动、顺序停止等控制线路。例如,车床主轴转动时,要求油泵先给润滑油,主轴停止后,油泵方可停止润滑,即要求油泵电动机先启动、主轴电动机后启动,主轴电动机停止后,才允许油泵电动机停止。图 2-15 就是实现该过程的控制线路。

由图可见,在接触器 KM2 的线圈电路中串入接触器 KM1 的动合辅助触点。也就是说,只有当接触器 KM1 线圈通电,电动机 M1 启动,动合触点闭合后,才允许 KM2 线圈通电。将接触器 KM2 的动合触点并联在电动机 M1 的停止按钮 SB1 两端,这样当接触器 KM2 通电,电动机 M2 运转时,SB1 被短接,失去了停止功能,只有当接触器 KM2 断电,电动机 M2 停机后,SB1 才恢复其功能。这样就满足了 M1 先于 M2 顺序启动,M2 先于 M1

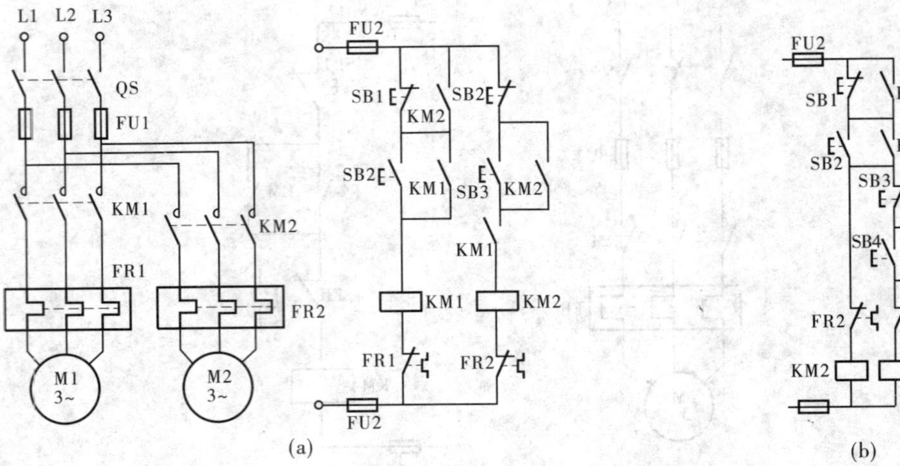

图 2-15　电动机顺序启动、停止控制线路

顺序停机的要求。

2.2.2.5　多地点控制线路

在生产实际中,为了操作方便,通常需要在多个地点进行控制操作。图 2-16 为一电动机单向旋转三地控制线路。图中 SB12、SB22 为启动按钮,SB11、SB21 为停止按钮,分别安装在三个不同的地方。在任一地点按下启动按钮,KM 都能通电启动电动机并自锁,这时在任一地点按下停止按钮,KM 都会失电使电动机停机。

从图 2-16 中可以看出,启动按钮是并联在一起的,而停止按钮是串联在一起的。根据这一原则可实现更多地点的控制。

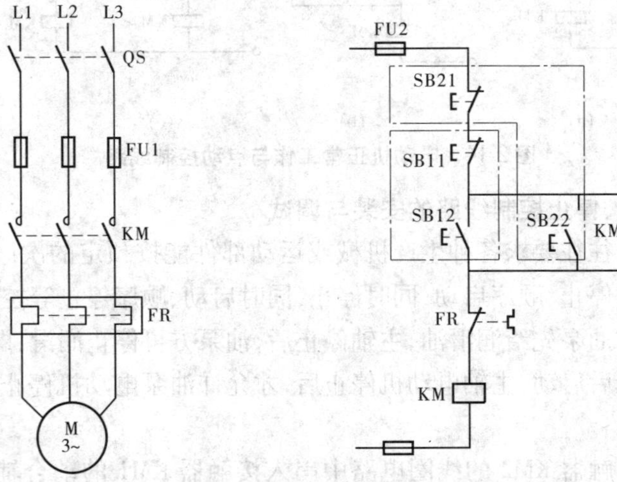

图 2-16　电动机多地点控制线路

2.2.2.6　电动机全压启动的条件

全压启动具有设备简单,启动力矩较大,启动时间短,操作维护方便、经济等优点。但电动机启动电流很大,当电动机的容量很大时,过大的启动电流将导致线路上产生很大的

压降，不仅使电动机本身启动转矩下降，而且还会影响同一线路上其他设备的运行，因此全压启动只适用于电源容量比电动机容量大得多的场合。一般容量小于 10 kW 的三相笼型电动机常采用全压直接启动。容量大于 10 kW 的三相笼型异步电动机是否可以采用直接启动，可根据下面的经验公式来判定：

$$\frac{I_{ST}}{I_N} \leqslant \frac{3}{4} + \frac{\text{电源变压器的容量(kAV)}}{4 \times \text{电动机的额定功率(kW)}} \tag{2-1}$$

式中　I_{ST}——电动机全压启动电流，A；

I_N——电动机额定电流，A；

$\frac{I_{ST}}{I_N}$——启动电流倍数，笼型电动机为 5 ~ 7，绕线型电动机为 2 ~ 3，直流电动机为 10 ~ 20。

另外，电气控制线路不仅要满足生产机械工艺的要求，还必须具有完善的保护环节，以提高电气控制系统运行的可靠性、安全性。在主电路中通常以熔断器作为短路保护元件，热继电器作为过载保护元件。通过接触器的自锁触点来实现零压及欠压保护。控制电路中常设置独立短路保护熔断器。自动空气开关以其工作可靠，安装方便，分断能力较高和动作后不需更换等优点，越来越多地被用于主电路保护中，见图 2-17。图中自动空气开关 QF 作为电路中短路的主保护，熔断器 FU 在电路中起后备短路保护作用，刀开关 QS 起隔离作用。过载、欠压、失压保护可通过热继电器 FR、自动空气开关 QF 及接触器 KM 的自锁触点双重实现。

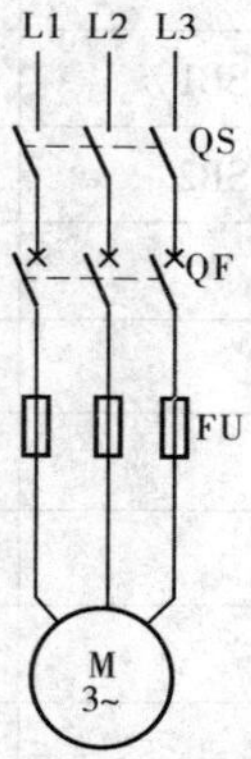

图 2-17　采用自动空气开关的主电路

【技能训练】

项目 1　电动机连续运转控制线路的安装与调试

【任务目标】

（1）掌握三相交流异步电动机正常运转控制线路工作原理。

（2）理解接触器的自锁作用。

（3）会选用元件和导线。

（4）掌握电气控制线路安装、接线工艺。

（5）能根据线路图安装三相交流异步电动机正常运转控制线路。

（6）知道控制线路安装要领。

（7）能正确调试三相交流异步电动机正常运转控制线路。

（8）对线路出现的故障现象能正确、快速地排除。

【实践操作】

1. 所需的工具、材料

（1）所需工具有常用的电工工具、万用表等。

(2)所需材料见表2-2。

表2-2 电气元件明细

电气符号	元件名称	型号规格	数量	备注
M	三相交流异步电动机	Y-112M-4/4 kW,△接法 380 V,8.8 A,1 440 r/min	1台	
QS	转换开关	HZ10-25/3	1个	
FU1	熔断器	RL1-60/25 A	3个	
FU2	熔断器	RL1-15/2 A	2个	
KM	交流接触器	CJ10-10,380V	1个	
FR	热继电器	JR36-20/3,整定电流8.8 A	1个	
SB1	停止按钮	LA10-2H	各1个	绿色
SB2	启动按钮			红色
	接线端子	JX2-Y010	2个	
	导线	BV-1.5 mm^2,1 mm^2	若干	
	导线	BVR-1 mm^2	若干	
	冷压接头	1 mm^2	若干	
	异型管	1.5 mm^2	若干	
	油记笔	黑(红)色	1支	
	开关板	500 mm×400 mm×30 mm	1块	

2. 实训内容

1)观察控制板结构组成

控制板结构组成有熔断器、交流接触器、热继电器、时间继电器、端子排、接线槽。

2)安装、接线工艺

(1)检查所用电气元件的外观,应完整齐全,电器安装牢固,布局合理。

(2)控制线路的布线原则。先主电路,后控制电路。

(3)导线截面选择。主电路导线的截面根据电动机容量选配,控制电路导线一般采用1 mm^2 铜芯线。

(4)板上的元件可直接连接,槽内走线,不允许跨接。与板外元件和设备连接时须经过端子排。

(5)接线时在剥去绝缘层导线的两端套上异型管,标上与主电路图一致的线号。导线与端子连接时,不得压绝缘层,不可露铜过多。一个接线端子上的连接导线不得多于两根。

(6)线路接好后,检查接线端子是否接触良好,有无错接、漏接现象。检查无误后,将线槽盖板盖上,清除控制板上的线头、碎屑等杂物。整理板表面导线,入槽处不要交叉。

保持板面干净、整齐、美观。

3. 电路安装

(1)根据表2-2配齐所用电气元件,并检查元件质量。

(2)根据原理图画出布置图。

(3)根据元件布置图安装元件,各元件的安装位置整齐、匀称、间距合理,便于元件的更新,元件紧固时用力均匀、紧固程度适当。

(4)布线。布线时以接触器为中心,由里向外、由低至高,先电源电路、再控制电路、后主电路进行,以不妨碍后续布线为原则。

(5)整定热继电器。

(6)连接电动机和按钮金属外壳的保护接地线。

(7)连接电动机和电源。

(8)检查。通电前,应认真检查有无错接、漏接造成不能正常运转或短路事故的现象。

(9)通电试车。试车时,注意观察接触器情况。观察电动机运转是否正常,若有异常现象则应马上停车。

(10)试车完毕,应遵循停转、切断电源、拆除三相电源线、拆除电动机线的顺序。

【巩固训练】

1. 任务要求

(1)识读工作原理图。

(2)按表2-2配齐所有元件,并进行质量检查,将检查情况记入表2-3中。

表2-3　元器件清单

元件名称	型号规格	数量	是否适用
转换开关			
熔断器			
交流接触器			
热继电器			
按钮			

(3)在规定时间内独立完成控制线路图的安装,并根据工艺要求进行调试。

(4)检修调试过程中出现的故障。

2. 注意事项

(1)接触器KM自锁的接线务必正确。

(2)螺旋式熔断器的接线务必正确,以确保安全。

(3)热继电器的热元件应串联在主电路中,其常闭触点串联在控制电路中。

(4)热继电器的整定电流应按电动机额定电流自行整定,绝对不允许弯折双金属片。

(5)编码套管要正确。

(6)控制板外配线必须加以防护,确保安全。

(7)电动机及按钮金属外壳必须保护接地。

(8)通电试车、调试及检修时,必须在指导教师的监视和允许下认真检查以后进行。

(9)要做到安全操作和文明生产。

(10)出现故障时,及时断电,排除故障后方可再次通电试车。

3. 额定工时

额定工时为120 min。

4. 评分

评分细则见表2-4。

表2-4 "三相交流异步电动机连续运转控制线路的安装与调试"技能自我评分表

项目	技术要求	配分	评分细则	评分记录
安装前检查	正确无误检查所需元件	5	电气元件漏检或错检,每个扣1分	
安装元件	按布置图合理安装元件	15	不按布置图安装,扣3分; 元件安装不牢固,每个扣0.5分; 元件安装不整齐、不合理,扣2分; 损坏元件,扣10分	
布线	按控制线路图正确接线	40	不按控制线路图接线,扣10分; 布线不美观,每根扣0.5分; 接点松动,露铜过长,反圈,压绝缘层,标记线号不清楚、遗漏或误标,每处扣0.5分; 损伤导线,每处扣1分	
通电试车	正确整定元件,检查无误,通电试车一次成功	40	热继电器未整定或错误,扣5分; 熔体选择错误,每组扣10分; 试车不成功,每返工一次扣5分	
额定工时 120 min	超时,此项从总分中扣分		每超过5 min,从总分中倒扣3分,但不超过10分	
安全、文明生产	满足安全、文明生产要求		违反安全、文明生产要求,从总分中倒扣5分	

项目2 电动机点动与连续运转控制线路的安装与调试

【任务目标】

(1)掌握三相交流异步电动机点动与连续运转控制线路的工作原理。

(2)进一步熟悉电气控制线路接线的工艺要求。

(3)理解电动机点动与连续控制的实现方法及点动复合按钮的使用方法。

(4)会选用元件和导线。

(5)能根据线路图安装三相交流异步电动机点动与连续运转控制线路。

(6)能正确调试三相交流异步电动机点动与连续运转控制线路。

(7)对线路出现的故障现象能正确、快速地排除。

【实践操作】

1. 所需的工具、材料

(1)所需工具有常用的电工工具、万用表等。

(2)所需材料见表2-5。

表2-5 电气元件明细

电气符号	元件名称	型号规格	数量	备注
M	三相交流异步电动机	Y-112M-4/4 kW,△接法 380 V,8.8 A,1 440 r/min	1台	
QS	转换开关	HZ10-25/3	1个	
FU1	熔断器	RL1-60/25 A	3个	
FU2	熔断器	RL1-15/2 A	2个	
KM	交流接触器	CJ10-10,380 V	1个	
FR	热继电器	JR36-20/3,整定电流8.8 A	1个	
SB1	停止按钮	LA10-2H	1个	绿色
SB2	连续按钮		1个	黑色
SB3	点动按钮		1个	红色
	接线端子	JX2-Y010	2个	
	导线	BV-1.5 mm^2,1 mm^2	若干	
	导线	BVR-1 mm^2	若干	
	冷压接头	1 mm^2	若干	
	异型管	1.5 mm^2	若干	
	油记笔	黑(红)色	1支	
	开关板	500 mm×400 mm×30 mm	1块	

2. 实训内容

1)观察控制板结构组成

控制板结构组成有熔断器、交流接触器、热继电器、时间继电器、端子排、接线槽。

2)安装、接线工艺

(1)检查所用电气元件的外观,应完整齐全,电器安装牢固,布局合理。

(2)控制线路的布线原则,先主电路,后控制电路。

(3)导线截面选择。主电路导线的截面根据电动机容量选配,控制电路导线一般采用1 mm^2 铜芯线。

(4)板上的元件可直接连接,槽内走线,不允许跨接。与板外元件和设备连接时须经过端子排。

(5)接线时在剥去绝缘层导线的两端套上异型管,标上与主电路图一致的线号。导线与端子连接时,不得压绝缘层,不可露铜过多。一个接线端子上的连接导线不得多于两根。

(6)线路接好后,检查接线端子是否接触良好,有无错接、漏接现象。检查无误后,将线槽盖板盖上,清除控制板上的线头、碎屑等杂物。整理板表面导线,入槽处不要交叉。保持板面干净、整齐、美观。

3)控制线路接线

注意点动按钮的接线方法。

4)通电试车

注意观察点动按钮的作用。

3. 电路安装

(1)根据表2-5配齐所用电气元件,并检查元件质量。

(2)根据原理图画出布置图。

(3)根据元件布置图安装元件,各元件的安装位置整齐、匀称、间距合理,便于元件的更新,元件紧固时用力均匀、紧固程度适当。

(4)布线。布线时以接触器为中心,由里向外、由低至高,先电源电路、再控制电路、后主电路进行,以不妨碍后续布线为原则。

(5)整定热继电器。

(6)连接电动机和按钮金属外壳的保护接地线。

(7)连接电动机和电源。

(8)检查。通电前,应认真检查有无错接、漏接造成不能正常运转或短路事故的现象。

(9)通电试车。试车时,注意观察接触器情况。观察电动机运转是否正常,若有异常现象则应马上停车。

(10)试车完毕,应遵循停转、切断电源、拆除三相电源线、拆除电动机线的顺序。

【巩固训练】

1. 任务要求

(1)识读工作原理图。

(2)按表2-5配齐所有元件,并进行质量检查,将检查情况记入表2-6中。

表2-6 元器件清单

元件名称	型号规格	数量	是否适用
转换开关			
熔断器			
交流接触器			
热继电器			
按钮			

(3)在规定时间内独立完成控制线路图的安装,并根据工艺要求进行调试。

(4)检修调试过程中出现的故障。

2. 注意事项

(1)注意接触器KM自锁、点动按钮的接线务必正确。

(2)螺旋式熔断器的接线务必正确,以确保安全。
(3)编码套管要正确。
(4)控制板外配线必须加以防护,确保安全。
(5)电动机及按钮金属外壳必须保护接地。
(6)通电试车、调试及检修时,必须在指导教师的监视和允许下认真检查以后进行。
(7)注意安全用电,要认真执行安全操作规定。
(8)出现故障时,及时断电,排除故障后方可再次通电试车。

3. 额定工时

额定工时为120 min。

4. 评分

评分细则见表2-7。

表2-7 "三相交流异步电动机点动与连续运转控制线路的安装与调试"技能自我评分表

项目	技术要求	配分	评分细则	评分记录
安装前检查	正确无误检查所需元件	5	电气元件漏检或错检,每个扣1分	
安装元件	按布置图合理安装元件	15	不按布置图安装,扣3分; 元件安装不牢固,每个扣0.5分; 元件安装不整齐、不合理,扣2分; 损坏元件,扣10分	
布线	按控制线路图正确接线	40	不按控制线路图接线,扣10分; 布线不美观,每根扣0.5分; 接点松动,露铜过长,反圈,压绝缘层,标记线号不清楚、遗漏或误标,每处扣0.5分; 损伤导线,每处扣1分	
通电试车	正确整定元件,检查无误,通电试车一次成功	40	热继电器未整定或错误,扣5分; 熔体选择错误,每组扣10分; 试车不成功,每返工一次扣5分	
额定工时120 min	超时,此项从总分中扣分		每超过5 min,从总分中倒扣3分,但不超过10分	
安全、文明生产	满足安全、文明生产要求		违反安全、文明生产要求,从总分中倒扣5分	

项目3　电动机两地控制线路的安装与调试

【任务目标】

(1)掌握电动机两地控制线路的工作原理。

(2)进一步熟悉电气控制线路的接线方法和工艺要求。

(3)会选用元件和导线。

(4)能根据线路图安装三相交流异步电动机两地控制线路。

(5)能正确调试三相交流异步电动机两地控制线路。

(6)对线路出现的故障现象能正确、快速地排除。

【实践操作】

1. 所需的工具、材料

(1)所需工具有常用的电工工具、万用表等。

(2)所需材料见表2-8。

表2-8　电气元件明细

电气符号	元件名称	型号规格	数量	备注
M	三相交流异步电动机	Y-112M-4/4 kW,△接法 380 V,8.8 A,1 440 r/min	1台	
QS	转换开关	HZ10-25/3	1个	
FU1	熔断器	RL1-60/25 A	3个	
FU2	熔断器	RL1-15/2 A	2个	
KM	交流接触器	CJ10-10,380 V	1个	
FR	热继电器	JR36-20/3,整定电流8.8 A	1个	
SB1、SB2	停止按钮	LA10-2H	2个	绿色
SB3、SB4	启动按钮		2个	红色
	接线端子	JX2-Y010	2个	
	导线	BV-1.5 mm^2,1 mm^2	若干	
	导线	BVR-1 mm^2	若干	
	冷压接头	1 mm^2	若干	
	异型管	1.5 mm^2	若干	
	油记笔	黑(红)色	1支	
	开关板	500 mm×400 mm×30 mm	1块	

2. 实训内容

1)观察控制板结构组成

控制板结构组成有熔断器、交流接触器、热继电器、时间继电器、端子排、接线槽。

2）安装、接线工艺

（1）检查所用电气元件的外观，应完整齐全，电器安装牢固，布局合理。

（2）控制线路的布线原则，先主电路，后控制电路。

（3）导线截面选择。主电路导线的截面根据电动机容量选配，控制电路导线一般采用1 mm^2 铜芯线。

（4）板上的元件可直接连接，槽内走线，不允许跨接。与板外元件和设备连接时须经过端子排。

（5）接线时在剥去绝缘层导线的两端套上异型管，标上与主电路图一致的线号。导线与端子连接时，不得压绝缘层，不可露铜过多。一个接线端子上的连接导线不得多于两根。

（6）线路接好后，检查接线端子是否接触良好，有无错接、漏接现象。检查无误后，将线槽盖板盖上，清除控制板上的线头、碎屑等杂物。整理板表面导线，入槽处不要交叉。保持板面干净、整齐、美观。

3）控制线路接线

注意：两地的停止按钮常闭触点串联，启动按钮常开触点并联。两个启动按钮的接线一定要通过端子排进行转接。

4）通电试车

注意观察两地按钮的控制作用。

3. 电路安装

（1）根据表2-8配齐所用电气元件，并检查元件质量。

（2）根据原理图画出布置图。

（3）根据元件布置图安装元件，各元件的安装位置整齐、匀称、间距合理，便于元件的更新，元件紧固时用力均匀、紧固程度适当。

（4）布线。布线时以接触器为中心，由里向外、由低至高，先电源电路、再控制电路、后主电路进行，以不妨碍后续布线为原则。

（5）整定热继电器。

（6）连接电动机和按钮金属外壳的保护接地线。

（7）连接电动机和电源。

（8）检查。通电前，应认真检查有无错接、漏接造成不能正常运转或短路事故的现象。

（9）通电试车。试车时，注意观察接触器情况。观察电动机运转是否正常，若有异常现象则应马上停车。

（10）试车完毕，应遵循停转、切断电源、拆除三相电源线、拆除电动机线的顺序。

【巩固训练】

1. 任务要求

（1）识读工作原理图。

（2）按表2-8配齐所有元件，并进行质量检查，将检查情况记入表2-9中。

表 2-9 元器件清单

元件名称	型号规格	数量	是否适用
转换开关			
熔断器			
交流接触器			
热继电器			
按钮			

(3)在规定时间内独立完成控制线路图的安装,并根据工艺要求进行调试。

(4)检修调试过程中出现的故障。

2. 注意事项

(1)注意接触器 KM、按钮的接线务必正确。

(2)螺旋式熔断器的接线务必正确,以确保安全。

(3)编码套管要正确。

(4)控制板外配线必须加以防护,确保安全。

(5)电动机及按钮金属外壳必须保护接地。

(6)通电试车、调试及检修时,必须在指导教师的监视和允许下认真检查以后进行。

(7)注意安全用电,要认真执行安全操作规定。

(8)出现故障时,及时断电,排除故障后方可再次通电。

3. 额定工时

额定工时为 120 min。

4. 评分

评分细则见表 2-10。

表 2-10 "三相交流异步电动机两地控制线路的安装与调试"技能自我评分表

项目	技术要求	配分	评分细则	评分记录
安装前检查	正确无误检查所需元件	5	电气元件漏检或错检,每个扣1分	
安装元件	按布置图合理安装元件	15	不按布置图安装,扣3分; 元件安装不牢固,每个扣0.5分; 元件安装不整齐、不合理,扣2分; 损坏元件,扣10分	
布线	按控制线路图正确接线	40	不按控制线路图接线,扣10分; 布线不美观,每根扣0.5分; 接点松动,露铜过长,反圈,压绝缘层,标记线号不清楚、遗漏或误标,每处扣0.5分; 损伤导线,每处扣1分	

续表 2-10

项目	技术要求	配分	评分细则	评分记录
通电试车	正确整定元件，检查无误，通电试车一次成功	40	热继电器未整定或错误，扣 5 分； 熔体选择错误，每组扣 10 分； 试车不成功，每返工一次扣 5 分	
额定工时 120 min	超时，此项从总分中扣分		每超过 5 min，从总分中倒扣 3 分，但不超过 10 分	
安全、文明生产	满足安全、文明生产要求		违反安全、文明生产要求，从总分中倒扣 5 分	

项目 4　电动机顺序控制线路的安装与调试

【任务目标】

（1）掌握电动机顺序启动、逆序停止控制线路的工作原理。

（2）进一步熟悉电气控制线路的接线方法和工艺要求。

（3）会选用元件和导线。

（4）能根据线路图安装三相交流异步电动机顺序启动、逆序停止控制线路。

（5）能正确调试三相交流异步电动机顺序控制线路。

（6）对线路出现的故障现象能正确、快速地排除。

【实践操作】

1. 所需的工具、材料

（1）所需工具有常用的电工工具、万用表等。

（2）所需材料见表 2-11。

表 2-11　电气元件明细

电气符号	元件名称	型号规格	数量	备注
M	三相交流异步电动机	Y－112M－4/4 kW，△接法 380 V，8.8 A，1 440 r/min	1 台	
QS	转换开关	HZ10－25/3	1 个	
FU1	熔断器	RL1－60/25 A	3 个	
FU2	熔断器	RL1－15/2 A	2 个	
KM	交流接触器	CJ10－10，380 V	1 个	
FR	热继电器	JR36－20/3，整定电流 8.8 A	1 个	
SB1、SB2	停止按钮	LA10－2H	2 个	绿色
SB3、SB4	启动按钮	LA10－2H	2 个	红色

续表 2-11

电气符号	元件名称	型号规格	数量	备注
	接线端子	JX2 – Y010	2 个	
	导线	BV – 1.5 mm^2,1 mm^2	若干	
	导线	BVR – 1 mm^2	若干	
	冷压接头	1 mm^2	若干	
	异型管	1.5 mm^2	若干	
	油记笔	黑(红)色	1 支	
	开关板	500 mm × 400 mm × 30 mm	1 块	

2. 实训内容

1) 观察控制板结构组成

控制板结构组成有熔断器、交流接触器、热继电器、时间继电器、端子排、接线槽。

2) 安装、接线工艺

(1) 检查所用电气元件的外观,应完整齐全,电器安装牢固,布局合理。

(2) 控制线路的布线原则为先主电路,后控制电路。

(3) 导线截面选择。主电路导线的截面根据电动机容量选配,控制电路导线一般采用1 mm^2 铜芯线。

(4) 板上的元件可直接连接,槽内走线,不允许跨接。与板外元件和设备连接时须经过端子排。

(5) 接线时在剥去绝缘层导线的两端套上异型管,标上与主电路图一致的线号。导线与端子连接时,不得压绝缘层,不可露铜过多。一个接线端子上的连接导线不得多于两根。

(6) 线路接好后,检查接线端子是否接触良好,有无错接、漏接现象。检查无误后,将线槽盖板盖上,清除控制板上的线头、碎屑等杂物。整理板表面导线,入槽处不要交叉,保持板面干净、整齐、美观。

3) 控制线路接线

接线时注意:先启动电动机接触器的常开触点串联在后启动电动机接触器回路中,先停止电动机接触器的常开触点并联在后停止电动机停止按钮的两端。

4) 通电试车

注意观察电动机顺序启动过程。

3. 电路安装

(1) 根据表 2-11 配齐所用电气元件,并检查元件质量。

(2) 根据原理图画出布置图。

(3) 根据元件布置图安装元件,各元件的安装位置整齐、匀称、间距合理,便于元件的更新,元件紧固时用力均匀、紧固程度适当。

(4) 布线。布线时以接触器为中心,由里向外、由低至高,先电源电路、再控制电路、后主电路进行,以不妨碍后续布线为原则。

(5)整定热继电器。

(6)连接电动机和按钮金属外壳的保护接地线。

(7)连接电动机和电源。

(8)检查。通电前,应认真检查有无错接、漏接造成不能正常运转或短路事故的现象。

(9)通电试车。试车时,注意观察接触器情况。观察电动机运转是否正常,若有异常现象则应马上停车。

(10)试车完毕,应遵循停转、切断电源、拆除三相电源线、拆除电动机线的顺序。

【巩固训练】

1. 任务要求

(1)识读工作原理图。

(2)按表2-11配齐所有元件,并进行质量检查,将检查情况记入表2-12中。

表2-12 元器件清单

元件名称	型号规格	数量	是否适用
转换开关			
熔断器			
交流接触器			
热继电器			
按钮			

(3)在规定时间内独立完成控制线路图的安装,并根据工艺要求进行调试。

(4)检修调试过程中出现的故障。

2. 注意事项

(1)接触器KM、按钮的接线务必正确。

(2)螺旋式熔断器的接线务必正确,以确保安全。

(3)编码套管要正确。

(4)控制板外配线必须加以防护,确保安全。

(5)电动机及按钮金属外壳必须保护接地。

(6)通电试车、调试及检修时,必须在指导教师的监视和允许下认真检查以后进行。

(7)注意安全用电,要认真执行安全操作规定。

(8)出现故障时,及时断电,排除故障后方可再次通电试车。

3. 额定工时

额定工时为120 min。

4. 评分

评分细则见表2-13。

表2-13 “三相交流异步电动机顺序控制线路的安装与调试”技能自我评分表

项目	技术要求	配分	评分细则	评分记录
安装前检查	正确无误检查所需元件	5	电气元件漏检或错检,每个扣1分	
安装元件	按布置图合理安装元件	15	不按布置图安装,扣3分; 元件安装不牢固,每个扣0.5分; 元件安装不整齐、不合理,扣2分; 损坏元件,扣10分	
布线	按控制线路图正确接线	40	不按控制线路图接线,扣10分; 布线不美观,每根扣0.5分; 接点松动,露铜过长,反圈,压绝缘层,标记线号不清楚、遗漏或误标,每处扣0.5分; 损伤导线,每处扣1分	
通电试车	正确整定元件,检查无误,通电试车一次成功	40	热继电器未整定或错误,扣5分; 熔体选择错误,每组扣10分; 试车不成功,每返工一次扣5分	
额定工时 120 min	超时,此项从总分中扣分		每超过5 min,从总分中倒扣3分,但不超过10分	
安全、文明生产	满足安全、文明生产要求		违反安全、文明生产要求,从总分中倒扣5分	

2.2.3 三相异步电动机正反转控制

有些生产机械往往要求具有上下、左右、前后、往返等相反方向运动的控制,例如电梯的上下运行、机床工作台的前进与后退及主轴的正转与反转等。这就要求电动机能够同时具有正、反转功能。对三相异步电动机来说,要实现正反转控制,只要改变接入电动机的电源相序即可。

2.2.3.1 手动开关正反转控制线路

图2-18(a)就是利用手动开关实现正反转控制的线路。合上低压断路器QF后,手动开关在“0”位时,电动机停机;转动到“1”位时,电动机正转;转动到“2”位时,电动机反转。图2-18(b)给出了手动开关与接触器配合实现正反转控制。短路保护、过载保护由熔断器、热继电器实现。此线路只适用于小容量,不需要频繁正反转的电动机。

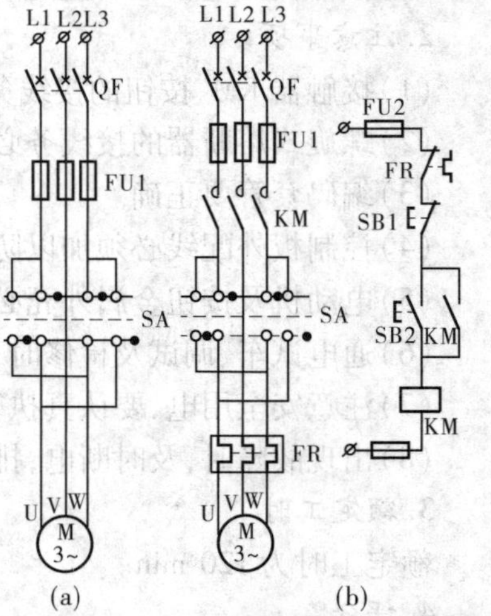

图2-18 手动开关正反转控制的线路

2.2.3.2　接触器互锁控制线路的安装与调试

图 2-19 为接触器互锁正反转控制线路。KM1 为正转接触器，KM2 为反转接触器。显然 KM1 和 KM2 两组主触点不能同时闭合，否则会引起电源短路。也就是说，KM1 和 KM2 两接触器线圈不能同时通电。

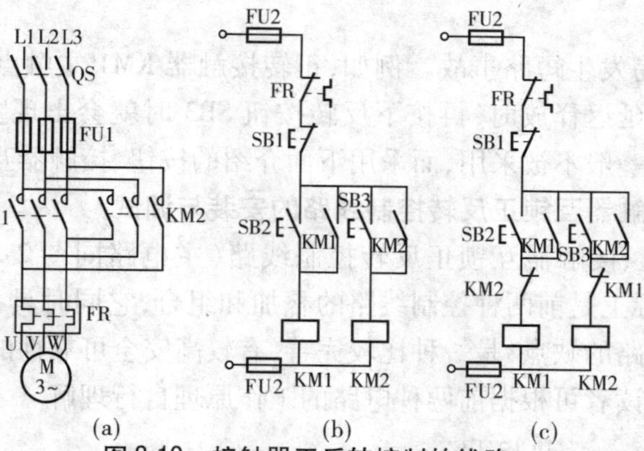

图 2-19　接触器正反转控制的线路

控制线路中，正反转接触器 KM1 和 KM2 线圈支路都分别串接了对方的动断辅助触点，这就保证了两个接触器同一时刻只能有一个处于通电状态。两个接触器之间的这种相互关系称为“互锁”。

当合上刀开关 QS，按下正转启动按钮 SB2 时，接触器 KM1 线圈通电，其主触点接通电动机电源，电动机正转。同时，其动合辅助触点闭合形成自锁，而其动断辅助触点断开切断反转接触器 KM2 线圈支路。这时即使按下反转启动按钮 SB3，接触器 KM2 线圈也不能通电。要使电动机反转，要先按停止按钮 SB1，使接触器 KM1 线圈断电释放，再按 SB3 方可实现。此线路虽能保证接触器不能同时通电，但切换显然十分方便。

2.2.3.3　按钮互锁控制线路的安装与调试

图 2-20 为按钮互锁控制线路，它通过两对复合按钮（SB2、SB3）的动断触点串入对方控制的接触器线圈支路中，来实现互锁。只要按下其中一个按钮，就会首先切断另一支

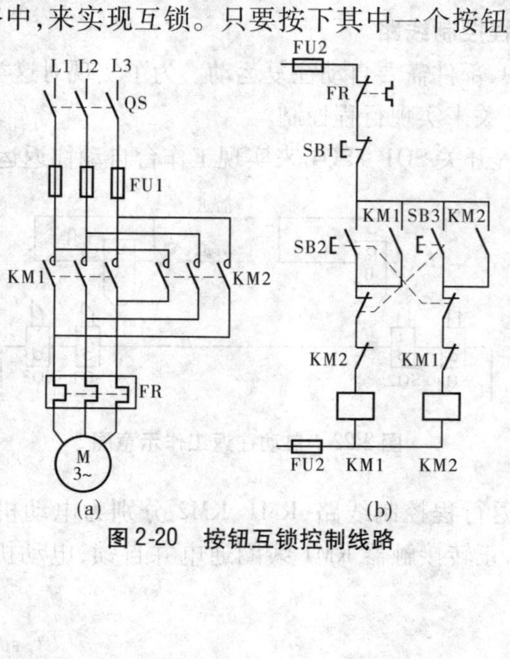

图 2-20　按钮互锁控制线路

路。由于是通过按钮实现的，所以称为按钮互锁。

由图可见，假如接触器 KM1 线圈已通电，电动机正向运转。这时按下反转启动按钮 SB3，其动断触点断开正转接触器 KM1 线圈支路，使 KM1 线圈断电释放，动合触点接通反转接触器 KM2 线圈支路，使 KM2 线圈通电，电动机反向运转。即实现了从正转到反转的直接过渡。

但是，此电路易发生短路事故。例如，正转接触器 KM1 主触点因机械或熔焊现象等原因而不能释放或延迟释放时，再按下反转按钮 SB3 时就会出现主电路短路。所以，此电路在生产实际中一般不被采用，而采用下面介绍的按钮、接触器互锁正反转控制线路。

2.2.3.4 按钮、接触器互锁正反转控制线路的安装与调试

图 2-21 为按钮、接触器互锁正反转控制线路（主电路同图 2-20（a））。从图中可看出，此控制线路实际上是前两种控制线路的叠加和组合，它同时具备前两种线路的优点，又克服了前两种电路的缺点，是一种比较完善，有较高安全可靠性的正反转直接启动控制线路。其工作原理读者可根据前两种电路的工作原理自行理解。

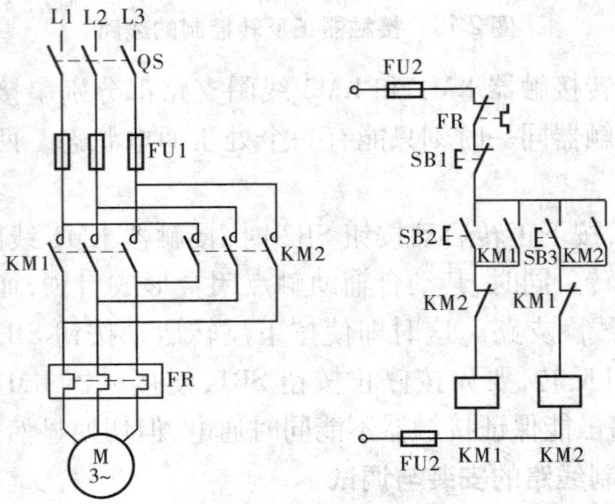

图 2-21 按钮、接触器互锁正反转控制线路

2.2.3.5 自动往返行程控制线路

在有些生产机械中，部件需要自动往复运动。为了实现对这类生产机械的自动控制，最常用的是通过行程开关来实现行程控制。

图 2-22 是利用行程开关 SQ1 ~ SQ4 来实现工作台自动往返运动的工作示意图。

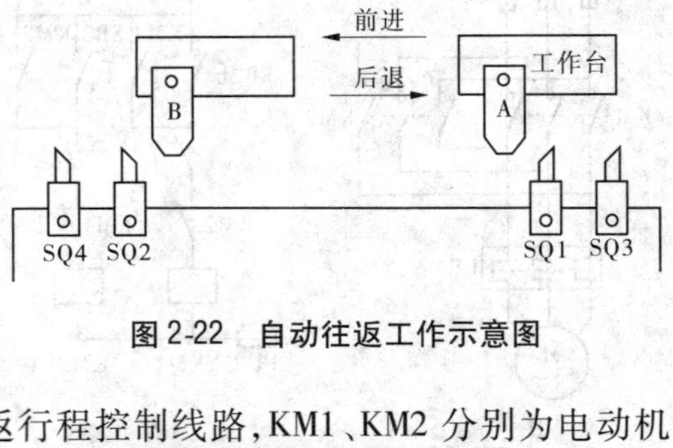

图 2-22 自动往返工作示意图

图 2-23 是自动往返行程控制线路，KM1、KM2 分别为电动机正、反转接触器。启动时，按下正转按钮 SB2，正转接触器 KM1 线圈通电并自锁，电动机正转，工作台前进。当

运行到 A 点时，机械挡铁使 SQ1 动作，其动断触点断开，切断 KM1 线圈支路，电动机停机。其动合触点闭合，接通反转接触器 KM2 线圈支路，KM2 线圈通电并自锁，电动机反转，工作台后退，SQ1 复位为下次工作做准备。当工作台运行至 B 点时，机械挡铁使 SQ2 动作，其动断触点断开，切断 KM2 线圈支路，电动机停机。其动合触点闭合，接通正转接触器 KM1 线圈支路，电动机正转，工作台又开始前进，SQ2 复位为下次工作做准备。如此循环往复，实现自动往返控制。如首先按下反转按钮 SB3，工作原理一样。按下停止按钮 SB1，电动机停机，工作台停止运动。SQ3、SQ4 的动断触点分别串入 KM1 和 KM2 线圈支路，以实现限位保护。

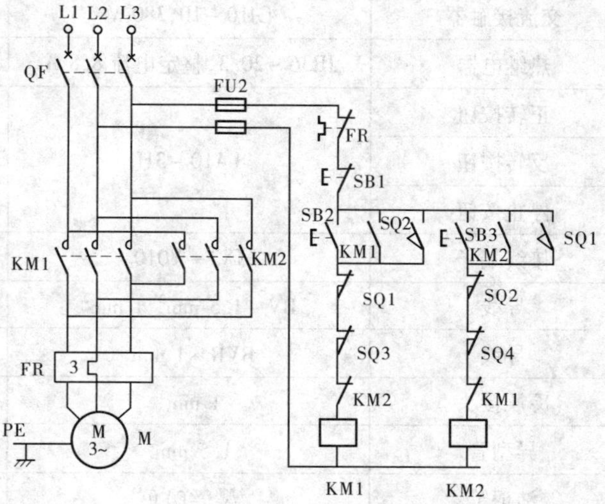

图 2-23 自动往返行程控制线路

【技能训练】

项目 1 三相异步电动机基本正反转控制线路的安装与调试

【任务目标】

(1)掌握三相交流异步电动机正反转控制线路的工作原理。

(2)会选用元件和导线。

(3)能根据线路图安装三相交流异步电动机正反转控制线路。

(4)能正确调试三相交流异步电动机正反转控制线路。

(5)掌握接线方法和双重互锁的功能。

(6)对线路出现的故障现象能正确、快速地排除。

【实践操作】

1. 所需的工具、材料

(1)所需工具有常用的电工工具、万用表等。

(2)所需材料见表 2-14。

表 2-14 电气元件明细

电气符号	元件名称	型号规格	数量	备注
M	三相交流异步电动机	Y－112M－4/4 kW,△接法 380 V,8.8 A,1 440 r/min	1台	
QS	转换开关	HZ10－25/3	1个	
FU1	熔断器	RL1－60/25 A	3个	
FU2	熔断器	RL1－15/2 A	2个	
KM1、KM2	交流接触器	CJ10－10,380 V	2个	
FR	热继电器	JR36－20/3,整定电流 8.8 A	1个	
SB1	正转按钮	LA10－3H	各1个	绿色
SB2	反转按钮			黑色
SB3	停止按钮			红色
	接线端子	JX2－Y010	2个	
	导线	BV－1.5 mm^2,1 mm^2	若干	
	导线	BVR－1 mm^2	若干	
	冷压接头	1 mm^2	若干	
	异型管	1.5 mm^2	若干	
	油记笔	黑(红)色	1个	
	开关板	500 mm×400 mm×30 mm	1块	

2. 实训内容

(1)主电路接线。注意通过正反转接触器改变电动机三相电源相序。

(2)控制线路接线。接线时注意双重互锁的连接,接触器互锁是正转接触器的常闭触点串在反转回路中,反转接触器的常闭触点串在正转回路中。按钮互锁是正转启动按钮的常闭触点串在反转回路中,反转启动按钮的常闭触点串在正转回路中。

(3)通电试车。注意观察电动机正反转切换过程,掌握互锁的作用。

(4)故障排除。

3. 电路安装

(1)根据表 2-14 配齐所用电气元件,并检查元件质量。

(2)根据原理图画出布置图。

(3)根据元件布置图安装元件,各元件的安装位置整齐、匀称、间距合理,便于元件的更新,元件紧固时用力均匀、紧固程度适当。

(4)布线。布线时以接触器为中心,由里向外、由低至高,先电源电路、再控制电路、后主电路进行,以不妨碍后续布线为原则。

(5)整定热继电器。

(6)连接电动机和按钮金属外壳的保护接地线。

(7)连接电动机和电源。

(8)检查。通电前,应认真检查有无错接、漏接造成不能正常运转或短路事故的现象。

(9)通电试车。试车时,注意观察接触器情况。观察电动机运转是否正常,若有异常现象则应马上停车。

(10)试车完毕,应遵循停转、切断电源、拆除三相电源线、拆除电动机线的顺序。

【巩固训练】

1. 任务要求

(1)识读控制线路原理图。

(2)按表2-14配齐所有元件,并进行质量检查,将检查情况记入表2-15中。

表2-15　元器件清单

元件名称	型号规格	数量	是否适用
转换开关			
熔断器			
交流接触器			
热继电器			
按钮			

(3)在规定时间内独立完成控制线路的安装,并根据工艺要求进行调试。

(4)检修调试过程中出现的故障。

2. 注意事项

(1)注意接触器KM1、KM2联锁的接线务必正确,否则会造成主电路中两相电源短路。

(2)注意接触器KM1、KM2换相正确,否则会造成电动机不能反转。

(3)螺旋式熔断器的接线务必正确,以确保安全。

(4)第一次试车时,取下主熔断器的熔体,只测试控制电路。看控制是否正常,有无联锁作用。确认无误后,装上主熔断器熔体试车,观察电动机运行情况(加时10 min)。

(5)编码套管要正确。

(6)控制板外配线必须加以防护,确保安全。

(7)电动机及按钮金属外壳必须保护接地。

(8)通电试车、调试及检修时,必须在指导教师的监视和允许下进行。

(9)要做到安全操作和文明生产。

3. 额定工时

额定工时为120 min。

4. 评分

评分细则见表2-16。

表2-16 "三相交流异步电动机基本正反转控制线路的安装与调试"技能自我评分表

项目	技术要求	配分	评分细则	评分记录
安装前检查	正确无误检查所需元件	5	电气元件漏检或错检,每个扣1分	
安装元件	按布置图合理安装元件	15	不按布置图安装,扣3分; 元件安装不牢固,每个扣0.5分; 元件安装不整齐、不合理,扣2分; 损坏元件,扣10分	
布线	按控制线路图正确接线	40	不按控制线路图接线,扣10分; 布线不美观,每根扣0.5分; 接点松动,露铜过长,反圈,压绝缘层,标记线号不清楚、遗漏或误标,每处扣0.5分; 损伤导线,每处扣1分	
通电试车	正确整定元件,检查无误,通电试车一次成功	40	热继电器未整定或错误,扣5分; 熔体选择错误,每组扣10分; 试车不成功,每返工一次扣5分	
额定工时 120 min	超时,此项从总分中扣分		每超过5 min,从总分中倒扣3分,但不超过10分	
安全、文明生产	满足安全、文明生产要求		违反安全、文明生产要求,从总分中倒扣5分	

项目2 自动往返控制线路的安装与调试

【任务目标】

(1)识读自动往返控制线路的工作原理。

(2)会选用元件和导线。

(3)根据线路图安装自动往返控制线路。

(4)认识并了解行程开关。

(5)能正确调试自动往返控制线路。

(6)对线路出现的故障现象能正确、快速地排除。

【实践操作】

1. 所需的工具、材料

(1)所需工具有常用的电工工具、万用表等。

(2)所需材料见表2-17。

表2-17 电气元件明细

电气符号	元件名称	型号规格	数量	备注
M	三相交流异步电动机	Y-112M-4/4 kW,△接法 380 V,8.8 A,1 440 r/min	1台	
QS	转换开关	HZ10-25/3	1个	
FU1	熔断器	RL1-60/25 A	3个	
FU2	熔断器	RL1-15/2 A	2个	
KM1、KM2	交流接触器	CJ10-10,380 V	2个	
FR	热继电器	JR36-20/3,整定电流8.8 A	1个	
SB1	正转按钮	LA10-3H	各1个	绿色
SB2	反转按钮			黑色
SB3	停止按钮			红色
SQ1、SQ2	行程开关	JLXK1-111	2个	
	接线端子	JX2-Y010	2个	
	导线	BV-1.5 mm^2,1 mm^2	若干	
	导线	BVR-1 mm^2	若干	
	冷压接头	1 mm^2	若干	
	塑料线槽	40 mm×40 mm	5 m	
	缠绕管	ϕ8 mm	1 m	
	异型管	1.5 mm^2	若干	
	油记笔	黑(红)色	1支	
	开关板	800 mm×600 mm×30 mm	1块	

2. 实训内容

(1)主电路接线。注意通过正反转接触器改变电动机三相电源相序。

(2)控制线路接线。接线时注意双重互锁的连接、行程开关的连接。

(3)通电试车。注意观察电动机正反转切换过程,掌握行程开关的控制作用。

(4)故障排除。

3. 电路安装

(1)根据表2-17配齐所用电气元件,并检查元件质量。

(2)根据原理图画出布置图。

(3)根据元件布置图安装元件,各元件的安装位置整齐、匀称、间距合理,便于元件的更新,元件紧固时用力均匀、紧固程度适当。

(4)布线。布线时以接触器为中心,由里向外、由低至高,先电源电路、再控制电路、后主电路进行，以不妨碍后续布线为原则。

(5)整定热继电器。

(6)连接电动机和按钮金属外壳的保护接地线。

(7)连接电动机和电源。

(8)检查。通电前，应认真检查有无错接、漏接造成不能正常运转或短路事故的现象。

(9)通电试车。试车时，注意观察接触器情况。观察电动机运转是否正常，若有异常现象应马上停车。

(10)试车完毕，应遵循停转、切断电源、拆除三相电源线、拆除电动机线的顺序。

【巩固训练】

1. 任务要求

(1)识读控制线路的工作原理。

(2)按表 2-17 配齐所有元件，并进行质量检查，将检查情况记入表 2-18 中。

表 2-18　元器件清单

元件名称	型号规格	数量	是否适用
转换开关			
熔断器			
交流接触器			
热继电器			
按钮			

(3)在规定时间内独立完成控制线路的安装，并根据工艺要求进行调试。

(4)检修调试过程中出现的故障。

2. 注意事项

(1)注意接触器 KM1、KM2 联锁的接线务必正确，否则会造成主电路中两相电源短路。

(2)注意接触器 KM1、KM2 换相正确，否则会造成电动机不能反转。

(3)螺旋式熔断器的接线务必正确，以确保安全。

(4)行程开关安装后，应检查手动动作是否灵活。

(5)通电试车时，扳动行程开关 SQ1，接触器 KM1 不断电释放，可能是 SQ1 和 SQ2 接反；如果扳动行程开关 SQ1，接触器 KM1 断电释放，KM2 闭合，电动机不反转，且继续正转，可能是 KM2 的主触点接线错误，两种情况都应断电纠正后再试。

(6)编码套管要正确。

(7)控制板外配线必须加以防护，确保安全。

(8)电动机及按钮金属外壳必须保护接地。

(9)通电试车、调试及检修时，必须在指导教师的监视和允许下进行。

(10)要做到安全操作和文明生产。

3. 额定工时

额定工时为 120 min。

4. 评分

评分细则见表 2-19。

表 2-19　"三相交流异步电动机自动往返控制线路的安装与调试"技能自我评分表

项目	技术要求	配分	评分细则	评分记录
安装前检查	正确无误检查所需元件	5	电气元件漏检或错检,每个扣 1 分	
安装元件	按布置图合理安装元件	15	不按布置图安装,扣 3 分; 元件安装不牢固,每个扣 0.5 分; 元件安装不整齐、不合理,扣 2 分; 损坏元件,扣 10 分	
布线	按控制线路图正确接线	40	不按控制线路图接线,扣 10 分; 布线不美观,每根扣 0.5 分; 接点松动,露铜过长,反圈,压绝缘层,标记线号不清楚、遗漏或误标,每处扣 0.5 分; 损伤导线,每处扣 1 分	
通电试车	正确整定元件,检查无误,通电试车一次成功	40	热继电器未整定或错误,扣 5 分; 熔体选择错误,每组扣 10 分; 试车不成功,每返工一次扣 5 分;	
额定工时 120 min	超时,此项从总分中扣分		每超过 5 min,从总分中倒扣 3 分,但不超过 10 分	
安全、文明生产	满足安全、文明生产要求		违反安全、文明生产要求,从总分中倒扣 5 分	

2.2.4　三相异步电动机降压启动控制

对于三相异步电动机来说,一般有两种启动方式:全压启动(直接启动)和降压启动。当电动机容量较大,不能满足式(2-1)时,通常采用降压启动,以减小启动电流,防止过大的电流引起电源电压的波动,影响其他设备的运行。本节主要介绍几种降压启动方式。

2.2.4.1　定子串电阻降压启动

定子串电阻降压启动就是启动时在电动机定子绕组中串入电阻起降压限流作用,当电动机转速达到一定值时,再将电阻切除,使电动机在额定电压下运行。通常采用时间继电器控制启动时间,并自动切除电阻。

图 2-24 就是以时间继电器控制的定子串电阻降压启动控制线路。当合上刀开关 QS,按下启动按钮 SB2 时,由于此时 KM2 尚未通电,其动断辅助触点处于闭合状态,所以 KM1 通电并自锁,电动机在串接电阻 R 的情况下启动,同时通电延时型时间继电器 KT 通

电开始计时,当达到整定值(根据启动所需时间整定)时,其延时闭合的动合触点闭合,使KM2通电并自锁,切除串入电阻,电动机全压运行,同时其动断辅助触点断开,使KM1及KT断电,以减小能量损耗,延长其使用寿命。

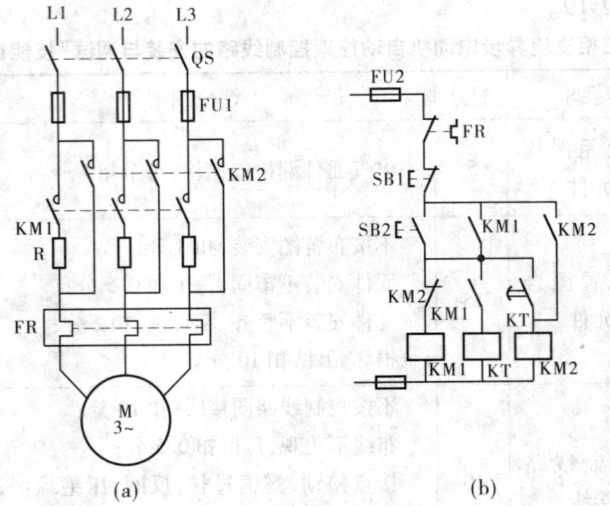

图2-24　定子串电阻降压启动控制线路

定子串电阻降压启动的方法,由于不受电动机接线方式的限制,设备简单,因此常用于中小型生产机械中,对于大容量电动机,由于所串电阻能量消耗大,而一般选择串接电抗器实现降压启动。另外,由于串电阻(电抗器)启动时,加到定子绕组上的电压一般只有直接启动时的一半,因此其启动转矩只有直接启动时的1/4。所以,定子串电阻(电抗器)降压启动方法,只适用于启动要求平稳、启动次数不频繁的空载或轻载启动。

2.2.4.2　星形—三角形降压启动控制线路

正常运行时定子绕组接成三角形的笼型异步电动机,均可采用星形—三角形降压启动方法,以达到限制启动电流的目的。

图2-25为星形—三角形降压启动控制线路,当合上刀开关QS后,按下启动按钮SB2,接触器KM1、KM3及通电延时型时间继电器KT的线圈通电,并由KM1的动合辅助触点自锁。此时,主电路中电动机绕组首端U、V、W接入三相电源,末端U′、V′、W′被短接,形成星形接法。这时电动机每相绕组承受的电压为额定电压的$1/\sqrt{3}$,启动电流(线电流)只有三角形接法时的1/3。当电动机转速升高到一定值时,时间继电器KT延时动作,其延时断开触点断开,KM3线圈断电,其主触点断开;同时KT延时闭合触点闭合,KM2线圈通电并自锁,其动断辅助触点(与KM3动断辅助触点形成互锁,以防止同时通电造成主电路短路)断开,使KT断电,以避免时间继电器长期通电工作。其主触点闭合,将U与V′、V与W′、W与U′连在一起形成三角形接法。此时,电动机绕组承受全部额定电压,即全压运行。三相笼型异步电动机星形—三角形降压启动具有投资少、线路简单的优点,但是启动转矩只有直接启动时的1/3,因此它只适用于空载或轻载启动的场合。

2.2.4.3　自耦变压器降压启动控制线路

采用自耦变压器降压启动的控制电路,是依靠自耦变压器的降压作用,来实现限制启

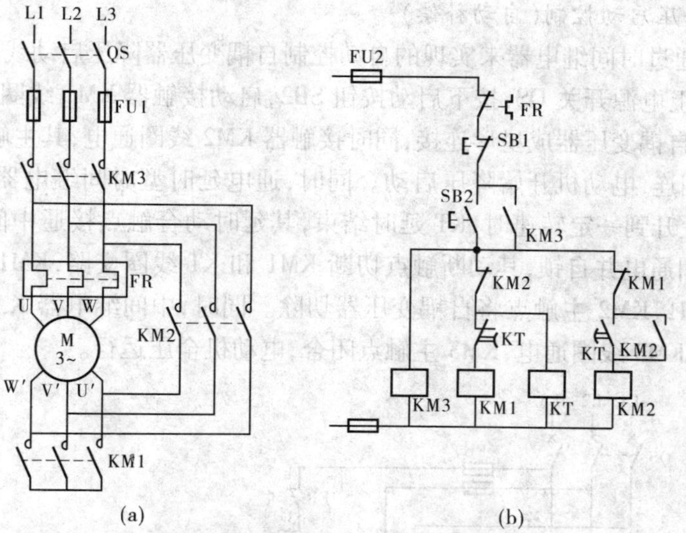

图 2-25　星形—三角形降压启动控制

动电流的目的的。电动机启动时，定子绕组和自耦变压器的二次端相连，即定子绕组承受自耦变压器的二次电压，自耦变压器一般有 65%、85% 等抽头。调整抽头的位置可获得不同的启动电压，可根据需要选择。一旦启动结束，自耦变压器便被切除，这时定子绕组直接与电源电压相连，即全压运行。

自耦变压器启动常采用成品的启动补偿器来实现。这种启动补偿器有手动、自动操作两种形式。

1. 手动控制自耦变压器降压启动

手动控制又分为手动开关控制和按钮接触器控制两种。

图 2-26 就是手动控制自耦变压器降压启动控制线路。当 QS2 的操作手柄处于“停止”位置时，所有动静触点全部断开，电动机不通电，处于停止状态。将操作手柄转至“启动”位置时，动触点与下面一排静触点闭合，电源经启动触点。接入自耦变压器，再在其 65%（或 85%）抽头处接到电动机定子绕组以实现降压启动，当转速接近额定值时，将 QS2 迅速转到“运行”位置，其动触点与上面一排静触点闭合，电源经 QS2 动静触点直接接到定子绕组上，电动机全压运行。当电路出现欠压或过载现象时，脱扣器线圈（图中未画出）断电，衔铁释放，通过机械操作机构使操作手柄回到“停止”位置，电动机停转。

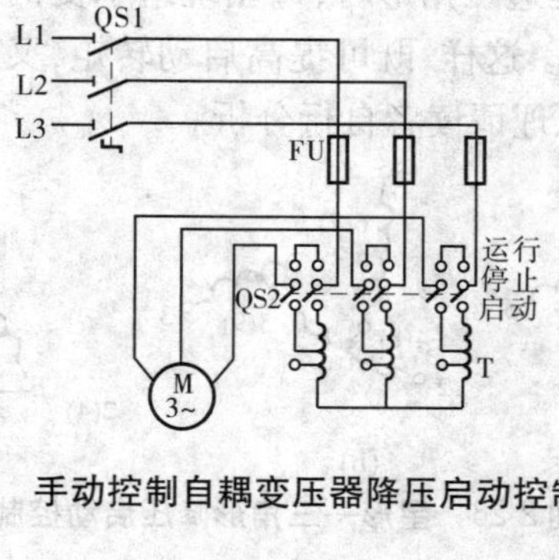

图 2-26　手动控制自耦变压器降压启动控制线路

2. 继电器降压启动控制(自动补偿)

图 2-27 是通过时间继电器来实现的自动控制自耦变压器降压启动线路。

启动时,合上电源开关 QS,按下启动按钮 SB2,启动接触器 KM1 线圈通电并自锁,其主触点闭合,使自耦变压器成星形连接,同时接触器 KM2 线圈通电,其主触点将自耦变压器原边与电源相连,电动机开始降压启动。同时,通电延时型时间继电器 KT 开始延时,当电动机转速上升到一定转速时,KT 延时结束,其延时动合触点接通中间继电器 KA 线圈支路,KA 线圈通电并自锁,其动断触点切断 KM1 和 KT 线圈支路,KM1、KM2 和 KT 线圈断电释放,KM1、KM2 主触点将自耦变压器切除。同时,中间继电器 KA 动合触点接通 KM3 线圈支路,KM3 线圈通电,KM3 主触点闭合,电动机全压运行。

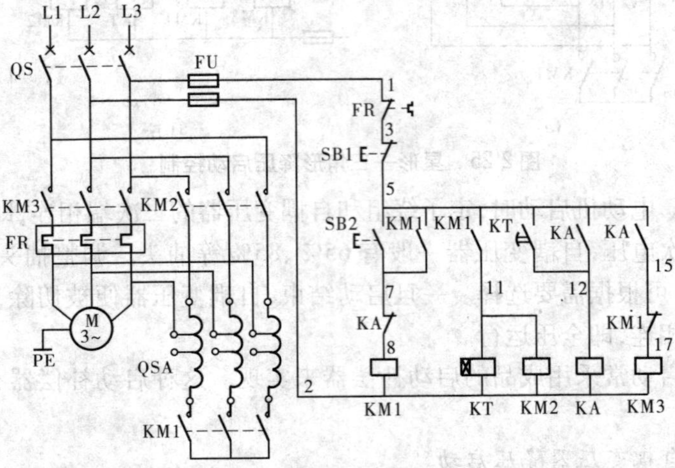

图 2-27 时间继电器控制的自耦变压器降压启动控制线路

2.2.4.4 延边三角形降压启动控制线路

为了能适当提高启动转矩,又不增加启动设备,可选择延边三角形降压启动方法。但它只适用于定子绕组特别设计的异步电动机,这种电动机每相定子绕组均有三个出线端,共 9 个出线端,如图 2-28(a)所示。

启动时,把定子三相绕组的一部分接成三角形,另一部分接成星形,使整个绕组接成如图 2-28(b)所示的电路,由于该电路像一个三角形的三边延长以后的图形,所以称为延边三角形启动电路,待启动结束时,再将定子绕组接成三角形(见图 2-31(c)),即全压运行。电动机定子绕组在接成延边三角形时,每相绕组承受的电压比采用三角形接法时的低,又比采用星形接法时的高。这样,既可提高启动转矩,又可实现降压启动。启动控制线路如图 2-29 所示,其工作原理请读者自行分析。

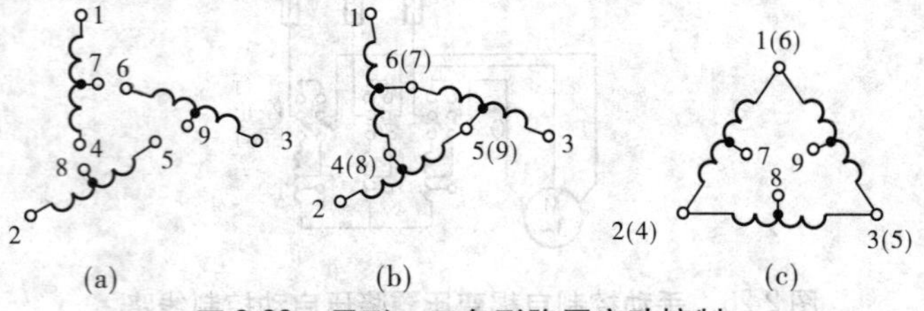

图 2-28 星形—三角形降压启动控制

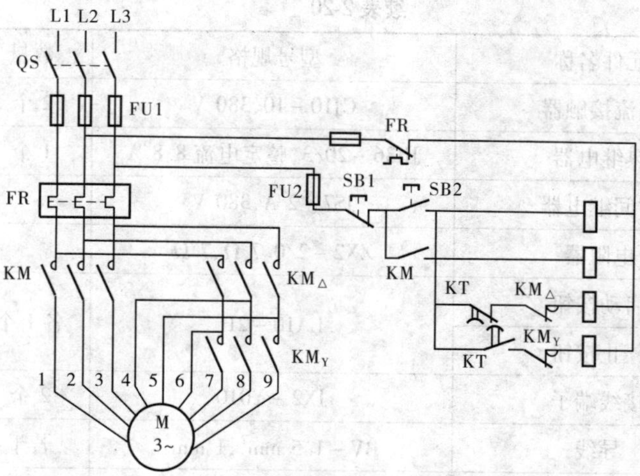

图2-29　延边三角形降压启动控制线路

【技能训练】

项目1　定子串电阻降压启动控制线路的安装与调试

【任务目标】

(1)识读三相异步电动机定子绕组串联电阻降压启动控制线路的工作原理。

(2)了解降压启动的条件。

(3)了解启动电阻的选择。

(4)根据电动机功率选择元器件。

(5)通电试车的预防和保护措施。

(6)根据线路图安装三相异步电动机定子绕组串联电阻降压启动控制线路。

(7)正确调试三相异步电动机定子绕组串联电阻降压启动控制线路。

(8)对线路出现的故障能正确、快速地排除。

【实践操作】

1. 所需的工具、材料

(1)所需工具有常用的电工工具、万用表等。

(2)所需材料见表2-20。

表2-20　电气元件明细

电气符号	元件名称	型号规格	数量	备注
M	三相交流异步电动机	Y－112M－4/4 kW,△接法 380 V,8.8 A,1 440 r/min	1台	
QS	转换开关	HZ10－25/3	1个	
FU1	熔断器	RL1－60/25 A	3个	
FU2	熔断器	RL1－15/2 A	2个	

续表 2-20

电气符号	元件名称	型号规格	数量	备注
KM1、KM2	交流接触器	CJ10－10,380 V	2 个	
FR	热继电器	JR36－20/3,整定电流 8.8 A	1 个	
KT	时间继电器	JS7－2 A,380 V		
R	电阻器	ZX2－2/0.7 Ω,7 Ω		
SB1	启动按钮	LA10－2H	各 1 个	绿色
SB2	停止按钮			红色
	接线端子	JX2－Y010	2 个	
	导线	BV－1.5 mm^2,1 mm^2	若干	
	冷压接头	1.5 mm^2,1 mm^2	若干	
	塑料线槽	40 mm×40 mm	5 m	
	异型管	1.5 mm^2	若干	
	油记笔	黑(红)色	1 支	
	开关板	木制,500 mm×400 mm	1 块	

2. 实训内容

(1)主电路接线。注意接触器 KM1、KM2、电阻 R 的正确连接。

(2)控制线路接线。接线时注意时间继电器连接。

(3)通电试车。注意观察电动机电阻切换过程,掌握时间继电器的控制作用。

(4)故障排除。

3. 电路安装

(1)根据表 2-20 配齐所用电气元件,并检查元件质量。

(2)根据原理图画出布置图。

(3)根据元件布置图安装元件,各元件的安装位置整齐、匀称、间距合理、便于元件的更新,元件紧固时用力均匀、紧固程度适当。

(4)布线。布线时以接触器为中心,由里向外、由低至高,先电源电路、再控制电路、后主电路进行,以不妨碍后续布线为原则。

(5)连接电动机和按钮金属外壳的保护接地线。

(6)连接启动电阻 R。

(7)整定时间继电器。

(8)整定热继电器。

(9)连接电动机和电源。

(10)检查。通电前,应认真检查有无错接、漏接造成不能正常运转或短路事故的现象。

(11)通电试车。试车时,注意观察接触器、时间继电器运行情况。观察电动机运转是否正常，若有异常现象则应马上停车。

(12)试车完毕，应遵循停转、切断电源、拆除三相电源线、拆除电动机线的顺序。

【巩固训练】

1. 任务要求

(1)识读控制线路的工作原理。

(2)按表2-20配齐所有元件，进行质量检查，并将检查情况记入表2-21中。

表2-21　元器件清单

元件名称	型号规格	数量	是否适用
转换开关			
熔断器			
交流接触器			
热继电器			
时间继电器			
电阻器			
按钮			

(3)在规定时间内独立完成控制线路的安装，并根据工艺要求进行调试。

(4)检修调试过程中出现的故障。

2. 注意事项

(1)接触器KM1、KM2的接线务必正确，防止启动时没有串联电阻而运行时串联电阻。

(2)接触器KM1、KM2相序对应，否则会由于电动机相序接反而反转。

(3)螺旋式熔断器的接线务必正确，以确保安全。

(4)时间继电器接线时，用手指抬住接线部分，并且不要用力过度，以免损坏器件。

(5)务必注意电阻器的防范措施，配线必须加以防护，确保安全。教师要加强监护，以免发生触电事故。

(6)编码套管要正确。

(7)控制板外配线必须加以防护，确保安全。

(8)电动机及按钮金属外壳必须保护接地。

(9)通电试车、调试及检修时，必须在指导教师的监视和允许下进行。

(10)要做到安全操作和文明生产。

3. 额定工时

额定工时为120 min。

4. 评分

评分细则见表2-22。

表 2-22 “三相交流异步电动机串电阻降压启动控制线路的安装与调试”技能自我评分表

项目	技术要求	配分	评分细则	评分记录
安装前检查	正确无误检查所需元件	5	电气元件漏检或错检,每个扣1分	
安装元件	按布置图合理安装元件	15	不按布置图安装,扣3分; 元件安装不牢固,每个扣0.5分; 元件安装不整齐、不合理,扣2分; 损坏元件,扣10分	
布线	按控制线路图正确接线	40	不按控制线路图接线,扣10分; 布线不美观,每根扣0.5分; 接点松动,露铜过长,反圈,压绝缘层,标记线号不清楚、遗漏或误标,每处扣0.5分; 损伤导线,每处扣1分	
通电试车	正确整定元件,检查无误,通电试车一次成功	40	热继电器未整定或错误,扣5分 时间继电器未整定或错误,扣5分 熔体选择错误,每组扣10分 试车不成功,每返工一次扣5分	
额定工时 120 min	超时,此项从总分中扣分		每超过5 min,从总分中倒扣3分,但不超过10分	
安全、文明生产	满足安全、文明生产要求		违反安全、文明生产要求,从总分中倒扣5分	

项目2 星形—三角形降压启动控制线路的安装与调试

【任务目标】

(1)识读三相异步电动机Y-△降压启动控制线路的工作原理。

(2)了解Y-△降压原理。

(3)了解钳形电流表的使用。

(4)根据电动机功率选择元器件。

(5)通电试车的预防和保护措施。

(6)根据线路图安装Y-△降压启动控制线路。

(7)正确调试Y-△降压启动控制线路。

(8)对线路出现的故障能正确、快速地排除。

【实践操作】

1. 所需的工具、材料

(1)所需工具有常用的电工工具、万用表等。

(2)所需材料见表2-23。

表2-23　电气元件明细

电气符号	元件名称	型号规格	数量	备注
M	三相交流异步电动机	Y－112M－4/4 kW,△接法 380 V,8.8 A,1 440 r/min	1台	
QS	转换开关	HZ10－25/3	1个	
FU1	熔断器	RL1－60/25 A	3个	
FU2	熔断器	RL1－15/2 A	2个	
KM1,KM2,KM3	交流接触器	CJ10－10,380 V	3个	
FR	热继电器	JR36－20/3,整定电流8.8 A	1个	
KT	时间继电器	JS7－2A,380 V		
SB1	启动按钮	LA10－2H	各1个	绿色
SB2	停止按钮			红色
	接线端子	JX2－Y010	2个	
	导线	BV－1.5 mm^2,1 mm^2	若干	
	冷压接头	1.5 mm^2,1 mm^2	若干	
	塑料线槽	40 mm×40 mm	5 m	
	异型管	1.5 mm^2	若干	
	油记笔	黑(红)色	1支	
	开关板	木制,500 mm×400 mm	1块	

2. 实训内容

(1)主电路接线。电动机必须有6个出线端,三角形接触器主触点闭合定子使定子绕组的U1与W2,V1与U2,W1与V2相连接,保证电动机三角形接法的正确性,使定子绕组的额定电压等于三相电源线电压。星形接触器的进线必须从三相定子绕组的末端引入,若误将其首端引入,则吸合时会产生三相电压短路。

(2)控制线路接线,引入互锁保护,保证KM_Y和$KM_\triangle$不能同时吸合。接线时注意时间继电器线圈、延时触点连接。

(3)通电试车。注意观察电动机星形—三角形切换过程、时间继电器的控制作用、时间继电器动作情况、电动机转速变化、启动过程三角形和三角形接触器的切换。

(4)故障排除。

3. 电路安装

(1)根据表2-23配齐所用电气元件,并检查元件质量。

(2)根据原理图画出布置图。

(3)根据元件布置图安装元件,各元件的安装位置整齐、匀称、间距合理,便于元件的更新,元件紧固时用力均匀、紧固程度适当。

(4)布线。布线时以接触器为中心,由里向外、由低至高,先电源电路、再控制电路、后主电路进行,以不妨碍后续布线为原则。

(5)连接电动机和电源。①将电动机接线盒内接线柱上的连接片拆除;②对应连接好控制板到电动机接线柱的连接线。

(6)连接电动机和按钮金属外壳的保护接地线。

(7)整定时间继电器。

(8)整定热继电器。

(9)检查。通电前,应认真检查有无错接、漏接造成不能正常运转或短路事故的现象。

(10)通电试车。试车时,注意观察接触器、时间继电器运行情况。观察电动机运转是否正常,若有异常现象则应马上停车。

(11)试车完毕,应遵循停转、切断电源、拆除三相电源线、拆除电动机线的顺序。

【巩固训练】

1. 任务要求

(1)识读控制线路的工作原理。

(2)按表2-23配齐所有元件,进行质量检查,并将检查情况记入表2-24中。

表2-24　元器件清单

元件名称	型号规格	数量	是否适用
转换开关			
熔断器			
交流接触器			
热继电器			
时间继电器			
按钮			

(3)在规定时间内独立完成控制线路的安装,并根据工艺要求进行调试。

(4)检修调试过程中出现的故障。

(5)用钳形电流表测量电动机启动时的电流、电压和空载时的电流及电压,记入表2-25中。

表 2-25　电流、电压测量值

工况	L1 电流(A)	L2 电流(A)	L3 电流(A)	电压(V)
空载				
降压启动				
直接启动	95	92	93	380

2. 注意事项

(1)接触器 KM 的 Y－△接线必正确。

(2)KM_Y 的进线必须从三相定子绕组的末端引入,否则会造成短路事故。

(3)螺旋式熔断器的接线务必正确,以确保安全。

(4)时间继电器接线时,用手指抬住接线部分,并且不要用力过度,以免损坏器件。

(5)热继电器的整定电流应按电动机功率进行整定。

(6)控制板外配线必须加以防护,确保安全。

(7)电动机及按钮金属外壳必须保护接地。

(8)通电试车、调试及检修时,必须在指导教师的监视和允许下进行。

(9)要做到安全操作和文明生产。

3. 额定工时

额定工时为 180 min。

4. 评分

评分细则见表 2-26。

表 2-26　"三相交流异步电动机 Y－△降压启动控制线路的安装与调试"技能自我评分表

项目	技术要求	配分	评分细则	评分记录
安装前检查	正确无误检查所需元件	5	电气元件漏检或错检,每个扣 1 分	
安装元件	按布置图合理安装元件	15	不按布置图安装,扣 3 分; 元件安装不牢固,每个扣 0.5 分; 元件安装不整齐、不合理,扣 2 分; 损坏元件,扣 10 分	
布线	按控制线路图正确接线	40	不按控制线路图接线,扣 10 分; 布线不美观,每根扣 0.5 分; 接点松动,露铜过长,反圈,压绝缘层,标记线号不清楚、遗漏或误标,每处扣 0.5 分; 损伤导线,每处扣 1 分	

续表 2-26

项目	技术要求	配分	评分细则	评分记录
通电试车	正确整定元件,检查无误,通电试车一次成功	40	热继电器未整定或错误,扣5分; 时间继电器未整定或错误,扣5分; 熔体选择错误,每组扣10分; 试车不成功,每返工一次扣5分	
额定工时 180 min	超时,此项从总分中扣分		每超过5 min,从总分中倒扣3分,但不超过10分	
安全、文明生产	满足安全、文明生产要求		违反安全、文明生产要求,从总分中倒扣5分	

项目3　自耦变压器降压启动控制线路的安装与调试

【任务目标】

(1)识读三相异步电动机自耦变压器降压启动控制线路的工作原理。

(2)了解自耦变压器的降压原理。

(3)了解钳形电流表的使用。

(4)根据电动机功率选择元器件。

(5)通电试车的预防和保护措施。

(6)根据线路图安装自耦变压器降压启动控制线路。

(7)正确调试自耦变压器降压启动控制线路。

(8)对线路出现的故障能正确、快速地排除。

【实践操作】

1. 所需的工具、材料

(1)所需工具有常用的电工工具、万用表等。

(2)所需材料见表2-27。

表2-27　电气元件明细

电气符号	元件名称	型号规格	数量	备注
M	三相交流异步电动机	Y-112M-4/4 kW,△接法 380 V,8.8 A,1 440 r/min	1台	
QS	转换开关	HZ10-25/3	1个	
FU1	熔断器	RL1-60/25 A	3个	
FU2	熔断器	RL1-15/2 A	2个	

续表 2-27

电气符号	元件名称	型号规格	数量	备注
KM1,KM2,KM3	交流接触器	CJ10－10,380 V	3个	
FR	热继电器	JR36－20/3,整定电流8.8 A	1个	
KT	时间继电器	JS7－2 A,380 V		
SB1	启动按钮	LA10－2H	各1个	绿色
SB2	停止按钮			红色
ZOB	自耦变压器	JN－103	1个	
	接线端子	JX2－Y010	2个	
	导线	BV－1.5 mm^2,1 mm^2	若干	
	冷压接头	1.5 mm^2,1 mm^2	若干	
	塑料线槽	40 mm×40 mm	5 m	
	异型管	1.5 mm^2	若干	
	油记笔	黑(红)色	1支	
	开关板	木制,500 mm×400 mm	1块	

2.实训内容

(1)主电路接线。注意自耦变压器的正确连接。

(2)控制线路接线。接线时注意时间继电器线圈、延时触点连接。

(3)通电试车。注意观察电动机自耦变压器降压切换过程,掌握时间继电器的控制作用。

(4)故障排除。

3.电路安装

(1)根据表2-27配齐所用电气元件,并检查元件质量。

(2)根据原理图画出布置图。

(3)根据元件布置图安装元件,各元件的安装位置整齐、匀称、间距合理,便于元件的更新,元件紧固时用力均匀、紧固程度适当。

(4)布线。布线时以接触器为中心,由里向外、由低至高,先电源电路、再控制电路、后主电路进行,以不妨碍后续布线为原则。

(5)连接电动机和电源。①将电动机接线盒内接线柱上的连接片拆除;②对应连接好控制板到电动机接线柱的连接线。

(6)连接电动机和按钮金属外壳的保护接地线。

(7)整定时间继电器。

(8)整定热继电器。

(9)检查。通电前,应认真检查有无错接、漏接造成不能正常运转或短路事故的现象。

(10)通电试车。试车时,注意观察接触器、时间继电器运行情况。观察电动机运转是否正常,若有异常现象则应马上停车。

(11)试车完毕,应遵循停转、切断电源、拆除三相电源线、拆除电动机线的顺序。

【巩固训练】

1. 任务要求

(1)识读控制线路的工作原理。

(2)按表2-27配齐所有元件,进行质量检查,并将检查情况记入表2-28中。

表2-28 元器件清单

元件名称	型号规格	数量	是否适用
转换开关			
熔断器			
交流接触器			
热继电器			
时间继电器			
自耦变压器			
按钮			

(3)在规定时间内独立完成控制线路的安装,并根据工艺要求进行调试。

(4)检修调试过程中出现的故障。

(5)用钳形电流表测量电动机启动时的电流、电压和空载时电流及电压,记入表2-29中。

表2-29 电流、电压测量值

工况	L1 电流(A)	L2 电流(A)	L3 电流(A)	电压(V)
空载				
降压启动				
直接启动	95	92	93	380

2. 注意事项

(1)接触器KM的自耦变压器接线务必正确。

(2)螺旋式熔断器的接线务必正确,以确保安全。

(3)时间继电器接线时,用手指抬住接线部分,并且不要用力过度,以免损坏器件。

(4)热继电器的整定电流应按电动机功率进行整定。

(5)控制板外配线必须加以防护,确保安全。

(6)电动机及按钮金属外壳必须保护接地。

(7)通电试车、调试及检修时,必须在指导教师的监视和允许下进行。

(8)要做到安全操作和文明生产。

3. 额定工时

额定工时为180 min。

4. 评分

评分细则见表2-30。

表2-30 "三相交流异步电动机自耦变压器降压启动控制线路的安装与调试"技能自我评分表

项目	技术要求	配分	评分细则	评分记录
安装前检查	正确无误检查所需元件	5	电气元件漏检或错检,每个扣1分	
安装元件	按布置图合理安装元件	15	不按布置图安装,扣3分; 元件安装不牢固,每个扣0.5分; 元件安装不整齐、不合理,扣2分; 损坏元件,扣10分	
布线	按控制线路图正确接线	40	不按控制线路图接线,扣10分; 布线不美观,每根扣0.5分; 接点松动,露铜过长,反圈,压绝缘层,标记线号不清楚、遗漏或误标,每处扣0.5分; 损伤导线,每处扣1分	
通电试车	正确整定元件,检查无误,通电试车一次成功	40	热继电器未整定或错误,扣5分; 时间继电器未整定或错误,扣5分; 熔体选择错误,每组扣10分; 试车不成功,每返工一次扣5分	
额定工时180 min	超时,此项从总分中扣分		每超过5 min,从总分中倒扣3分,但不超过10分	
安全、文明生产	满足安全、文明生产要求		违反安全、文明生产要求,从总分中倒扣5分	

2.2.5 绕线式转子异步电动机启动控制

有些生产机械要求较大的启动转矩和较小的启动电流,笼型异步电动机不能满足这种启动性能的要求。在这种情况下可采用绕线型异步电动机拖动。它可以通过滑环在转子绕组中串接外加电阻,来减小启动电流,提高启动转矩。通常采用在转子绕组中串接启动电阻和接入频敏变阻器等方法。

2.2.5.1 **转子串电阻启动控制线路**

串接在转子三相绕组中的启动电阻，一般情况下将被分成几段，在开始启动时，将电阻全部接入，以后随转速的上升逐段切除，直至全部切除且达到额定转速。通常采用按时间原则控制和按电流原则控制两种方式。

1. 按时间原则控制线路

图 2-30 为按时间原则控制的绕线型异步电动机转子串电阻启动控制线路。启动时合上电源开关 QS，按下启动按钮 SB2，由于短接，接触器 KM1、KM2、KM3 均未通电，其动断辅助触点处于闭合状态，所以主接触器 KM4 线圈通电并自锁，其主触点闭合，电动机接入三相电源，在转子串入全部电阻的情况下启动。同时，KM4 的动合辅助触点接通通电延时型时间继电器 KT1 的线圈支路开始延时。当达到 KT1 整定值时，其延时动合触点闭合，接通 KM1 线圈支路，KM1 线圈通电并通过其动合触点切除电阻 R1，同时 KM1 线圈的动合辅助触点接通第二个时间继电器 KT2 线圈支路……最后 KM3 通电切除所有启动电阻，启动过程结束，电动机全速运行。

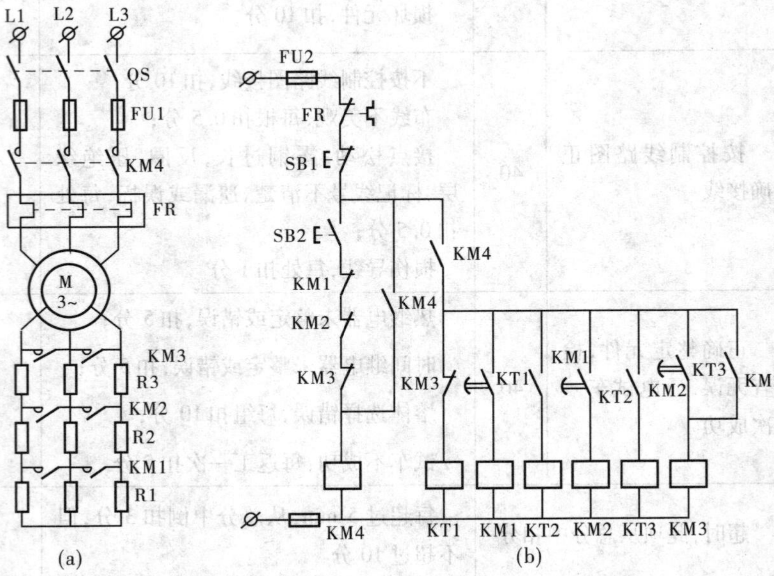

图 2-30 按时间原则控制绕线型异步电动机转子串电阻启动控制线路

2. 按电流原则控制线路

图 2-31 为按电流原则控制的绕线型异步电动机转子串电阻启动控制线路，所串电阻分成二级，KA1 ~ KA2 为电流继电器，其吸合电流一致，但释放电流不一样，从大到小依次为 KA1、KA2，当合上电源开关 QS，按下启动按钮 SB2 时，由于转子电流最大，两个电流继电器同时全部吸合，接触器 KM2、KM3 线圈支路被切断，处于释放状态，电动机串全部电阻启动。随着转子转速逐渐提高，转子电流逐渐减小，KA1 首先释放，KM2 线圈通电切除电阻 R1，并随转速上升 KM3 线圈通电切除 R2，电动机全速运行。

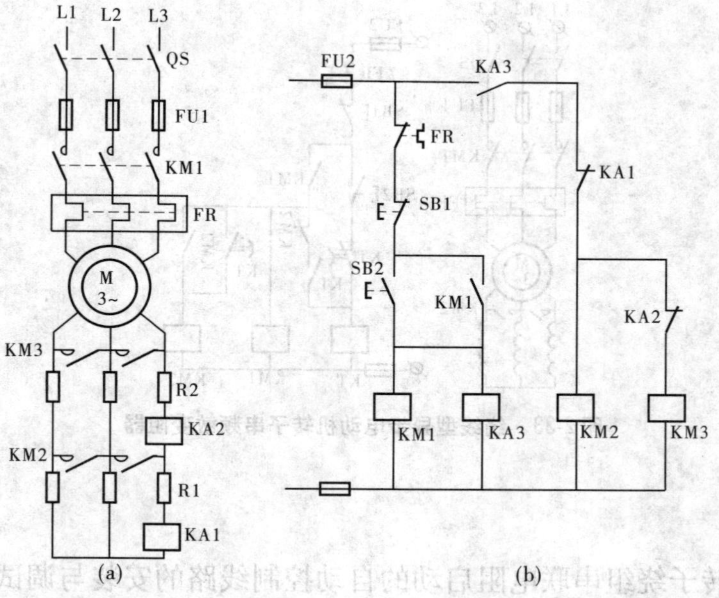

图 2-31　按电流原则控制绕线型异步电动机转子串电阻启动

2.2.5.2　转子串频敏变阻器启动控制线路

在转子串电阻启动线路中，由于所串电阻是分级减少的，电流和转矩都会产生突变，对生产机械造成较大的冲击，且使用电器多，控制电路复杂，启动电阻发热消耗能量，因此采用频敏变阻器来代替启动电阻，即转子串频敏变阻器启动控制线路得到广泛应用。

频敏变阻器实质上是一个铁芯损耗很大的三相电抗器，它的铁芯由几片或十几片较厚的钢板或铁板叠成，将其串联在转子回路中，等效电路如图 2-32 所示，图中 R_d 为绕组直流电阻，R 为铁损等值电阻，X 为电抗。

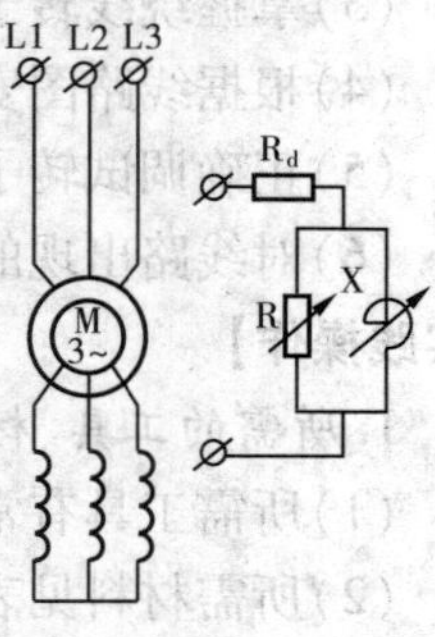

图 2-32　频敏变阻

启动过程中，电动机转子感应电流的频率是变化的，刚启动时，转子电流频率最高，$f_2=f_1$。此时频敏变阻器的 R、X 最大，即等效阻抗最大。当电动机转速不断上升时，$f_2=sf_1$ 便逐渐下降，其等效阻抗逐渐减小，电流也逐渐减小，从而达到了自动平滑改变电动机转子阻抗，实现无级平滑启动的目的。当电动机正常运行时 f_2 很小，所以阻抗也变得很小。

图 2-33 为绕线型异步电动机转子串频敏变阻器启动控制线路，启动时，合上电源开关 QS，按下启动按钮 SB2，接触器 KM1、通电延时型时间继电器 KT 线圈通电并自锁，KM1 主触点闭合，电动机定子绕组与三相电源相连，转子串频敏变阻器启动。随着转速上升，频敏变阻器阻抗逐渐减小，当转速上升到接近额定转速时，KT 整定时间已到，其延时动合触点闭合，接通短接接触器 KM2 线圈支路，KM2 线圈通电并自锁，其动合触点闭合，切除频敏变阻器，电动机进入正常运行状态。

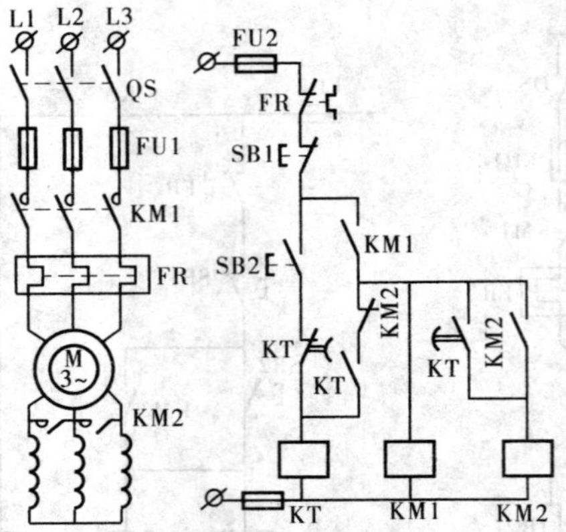

图 2-33　绕线型异步电动机转子串频敏变阻器

【技能训练】

转子绕组串联电阻启动的自动控制线路的安装与调试

【任务目标】

(1)识读转子绕组串联电阻启动的自动控制线路的工作原理。

(2)了解绕线转子电动机及其启动电阻的计算。

(3)掌握绕线转子电动机的接线。

(4)根据线路图安装转子绕组串联电阻启动的自动控制线路。

(5)正确调试转子绕组串联电阻启动的自动控制线路。

(6)对线路出现的故障能正确、快速地排除。

【实践操作】

1. 所需的工具、材料

(1)所需工具有常用的电工工具、万用表等。

(2)所需材料见表 2-31。

表 2-31　电气元件明细

电气符号	元件名称	型号规格	数量	备注
M	三相交流异步电动机	Y－112M－4/4 kW,△接法 380 V,8. 8 A,1 440 r/min	1 台	
QS	转换开关	HZ10－25/3	1 个	
FU1	熔断器	RL1－60/25 A	3 个	
FU2	熔断器	RL1－15/2 A	2 个	
KM1、KM2、 KM3、KM4	交流接触器	CJ10－10,380 V	4 个	
FR	热继电器	JR36－20/3,整定电流 6. 1 A	1 个	

续表 2-31

电气符号	元件名称	型号规格	数量	备注
KT1、KT2、KT3	时间继电器	JS7－2 A,380 V	3个	
R1、R2、R3	电阻器	ZX2－3.7 Ω,2.1 Ω,1.2 Ω	各1个	
SB1	启动按钮	LA10－2H	各1个	绿色
SB2	停止按钮			红色
	接线端子	JX2－Y010	2个	
	导线	BV－1.5 mm^2,1 mm^2	若干	
	冷压接头	1.5 mm^2,1 mm^2	若干	
	塑料线槽	40 mm×40 mm	5 m	
	异型管	1.5 mm^2	若干	
	油记笔	黑(红)色	1支	
	开关板	木制,500 mm×400 mm	1块	

2. 实训内容

(1)主电路接线。注意接触器触点与电阻器的正确连接。

(2)控制线路接线。接线时注意时间继电器连接。

(3)通电试车。注意观察电动机电阻切换过程,掌握时间继电器的控制作用。

(4)故障排除。

3. 电路安装

(1)根据表2-31配齐所用电气元件,并检查元件质量。

(2)根据原理图画出布置图。

(3)根据元件布置图安装元件,各元件的安装位置整齐、匀称、间距合理,便于元件的更新,元件紧固时用力均匀、紧固程度适当。

(4)布线。布线时以接触器为中心,由里向外、由低至高,先电源电路、再控制电路、后主电路进行,以不妨碍后续布线为原则。

(5)安装、连接电阻器。①电阻器之间牢固紧密后进线连接;②连接电阻器R1;③连接电阻器R2;④连接电阻器R3;⑤连接转子绕组K、L、M与电阻器;⑥连接定子绕组。

(6)连接电动机和按钮金属外壳的保护接地线。

(7)整定时间继电器。

(8)整定热继电器。

(9)连接电动机和电源。

(10)检查。通电前,应认真检查有无错接、漏接造成不能正常运转或短路事故的现象。

(11)通电试车。试车时,注意观察接触器、时间继电器运行情况。观察电动机运转是否正常，若有异常现象则应马上停车。

(12)试车完毕，应遵循停转、切断电源、拆除三相电源线、拆除电动机线的顺序。

【巩固训练】

1. 任务要求

(1)识读控制线路的工作原理。

(2)按表2-31配齐所有元件，进行质量检查，并将检查情况记入表2-32中。

表2-32 元器件清单

元件名称	型号规格	数量	是否适用
转换开关			
熔断器			
交流接触器			
热继电器			
时间继电器			
电阻器			
按钮			

(3)在规定时间内独立完成控制线路的安装，并根据工艺要求进行调试。

(4)检修调试过程中出现的故障。

2. 注意事项

(1)接触器KM1、KM2、KM3与时间继电器KT1、KT2、KT3的接线务必正确，否则会造成按下启动按钮，将电阻全部切除启动，电动机过流的现象。

(2)电阻器接线前应检查电阻片的连接线是否牢固、有无松动现象。

(3)控制板外配线必须加以防护，确保安全。

(4)电动机及按钮金属外壳必须保护接地。

(5)电动机旋转时，注意转子滑环与电刷之间的火花，如果火花大或滑环有灼伤痕迹，应立即停车检查。

(6)时间整定为3 s。

(7)电阻器必须采取遮护或隔离措施，以防止发生触电事故。

(8)时间继电器接线时，用手指抬住接线部分，并且不要用力过度，以免损坏器件。

(9)通电试车、调试及检修时，必须在指导教师的监视和允许下进行。

(10)要做到安全操作和文明生产。

3. 额定工时

额定工时为180 min。

4. 评分

评分细则见表2-33。

表2-33 "转子绕组串联电阻启动的自动控制线路的安装与调试"技能自我评分表

项目	技术要求	配分	评分细则	评分记录
安装前检查	正确无误检查所需元件	5	电气元件漏检或错检,每个扣1分	
安装元件	按布置图合理安装元件	15	不按布置图安装,扣3分; 元件安装不牢固,每个扣0.5分; 元件安装不整齐、不合理,扣2分; 损坏元件,扣10分	
布线	按控制线路图正确接线	40	不按控制线路图接线,扣10分; 布线不美观,每根扣0.5分; 线槽内导线交叉超过3处,扣3分; 线槽对接处不成90°,每处扣1分; 接点松动,露铜过长,反圈,压绝缘层,标记线号不清楚、遗漏或误标,每处扣0.5分; 损伤导线,每处扣1分	
通电试车	正确整定元件,检查无误,通电试车一次成功	40	热继电器未整定或错误,扣5分; 时间继电器未整定或错误,扣5分; 电阻器连接错误,每处扣5分; 试车不成功,每返工一次扣5分	
额定工时180 min	超时,此项从总分中扣分		每超过5 min,从总分中倒扣3分,但不超过10分	
安全、文明生产	满足安全、文明生产要求		违反安全、文明生产要求,从总分中倒扣5分	

2.2.6 三相异步电动机制动控制

在生产过程中,有些生产机械往往要求电动机快速、准确地停车,而电动机在脱离电源后由于机械惯性的存在,完全停止需要一段时间,这就要求对电动机采取有效措施进行制动。电动机制动分两大类:机械制动和电气制动。

机械制动是在电动机断电后利用机械装置对其转轴施加相反的作用力矩(制动力矩)来进行制动。电磁抱闸就是常用方法之一,结构上电磁抱闸由制动电磁铁和闸瓦制动器组成。断电制动型电磁抱闸在电磁线圈断电时,利用闸瓦对电动机轴进行制动;在电磁铁线圈得电时,松开闸瓦,电动机可以自由转动。这种制动在起重机上被广泛采用。

电气制动是使电动机停车时产生一个与转子原来的实际旋转方向相反的电磁力矩

(制动力矩)来进行制动。常用的电气制动有反接制动和能耗制动等。

2.2.6.1　电磁抱闸制动控制线路

1. 电磁抱闸制动原理

电磁抱闸主要由制动闸轮、摩擦闸瓦、杠杆、弹簧及电磁铁等组成,又有通电制动型和断电制动型之分。其中,制动闸轮与电动机同轴连接。例如,断电制动型在电动机停机时,压力弹簧通过杠杆使摩擦闸瓦紧紧抱住制动闸轮实现制动。电动机启动时,电磁铁通电,电磁力克服弹簧的阻力,使摩擦闸瓦与制动闸轮分开,电动机正常启动。通电制动型与断电制动型正好相反。

2. 电磁抱闸控制线路

1)断电制动控制

断电制动控制由于其在断电情况下,仍能通过弹簧的压力,使摩擦闸瓦与制动闸轮紧紧抱住,而广泛用于电梯、起重机等设备,使其不至于因电流中断或电气故障而降低制动的可靠性和安全性。

图 2-34 为电磁抱闸断电制动控制线路。当合上电源开关 QS,按下启动按钮 SB2 时,接触器 KM1、KM2 线圈通电并自锁,电动机与电磁抱闸线圈 YB 同时通电,使得电动机在获得启动转矩的同时,YB 通电使摩擦闸瓦与制动闸轮分开,从而使电动机顺利启动。当需要制动时,按下停止按钮 SB1,电动机与 YB 同时断电,电磁抱闸的弹簧使摩擦闸瓦与制动闸轮抱紧实现制动。

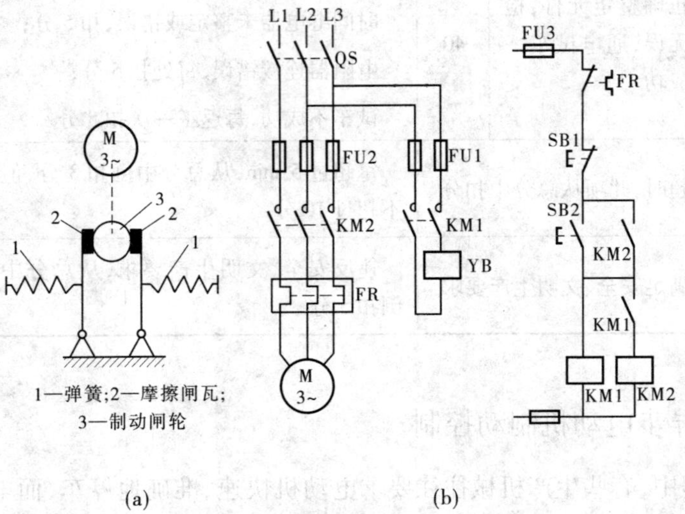

图 2-34　电磁抱闸断电制动控制线路

2)通电制动控制

像机床等经常需要在断电状态下调整的设备,就不能采用断电制动控制,而常采用通电制动控制,如图 2-35 所示,电磁抱闸在不通电状态下,弹簧的拉力使摩擦闸瓦与制动闸轮分开,只有在通电情况下,电磁力才克服弹簧力使摩擦闸瓦抱紧制动闸轮制动。电动机正常运行时,YB 不通电,当按下停止按钮 SB1 时 KM1 释放,电动机断电的同时,接触器 KM2 线圈通电并自锁,使电磁抱闸通电制动。制动完成后,时间继电器延时断开动断触点再使 KM2 断电释放，YB 断电，完成整个制动过程。

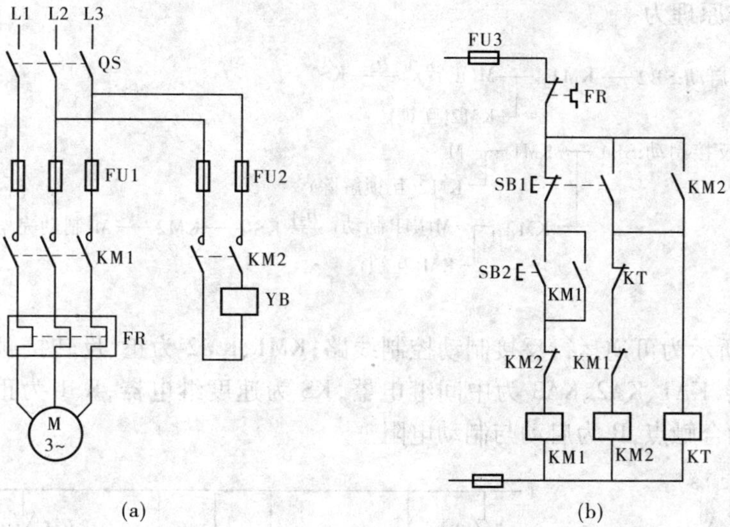

图 2-35　电磁抱闸通电制动控制线路

2.2.6.2　反接制动控制线路

反接制动是在电动机的原三相电源被切断后，立即通上与原相序相反的三相交流电源，以形成与原转向相反的电磁力矩，利用这个制动力矩使电动机迅速停止转动。这种制动方式必须在电动机转速降到接近零时切除电源，否则电动机仍有反向力矩，可能会反向旋转，造成事故。三相异步电动机单向运转反接制动控制线路如图 2-36 所示。

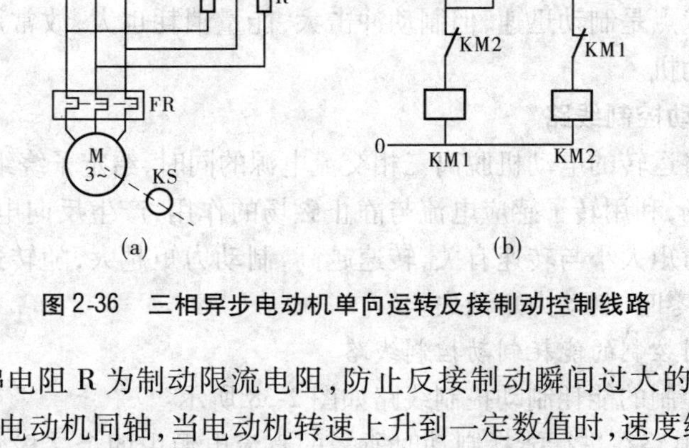

图 2-36　三相异步电动机单向运转反接制动控制线路

主电路中所串电阻 R 为制动限流电阻，防止反接制动瞬间过大的电流损坏电动机。速度继电器 KS 与电动机同轴，当电动机转速上升到一定数值时，速度继电器的动合触点闭合，为制动做好准备。制动时转速迅速下降，当其转速下降到接近零时，速度继电器动合触点恢复断开，接触器 KM2 线圈断电，防止电动机反转。

线路动作原理为：

启动：SB2—— KM1自 ┬ M(正转) $\xrightarrow{n_2\uparrow}$ KS
　　　　　　　　　└ KM2(互锁)

反接制动：SB1 ┬ KM1 ┬ M
　　　　　　　│　　　└ KM2(互锁解除)
　　　　　　　└ KM2自 ┬ M(串R制动) $\xrightarrow{n_2\downarrow}$ KS —— KM2 —— M(制动完毕)
　　　　　　　　　　　└ KM(互锁)

图 2-37 所示为可逆运行反接制动控制线路；KM1、KM2 为正、反转接触器，KM3 为短接电阻接触器，KA1、KA2、KA3 为中间继电器，KS 为速度继电器，KS1 为正转动合触点，KS2 为反转动合触点，R 为启动与制动电阻。

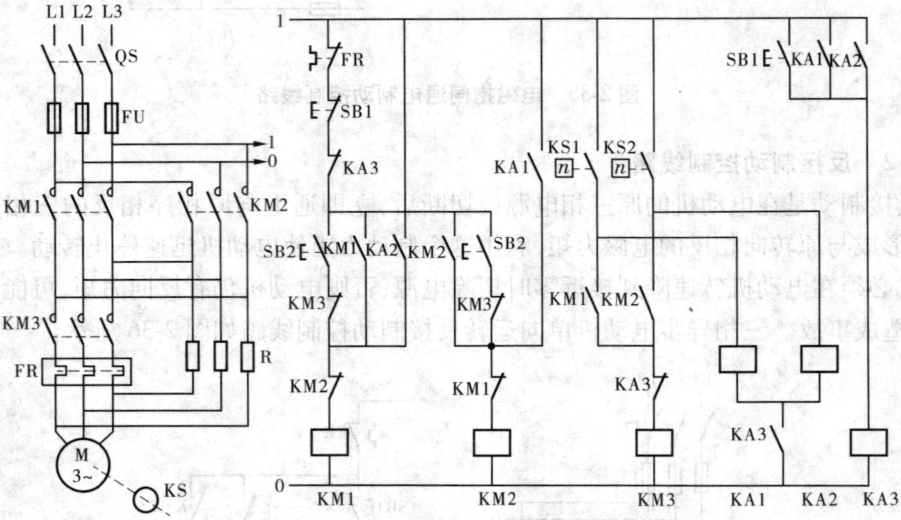

图 2-37　可逆运行反接制动控制线路

图 2-37 控制线路动作原理请读者自行分析。

反接制动的优点是制动迅速，但制动冲击大，能量消耗也大，故常用于不经常启动和制动的大容量电动机。

2.2.6.3　能耗制动控制线路

能耗制动是将运转的电动机脱离三相交流电源的同时，给定子绕组加一直流电源，以产生一个静止磁场，利用转子感应电流与静止磁场的作用，产生反向电磁力矩而制动的。能耗制动时制动力矩大小与转速有关，转速越高，制动力矩越大，随转速的降低制动力矩也下降，当转速为零时，制动力矩消失。

1. 按时间原则控制的能耗制动控制线路

按时间原则控制的能耗制动控制线路如图 2-38 所示。

图 2-38 中主电路在进行能耗制动时所需的直流电源由四个二极管组成单相桥式整流电路通过接触器 KM2 引入，交流电源与直流电源的切换由 KM1 和 KM2 来完成，制动

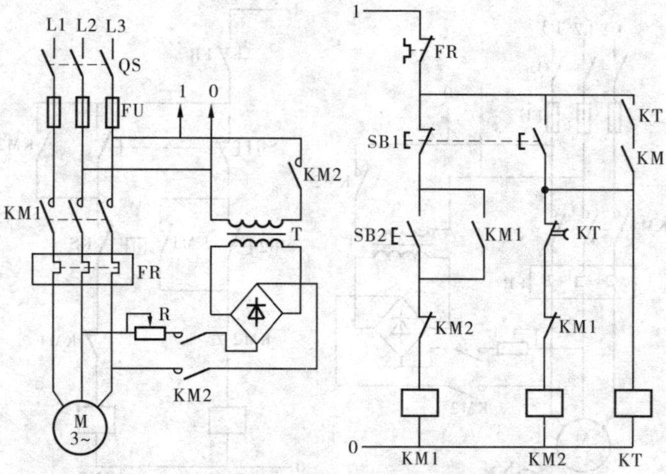

图2-38　按时间原则控制的能耗制动控制线路

时间由时间继电器KT决定。

线路动作原理为：

启动:SB2 —— $KM1_{自}$ —— M(启动)
　　└ KM2(互锁)

能耗制动:SB1 —— KM1 —— M(自由停车)
　　├ $KM2_{自}$ —— M(能耗制动)
　　└ $KT_{自}$ $\xrightarrow{\Delta t}$ KM2 —— M(制动结束)

2. 按速度原则控制的能耗制动控制线路

图2-39为按速度原则控制的能耗制动控制线路，其动作原理与图2-36所示的单向运转反接制动控制线路相似，请读者自行分析。能耗制动的优点是制动准确、平稳，能量消耗小，但需要整流设备，故常用于要求制动平稳、准确和启动频繁、容量较大的电动机。

为了避免较大的反接制动电流，三相交流异步电动机常采用能耗制动控制线路。

能耗制动是指电动机在刚切除三相电源后，立即在定子绕组中接入直流电源产生一固定磁场，使转动着的转子切割固定磁场的磁力线产生制动力矩，使电动机的动能转换成电能并消耗在转子上的制动。

图2-40为三相交流异步电动机能耗制动控制线路。在电动机正常运行时，若按下停止复合按钮SB1，接触器KM1线圈断电释放，电动机脱离电源，同时KM2线圈、通电延时型时间继电器KT线圈通电并自锁，直流电源经KM1的主触点接入定子绕组，建立固定磁场，进入能耗制动，当达到KT整定值时，其延时断开动断触点断开，切断KM2线圈回路，使KM2和KT释放，能耗制动结束。需要说明的是，当电动机转速降为零后，KT仍未动作也不会造成反向启动。所以，在能耗制动控制线路中常采用时间继电器控制，而反接制动则采用速度继电器。另外，线路中电阻R_p用于调节直流制动电流。直流电流越大，制动力矩就越大，但电流太大会对定子绕组造成损坏，一般根据要求可调节其为电动机空载电流的3～5倍。

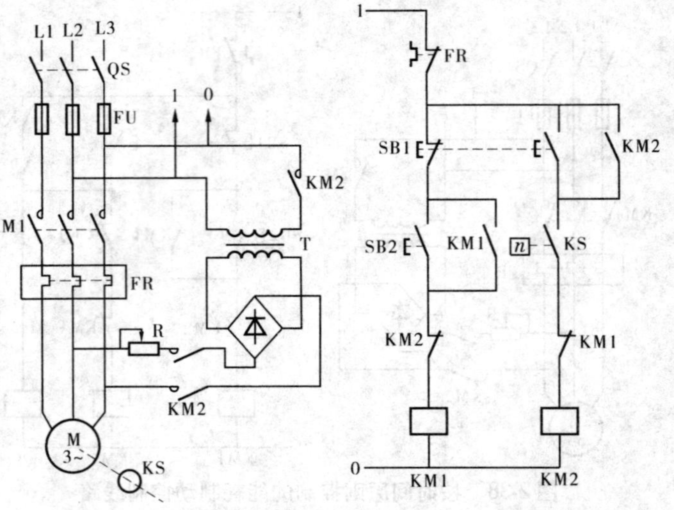

图 2-39 按速度原则控制的能耗制动控制线路

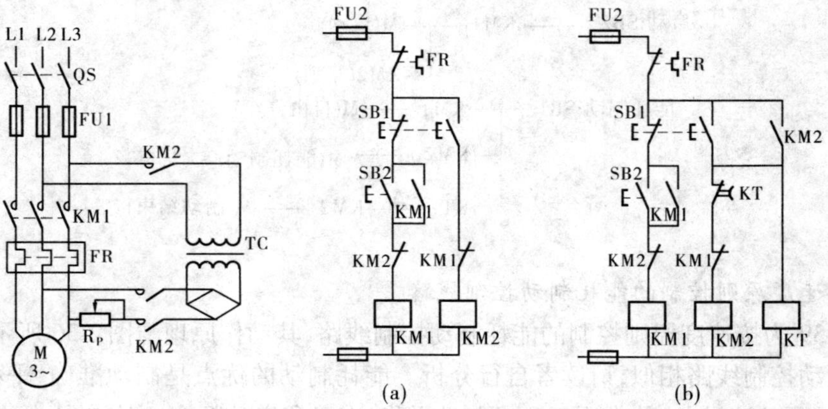

图 2-40 三相交流异步电动机能耗制动控制线路

【技能训练】

项目1 三相交流异步电动机反接制动控制线路的安装与调试

【任务目标】

(1)识读三相交流异步电动机反接制动控制线路的工作原理。

(2)了解速度继电器的结构及工作原理。

(3)了解制动电阻的选择。

(4)根据线路图安装反接制动控制线路。

(5)正确调试反接制动控制线路。

(6)对线路出现的故障能正确、快速地排除。

【实践操作】

1. 所需的工具、材料

(1)所需工具有常用的电工工具、万用表等。

(2)所需材料见表 2-34。

表 2-34　电气元件明细

电气符号	元件名称	型号规格	数量	备注
M	三相交流异步电动机	Y-112M-4/4 kW,△接法 380 V,8.8 A,1 440 r/min	1 台	
QS	转换开关	HZ10-25/3	1 个	
FU1	熔断器	RL1-60/25 A	3 个	
FU2	熔断器	RL1-15/2 A	2 个	
KM1、KM2、KM3	交流接触器	CJ10-10,380 V	3 个	
FR	热继电器	JR36-20/3,整定电流 8.8 A	1 个	
KA1、KA2、 KA3、KA4	中间继电器	JS7-44 A,380 V	4 个	
KS	速度继电器	JY1	1 个	
R	电阻	ZX2-2/0.7 Ω,7 Ω	3 个	
SB1、SB2	启动按钮	LA10-3H	各 1 个	绿色、黑色
SB3	停止按钮			红色
	接线端子	JX2-Y010	2 个	
	导线	BV-1.5 mm^2,1 mm^2	若干	
	冷压接头	1.5 mm^2,1 mm^2	若干	
	塑料线槽	40 mm×40 mm	5 m	
	异型管	1.5 mm^2	若干	
	油记笔	黑(红)色	1 支	
	开关板	木制,500 mm×400 mm	1 块	

2. 实训内容

(1)主电路接线。注意接触器触点与电阻器的正确连接。

(2)控制线路接线。接线时注意中间继电器的连接。

(3)通电试车。注意观察电动机电阻切换过程、中间继电器的控制作用。

(4)故障排除。

3. 电路安装

(1)根据表 2-34 配齐所用电气元件,并检查元件质量。

(2)根据原理图画出布置图。

(3)根据元件布置图安装元件,各元件的安装位置整齐、匀称、间距合理,便于元件的更新,元件紧固时用力均匀、紧固程度适当。

(4)布线。布线时以接触器为中心,由里向外、由低至高,先电源电路、再控制电路、后主电路进行,以不妨碍后续布线为原则。

(5)安装速度继电器。安装时,速度继电器的连接头与电动机转轴采用直接连接的方法,并使电动机转轴与速度继电器转轴的中心线重合。

(6)连接速度继电器与控制板接线。

(7)连接制动电阻。

(8)连接电动机和按钮金属外壳的保护接地线。

(9)整定热继电器。

(10)检查。通电前,应认真检查有无错接、漏接造成不能正常运转或短路事故的现象。

(11)通电试车。试车时,注意观察接触器、时间继电器运行情况。观察电动机运转是否正常,若有异常现象则应马上停车。

(12)试车完毕,应遵循停转、切断电源、拆除三相电源线、拆除电动机线的顺序。

【巩固训练】

1. 任务要求

(1)识读控制线路的工作原理。

(2)按表2-34配齐所有元件,进行质量检查,并将检查情况记入表2-35中。

表2-35 元器件清单

元件名称	型号规格	数量	是否适用
转换开关			
熔断器			
交流接触器			
热继电器			
中间继电器			
速度继电器			
电阻器			
按钮			

(3)在规定时间内独立完成控制线路的安装,并根据工艺要求进行调试。

(4)检修调试过程中出现的故障。

2. 注意事项

(1)接触器KM3与制动电阻R的接线务必正确,否则会由于相序接反而造成电动机反转。

(2)安装速度继电器时,应使转轴与电动机转轴中心线重合。

(3)速度继电器的两对常开触点接线必须正确,否则会造成不能停车制动的现象。

(4)电阻器接线前应检查电阻片的连接线是否牢固、有无松动现象。

(5)电阻器必须采取遮护或隔离措施,以防止发生触电事故。

(6)控制板外配线必须加以防护,确保安全。

(7)电动机及按钮金属外壳必须保护接地。

(8)时间继电器接线时,用手指抬住接线部分,并且不要用力过度,以免损坏器件。

(9)通电试车、调试及检修时,必须在指导教师的监视和允许下进行。

(10)要做到安全操作和文明生产。

3. 额定工时

额定工时为210 min。

4. 评分

评分细则见表2-36。

表2-36 “三相交流异步电动机反接制动控制线路的安装与调试”技能自我评分表

项目	技术要求	配分	评分细则	评分记录
安装前检查	正确无误检查所需元件	5	电气元件漏检或错检,每个扣1分	
安装元件	按布置图合理安装元件	15	不按布置图安装,扣3分; 元件安装不牢固,每个扣0.5分; 元件安装不整齐、不合理,扣2分; 损坏元件,扣10分	
布线	按控制线路图正确接线	40	不按控制线路图接线,扣10分; 布线不美观,每根扣0.5分; 线槽内导线交叉超过3处,扣3分; 线槽对接处不成90°,每处扣1分; 接点松动,露铜过长,反圈,压绝缘层,标记线号不清楚、遗漏或误标,每处扣0.5分; 损伤导线,每处扣1分	
通电试车	正确整定元件,检查无误,通电试车一次成功	40	热继电器未整定或错误,扣5分; 速度继电器接线错误,扣5分; 熔体选择错误,扣5分; 试车不成功,每返工一次扣5分	
额定工时210 min	超时,此项从总分中扣分		每超过5 min,从总分中倒扣3分,但不超过10分	
安全、文明生产	满足安全、文明生产要求		违反安全、文明生产要求,从总分中倒扣5分	

项目 2　三相交流异步电动机能耗制动控制线路的安装与调试

【任务目标】

(1)识读三相交流异步电动机能耗制动控制线路的工作原理。

(2)了解能耗制动原理。

(3)了解制动元件的选择。

(4)根据线路图安装能耗制动控制线路。

(5)正确调试能耗制动控制线路。

(6)对线路出现的故障能正确、快速地排除。

【实践操作】

1. 所需的工具、材料

(1)所需工具有常用的电工工具、万用表、直流电流表等。

(2)所需材料见表 2-37。

表 2-37　电气元件明细

电气符号	元件名称	型号规格	数量	备注
M	三相交流异步电动机	Y-112M-4/4 kW,△接法 380 V,8.8 A,1 440 r/min	1 台	
QS	转换开关	HZ10-25/3	1 个	
FU1	熔断器	RL1-60/25 A	3 个	
FU2	熔断器	RL1-15/2 A	2 个	
FU3、FU4	熔断器	RL1-15/15 A	2 个	
KM1、KM2	交流接触器	CJ10-10,380 V	2 个	
FR	热继电器	JR36-20/3,整定电流 8.8 A	1 个	
KT	时间继电器	JS7-2 A,380 V	1 个	
VC	整流二极管	10 A,300 V	4 个	
TC	变压器	BK-500,380/110 V	1 个	
R	电阻	ZX2-2/0.7 Ω,7 Ω	3 个	
SB1	启动按钮	LA10-2H	各 1 个	绿色
SB2	停止按钮			红色
	接线端子	JX2-Y010	2 个	
	导线	BV-1.5 mm^2,1 mm^2	若干	
	冷压接头	1.5 mm^2,1 mm^2	若干	
	塑料线槽	40 mm×40 mm	5 m	
	异型管	1.5 mm^2	若干	
	油记笔	黑(红)色	1 支	
	开关板	木制,500 mm×400 mm×30 mm	1 块	
	开关板	木制,300 mm×300 mm×30 mm	1 块	

2. 实训内容

(1)主电路接线。注意整流电路的正确连接。

(2)控制线路接线。接线时注意时间继电器的正确连接。

(3)通电试车。注意观察电动机能耗制动过程,掌握时间继电器的控制作用。

(4)故障排除。

3. 电路安装

(1)根据表2-37配齐所用电气元件,并检查元件质量。

(2)根据原理图画出布置图。

(3)根据元件布置图安装元件,各元件的安装位置整齐、匀称、间距合理,便于元件的更新,元件紧固时用力均匀、紧固程度适当。

(4)布线。布线时以接触器为中心,由里向外、由低至高,先电源电路、再控制电路、后主电路进行,以不妨碍后续布线为原则。

(5)安装布置制动单元部分。

(6)连接制动单元直流电源与主控制板接线。

(7)连接电动机和按钮金属外壳的保护接地线。

(8)整定热继电器。

(9)检查。通电前,应认真检查有无错接、漏接造成不能正常运转或短路事故的现象。

(10)通电调试。调试制动电流、制动时间。

(11)通电试车。试车时,注意观察接触器、时间继电器运行情况。观察电动机运转是否正常,若有异常现象则应马上停车。

(12)试车完毕,应遵循停转、切断电源、拆除三相电源线、拆除电动机线的顺序。

【巩固训练】

1. 任务要求

(1)识读控制线路的工作原理。

(2)按表2-37配齐所有元件,进行质量检查,并将检查情况记入表2-38中。

表2-38　元器件清单

元件名称	型号规格	数量	是否适用
转换开关			
熔断器			
交流接触器			
热继电器			
时间继电器			
整流二极管			
变压器			
按钮			

(3)在规定时间内独立完成控制线路的安装,并根据工艺要求进行调试。

(4)检修调试过程中出现的故障。

2. 注意事项

(1)整流元件要先固定在固定板上,再安装在安装板上。

(2)电阻用紧固件安装在控制板上。

(3)时间继电器的整定时间应适当,不宜过长或过短。

(4)制动控制时,停止按钮 SB2 要按到底。

(5)电阻器必须采取遮护或隔离措施,以防止发生触电事故。

(6)控制板外配线必须加以防护,确保安全。

(7)电动机及按钮金属外壳必须保护接地。

(8)时间继电器接线时,用手指抬住接线部分,并且不要用力过度,以免损坏器件。

(9)通电试车、调试及检修时,必须在指导教师的监视和允许下进行。

(10)要做到安全操作和文明生产。

3. 额定工时

额定工时为 120 min。

4. 评分

评分细则见表 2-39。

表 2-39 "三相交流异步电动机能耗制动控制线路的安装与调试"技能自我评分表

项目	技术要求	配分	评分细则	评分记录
安装前检查	正确无误检查所需元件	5	电气元件漏检或错检,每个扣 1 分	
安装元件	按布置图合理安装元件	15	不按布置图安装,扣 3 分; 元件安装不牢固,每个扣 0.5 分; 元件安装不整齐、不合理,扣 2 分; 损坏元件,扣 10 分	
布线	按控制线路图正确接线	40	不按控制线路图接线,扣 10 分; 布线不美观,每根扣 0.5 分; 线槽内导线交叉超过 3 处,扣 3 分; 线槽对接处不成 90°,每处扣 1 分; 接点松动,露铜过长,反圈,压绝缘层,标记线号不清楚、遗漏或误标,每处扣 0.5 分; 损伤导线,每处扣 1 分	
通电试车	正确整定元件,检查无误,通电试车一次成功	40	热继电器未整定或错误,扣 5 分; 制动电流未整定或错误,扣 5 分; 熔体选择错误,扣 5 分; 试车不成功,每返工一次扣 5 分	
额定工时 120 min	超时,此项从总分中扣分		每超过 5 min,从总分中倒扣 3 分,但不超过 10 分	
安全、文全生产	满足安全、文明生产要求		违反安全、文明生产要求,从总分中倒扣 5 分	

2.2.7 三相异步电动机调速控制

在生产实际中许多生产机械有调速的要求,根据异步电动机的原理可知其转速公式为

$$n = \frac{60f_1}{p}(1 - S) \qquad (2\text{-}2)$$

式中 p——电动机磁极对数;

f_1——供电电源频率;

S——转差率。

由式(2-2)可知,通过改变供电电源频率 f_1、磁极对数 p 以及转差率 S 都可以达到调速的目的。异步电动机调速方法主要有变极调速、变压调速和变频调速等几种。其中,变极调速是通过改变定子绕组的磁极对数以实现调速的;变压调速是通过改变定子电压以实现调速的;目前使用专用变频器可以实现异步电动机的变频调速控制。

2.2.7.1 三相笼型异步电动机变极调速控制线路

变极调速是通过改变定子空间磁极对数的方式来改变同步转速,从而达到调速的目的的。在恒定频率情况下,电动机的同步转速与磁极对数成反比,磁极对数增加一倍,同步转速就下降一半,从而引起异步电动机转子转速的下降。显然,这种调速方法只能一级一级地改变转速,只能跳跃式变化,而不能连续平滑地调速。

双速电动机定子绕组的结构及接线方式如图 2-41 所示。其中,图 2-41(a)为定子绕组结构示意图,改变接线方法可获得两种接法:图 2-41(b)所示为三角形接法,磁极对数为 2 对,同步转速为 1 500 r/min,是一种低速接法;图 2-41(c)所示为双星形接法,磁极对数为 1 对,同步转速为 3 000 r/min,是一种高速接法。

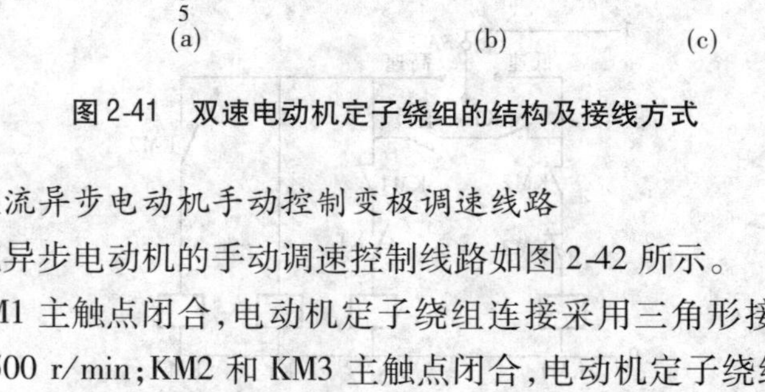

图 2-41 双速电动机定子绕组的结构及接线方式

1. 双速三相交流异步电动机手动控制变极调速线路

双速三相交流异步电动机的手动调速控制线路如图 2-42 所示。

图 2-42 中,KM1 主触点闭合,电动机定子绕组连接采用三角形接法,磁极对数为 2 对,同步转速为 1 500 r/min;KM2 和 KM3 主触点闭合,电动机定子绕组连接采用双星形接法,磁极对数为 1 对,同步转速为 3 000 r/min。

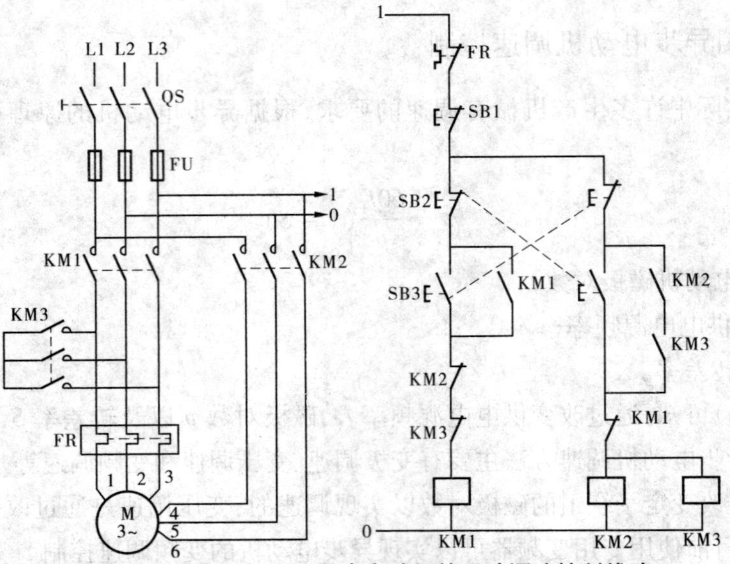

图 2-42　双速三相交流异步电动机的手动调速控制线路

线路动作原理为：

低速控制：SB3 —— $KM1_{自}$ —— M(△连接、低速)
　　　　　　　　　　　　　　└ KM2,KM3(互锁)

高速控制：SB2 —— KM1(互锁) —— M
　　　　　　　　　　　　　　└ KM2(互锁解除)
　　　　　　　└ $KM2_{自}$,$KM3_{自}$ —— M(双Y连接、高速)
　　　　　　　　　　　　　　└ KM1(互锁)

2. 双速三相交流异步电动机自动控制变极调速线路

双速三相交流异步电动机自动控制变极调速线路如图 2-43 所示。SA 有三个位置：中间位置，所有接触器和时间继电器都不接通，电动机控制电路不起作用，电动机处于停止状态；低速位置，接通 KM1 线圈电路，其触点动作的结果是电动机定子绕组接成三角形，以低速运转；高速位置，接通 KM2、KM3 和 KT 线圈，电动机定子绕组接成双星形，以高速运转。但应注意的是，该线路高速运转必须由低速运转过渡。

控制线路动作原理请读者自行分析。

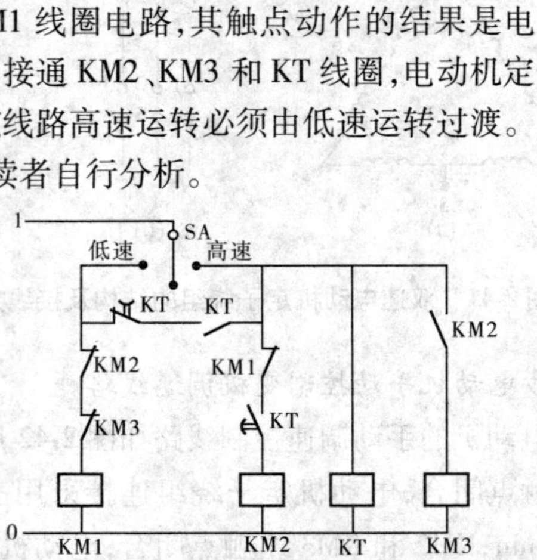

图 2-43　双速三相交流异步电动机自动控制变极调速线路

3. 三速三相交流异步电动机调速线路

三速笼型异步电动机的定子槽安装有两套绕组，分别是三角形绕组和星形绕组，其结构如图2-44(a)所示。低速运行按图2-44(b)所示接线，定子绕组为三角形接法；中速运行按图2-44(c)所示接线，定子绕组为星形接法；高速运行按图2-44(d)所示接线，定子绕组为双星形接法。

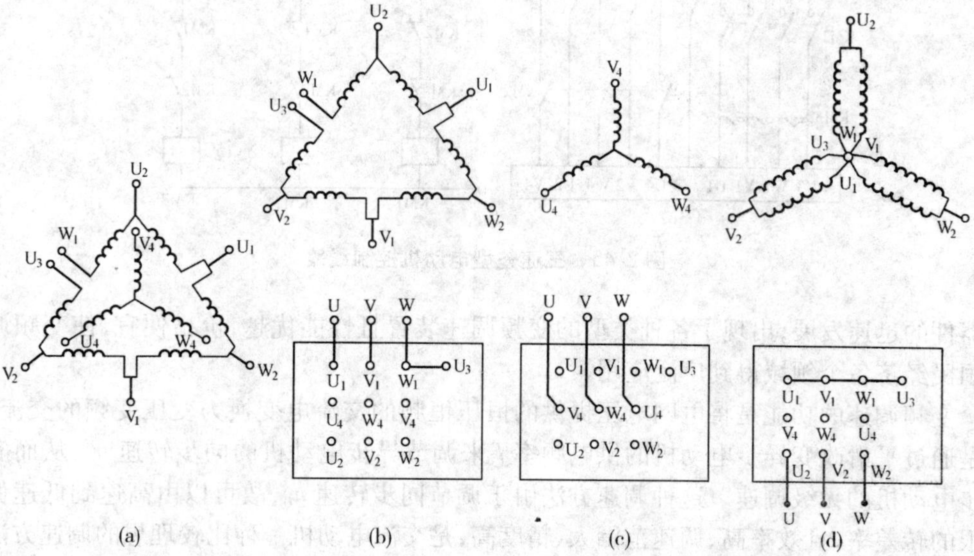

图2-44 三速笼型异步电动机的定子绕组接线图

线路动作原理为：按下任何一个速度启动控制按钮(SB1、SB2、SB3)，对应的接触器线圈得电，其自锁和互锁触点动作，完成对本线圈的自锁和对另外接触器线圈的互锁，主电路对应的主触点闭合，实现对电动机定子绕组对应的接法，使电动机工作在选定的转速下。显然，这套线路从任何一种速度要转换到另一种速度时，必须先按下停止按钮，这是因为三个接触器之间是电气互锁的。

图2-45为三速笼型电动机控制线路，图中SB1、SB2、SB3分别为低速、中速、高速按钮，KM1、KM2、KM3分别为低速、中速、高速接触器。

2.2.7.2 调压调速

所谓调压调速，是指通过改变加在电动机定子上的电压来达到调节电动机转速的目的。由电动机基本原理可知，在相同转速下，电磁转矩与定子电压的平方成正比。因此，改变定子外加电压(最高为其额定电压)就可以改变电动机的机械特性，使其在相同负载转矩下，工作在不同的速度点上，实现调压调速。目前，主要采用晶闸管交流调压器变压调速，通过调整晶闸管的触发角来改变调压器的输出电压，使电动机的转速随电压不同而变化。这种调速方式在调速过程中的转差功率损耗在转子里，效率较低。

2.2.7.3 变频调速

由式(2-2)可知，改变定子供电频率f_1即可改变电动机转速，此种方法即称为变频调速。实现变频调速的一个重要条件是要具备频率可调的电源，很长时间以来正因为缺少理想的变频电源，使得变频调速的使用受到限制。随着大功率晶闸管和晶体管等电力电

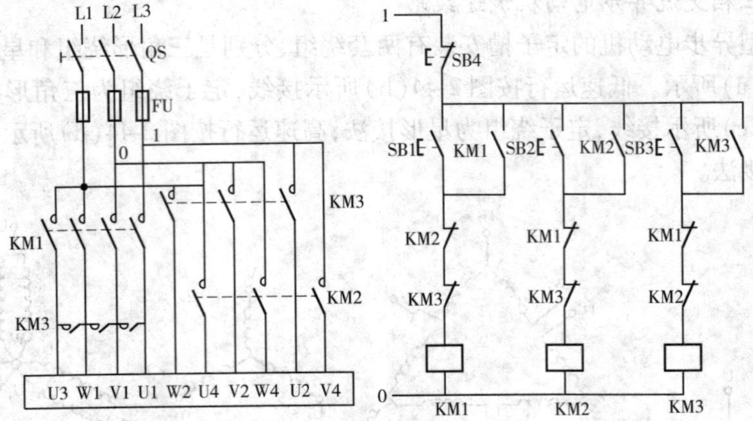

图 2-45　三速笼型电动机控制线路

子器件的迅速发展,出现了各种类型的变频调速装置且性能优越,价格便宜,使变频调速在国民经济各个领域得到广泛应用。

变频调速的功能是将电网电压提供的恒压恒频的交流电变换为变压变频的交流电。它是通过平滑改变异步电动机的供电频率 f 来调节异步电动机的同步转速 n_0,从而实现异步电动机的无级调速。这种调速方法由于调节同步转速 n_0,故可以由高速到低速保持有限的转差率,且效率高、调速范围大、精度高,是交流电动机一种比较理想的调速方法。

由于电动机每极气隙主磁通要受到电源频率的影响,所以实际调速控制方式中要保持定子电压与其频率为常数这一基本原则。

由于变频调速技术日趋成熟,故把实现交流电动机调速的装置做成产品即变频器。按变频器的变频原理来分,它可分为交－交变频器和交－直－交变频器。随着现代电力电子技术的发展,PMW(输出电压调宽不调幅)变频器已成为当今变频器的主流。

交－交变频器和交－直－交变频器的结构如图 2-46 所示。

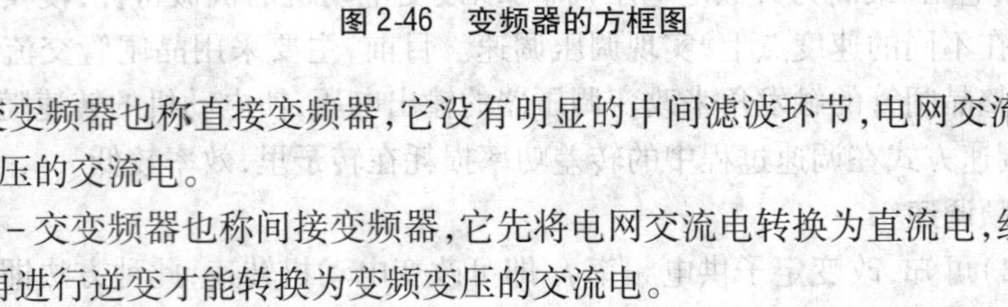

图 2-46　变频器的方框图

交－交变频器也称直接变频器,它没有明显的中间滤波环节,电网交流电被直接变成可调频调压的交流电。

交－直－交变频器也称间接变频器,它先将电网交流电转换为直流电,经过中间滤波环节之后,再进行逆变才能转换为变频变压的交流电。

【技能训练】

三相交流异步电动机变极调速控制线路的安装与调试

【任务目标】

(1)树立安全和文明生产意识。

(2)学会分析双速电动机控制线路。

(3)掌握双速电动机控制线路的安装、调试。

(4)正确调试时间继电器控制的双速电动机控制线路。

(5)对线路出现的故障能正确、快速地排除。

【实践操作】

1. 所需的工具、材料

(1)所需工具有常用的电工工具、万用表、转速表等。

(2)所需材料见表2-40。

表2-40 电气元件明细

电气符号	元件名称	型号规格	数量	备注
M	三相交流异步电动机	YD112M-4/2,3.3/4 kW,△/YY 接法,380 V,7.4/8.6 A,1 440/2 890 r/min	1台	
QS	转换开关	HZ10-25/3	1个	
FU1	熔断器	RL1-60/25 A	3个	
FU2	熔断器	RL1-15/2 A	2个	
FU3、FU4	熔断器	RL1-15/15 A	2个	
KM1、KM2、KM3	交流接触器	CJ10-10,380 V	3个	
FR1	热继电器	JR36-20/3,整定电流7.4 A	1个	
FR2	热继电器	JR36-20/3,整定电流8.6 A	1个	
KT	时间继电器	JS7-2 A,380 V	各1个	
SB1、SB2	启动按钮	LA10-3H	各1个	绿色、黑色
SB3	停止按钮			红色
	接线端子	JX2-Y010	2个	
	导线	BV-1.5 mm^2,1 mm^2	若干	
	冷压接头	1.5 mm^2,1 mm^2	若干	
	塑料线槽	40 mm×40 mm	5 m	
	异型管	1.5 mm^2	若干	
	油记笔	黑(红)色	1支	
	开关板	木制,500 mm×400 mm×30 mm	1块	

2. 实训内容

(1) 主电路接线。注意接触器触点与电动机 6 个出线的△/YY 正确连接。

(2) 控制线路接线。接线时注意时间继电器的连接。

(3) 通电试车。注意观察电动机△/YY 切换过程,掌握时间继电器的控制作用。

(4) 故障排除。

3. 电路安装

(1) 根据表 2-40 配齐所用电气元件,并检查元件质量。

(2) 根据原理图画出布置图。

(3) 根据元件布置图安装元件,各元件的安装位置整齐、匀称、间距合理,便于元件的更新,元件紧固时用力均匀、紧固程度适当。

(4) 布线。布线时以接触器为中心,由里向外、由低至高,先电源电路、再控制电路、后主电路进行,以不妨碍后续布线为原则。

(5) 连接电动机和按钮金属外壳的保护接地线。

(6) 连接电动机和电源。

(7) 整定热继电器。

(8) 整定时间继电器。

(9) 检查。通电前,应认真检查有无错接、漏接造成不能正常运转或短路事故的现象。

(10) 通电试车。试车时,注意观察接触器、时间继电器运行情况。观察电动机运转是否正常,若有异常现象则应马上停车。

(11) 用转速表测量电动机的转速。

(12) 试车完毕,应遵循停转、切断电源、拆除三相电源线、拆除电动机线的顺序。

【巩固训练】

1. 任务要求

(1) 识读控制线路的工作原理。

(2) 按表 2-40 配齐所有元件,进行质量检查,并将检查情况记入表 2-41 中。

表 2-41　元器件清单

元件名称	型号规格	数量	是否适用
转换开关			
熔断器			
交流接触器			
热继电器			
时间继电器			
按钮			

(3) 在规定时间内独立完成控制线路的安装,并根据工艺要求进行调试。

(4) 检修调试过程中出现的故障。

(5)测量转速,并将测量数据记入表2-42中。

表2-42 双速电动机转速数据

工况	铭牌转速(r/min)	测量转速(r/min)	误差(r/min)
低速(△)			
高速(YY)			

2. 注意事项

(1)接线时,注意接触器KM1、KM2在两种转速下电源相序的改变,不能接错,否则会造成两种转速下电动机的转向相反,换向时将产生很大的冲击电流。

(2)接触器KM1、KM2的主触点不能对换接线,否则不但无法实现双速控制的要求,而且会造成短路事故。

(3)由于电动机在两种转速下功率不同,所以热继电器FR1、FR2在主电路中的接线不能错,整定电流值也不能错。

(4)时间继电器的整定时间应适当,要求延时时间调整为3 s。

(5)电动机接线时,注意电动机接线柱上的标识,以免接线错误。

(6)转速表压在电动机的转轴上测量转速时的力度要适当。

(7)控制板外配线必须加以防护,确保安全。

(8)电动机及按钮金属外壳必须保护接地。

(9)通电试车、调试及检修时,必须在指导教师的监视和允许下进行。

(10)要做到安全操作和文明生产。

3. 额定工时

额定工时为120 min。

4. 评分

评分细则见表2-43。

表2-43 "三相交流异步电动机变极调速控制线路的安装与调试"技能自我评分表

项目	技术要求	配分	评分细则	评分记录
安装前检查	正确无误检查所需元件	5	电气元件漏检或错检,每个扣1分	
安装元件	按布置图合理安装元件	15	不按布置图安装,扣3分; 元件安装不牢固,每个扣0.5分; 元件安装不整齐、不合理,扣2分; 损坏元件,扣10分	

续表 2-43

项目	技术要求	配分	评分细则	评分记录
布线	按控制线路图正确接线	40	不按控制线路图接线，扣 10 分； 布线不美观，每根扣 0.5 分； 线槽内导线交叉超过 3 处，扣 3 分； 线槽对接处不成 90°，每处扣 1 分； 接点松动，露铜过长，反圈，压绝缘层，标记线号不清楚、遗漏或误标，每处扣 0.5 分； 损伤导线，每处扣 1 分	
通电试车	正确整定元件，检查无误，通电试车一次成功	40	热继电器未整定或错误，扣 5 分； 时间继电器未整定或错误，扣 5 分； 熔体选择错误，扣 5 分； 测速方法错误，扣 5 分； 试车不成功，每返工一次扣 5 分	
额定工时 120 min	超时，此项从总分中扣分		每超过 5 min，从总分中倒扣 3 分，但不超过 10 分	
安全、文明生产	满足安全、文明生产要求		违反安全、文明生产要求，从总分中倒扣 5 分	

2.3 几种常用电动机控制线路的实际接线及故障分析

2.3.1 电动机单向运行带点动的控制电路原理图

2.3.1.1 电动机单向运行带点动电路原理图

电动机单向运行带点动电路原理图如图 2-47 所示。

2.3.1.2 电动机单向运行带点动电路接线图

电动机单向运行带点动电路接线图如图 2-48 所示。

设备材料表如表 2-44 所示。

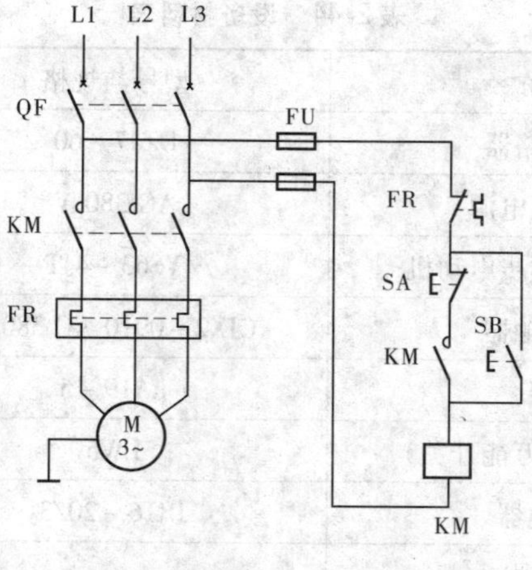

图2-47 电动机单向运行带点动电路原理图

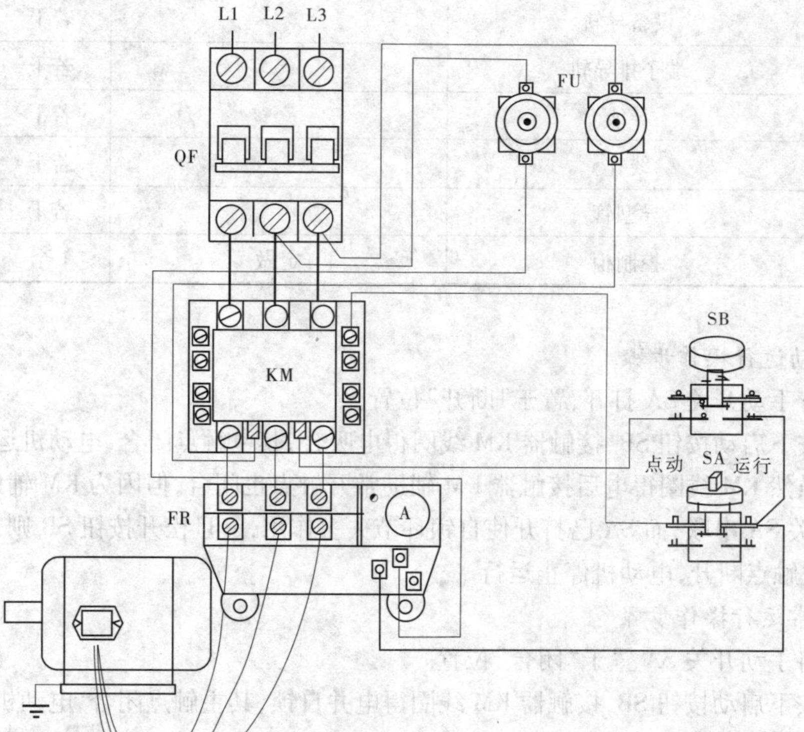

图2-48 电动机单方向运行带点动电路接线图

表2-44 设备材料表

序号	名 称	型号与规格	数量	备注
1	低压断路器	DZ47-60	1个	
2	三相交流电源	AC 380 V	1个	
3	三相鼠笼型异步电动机	YS63-4JT	1个	
4	交流接触器	CJX2-0910 AC 380 V	1个	
5	按钮	LA19-5	1个	
6	手动开关(或万能开关)	LW5	1个	
7	热继电器	JR16-20/3	1个	
8	熔断器		2个	
9	端子排		若干	
10	设备导轨		若干	
11	端子排导轨		若干	
12	导线		若干	
13	线扎		若干	固定导线
14	异型管		若干	端子编号
15	控制柜	定做	1个	

1. 点动运行操作步骤

(1)将手动开关SA打开,置于“断开”位置。

(2)按下启动按钮SB,接触器KM线圈得电吸合,其主触点闭合,电动机运行。

(3)虽然KM线圈得电后接触器KM辅助常开触点也闭合,但因为KM辅助常开触点与手动开关SA串联,而SA已打开使自锁环节失去作用,一旦松开按钮SB则KM线圈立即失电,主触点断开,电动机停止运行。

2. 正常运行操作步骤

(1)将手动开关SA置于“闭合”位置。

(2)按下启动按钮SB,接触器KM线圈得电并自锁,其主触点闭合,电动机运行。

(3)将手动开关SA断开,KM线圈失电,主触点立即断开,电动机停止运行

2.3.2 电动机可逆运行控制电路

2.3.2.1 电动机可逆运行控制电路原理图

为了使电动机能够正转和反转,可采用两只接触器KM1、KM2换接电动机三相电源的相序,但两个接触器不能同时吸合,如果同时吸合将造成电源的短路事故。为了防止这种事故,在电路中应采取可靠的互锁。图2-49为采用按钮和接触器双重互锁的电动机正、反两向运行的控制电路。

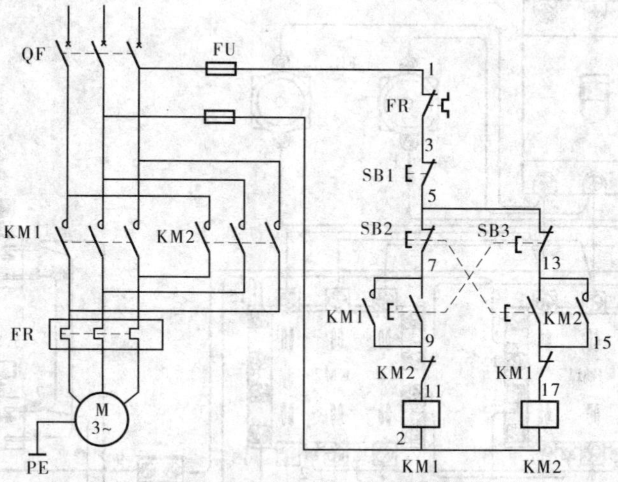

图 2-49　电动机可逆运行控制电路原理图

线路分析如下：

(1)正向启动：

①合上空气开关 QF 接通三相电源。

②按下正向启动按钮 SB3，KM1 通电吸合并自锁，主触点闭合接通电动机，电动机这时的相序是 L1、L2、L3，即正向运行。

(2)反向启动：

①合上空气开关 QF 接通三相电源。

②按下反向启动按钮 SB2，KM2 通电吸合并通过辅助触点自锁，常开主触点闭合换接了电动机三相的电源相序，这时电动机的相序是 L3、L2、L1，即反向运行。

(3)互锁环节：具有禁止功能，在线路中起安全保护作用。

①接触器互锁：KM1 线圈回路串入 KM2 的辅助常闭触点，KM2 线圈回路串入 KM1 的常闭触点。当正转接触器 KM1 线圈通电动作后，KM1 的辅助常闭触点断开了 KM2 线圈回路，若使 KM1 得电吸合，必须先使 KM2 断电释放，其辅助常闭触点复位，这就防止了 KM1、KM2 同时吸合造成相间短路，这一线路环节称为互锁环节。

②按钮互锁：在电路中采用了控制按钮操作的正反转控制电路，按钮 SB2、SB3 都具有一对常开触点、一对常闭触点，这两对触点分别与 KM1、KM2 线圈回路连接。例如，按钮 SB2 的常开触点与接触器 KM2 线圈串联，而常闭触点与接触器 KM1 线圈回路串联。按钮 SB3 的常开触点与接触器 KM1 线圈串联，而常闭触点与 KM2 线圈回路串联。这样当按下 SB2 时只有接触器 KM2 的线圈可以通电而 KM1 断电，按下 SB3 时只有接触器 KM1 的线圈可以通电而 KM2 断电，如果同时按下 SB2 和 SB3，则两只接触器线圈都不能通电。这样就起到了互锁的作用。

(4)电动机正向(或反向)启动运转后，不必先按停止按钮使电动机停止，可以直接按反向(或正向)启动按钮，使电动机变为反方向运行。

(5)电动机的过载保护由热继电器 FR 完成。

2.3.2.2　电动机可逆运行控制电路接线图

电动机可逆运行控制电路的接线如图 2-50 所示。

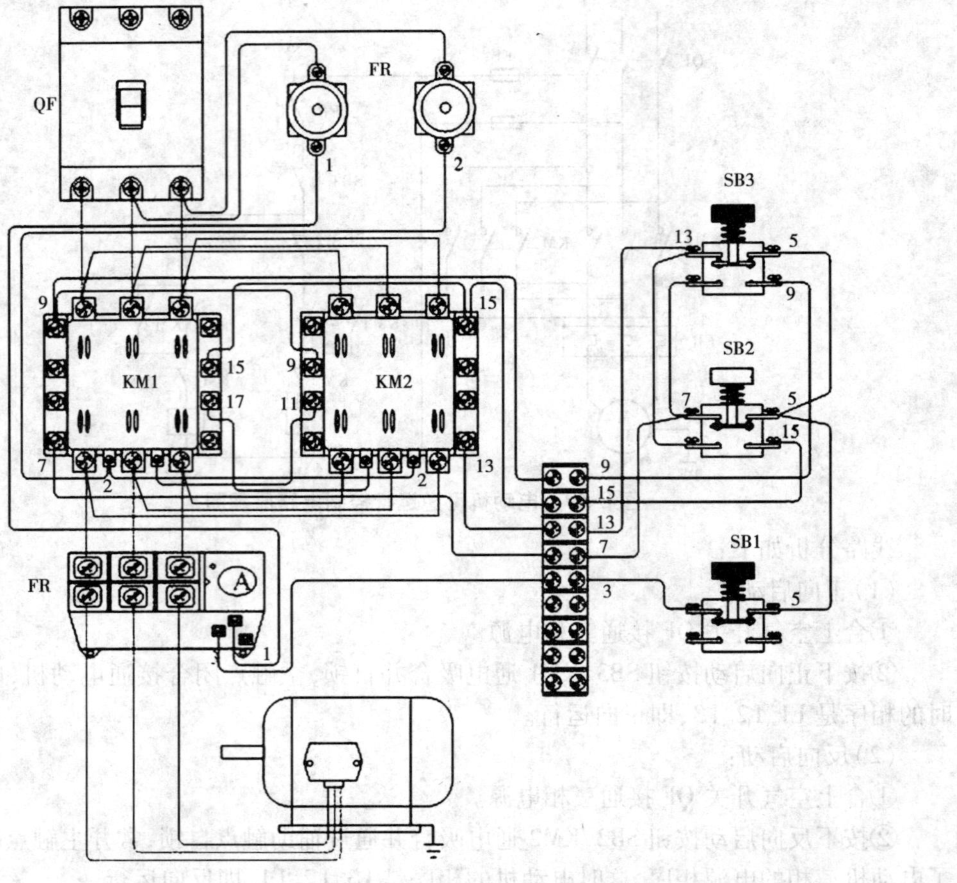

图 2-50　电动机可逆运行控制电路接线示意图

2.3.2.3　电动机可逆运行控制电路的调试

(1)检查主电路的接线是否正确,为了保证两个接触器动作时能够可靠调换电动机的相序,接线时应使接触器的上口接线保持一致,在接触器的下口调相。

(2)检查接线无误后,通电试验。通电试验时为防止意外,应先将电动机的接线断开。

2.3.2.4　故障现象预处理

(1)不启动:原因之一,检查控制保险 FU 是否断路,热继电器 FR 接点是否用错或接触不良,SB1 按钮的常闭触点是否不良。原因之二,按钮互锁的接线有误。

(2)启动时接触器"叭哒"就不吸了:这是因为接触器的常闭触点互锁接线有错,将互锁触点接成"自己锁自己"了,启动时常闭触点是通的,接触器线圈得电吸合,接触器吸合后常闭触点又断开,接触器线圈又断电释放,常闭触点又接通,接触器又吸合,触点又断开,所以会出现"叭哒"接触器不吸合的现象。

(3)不能够自锁,一抬手接触器就断开,这是因为自锁触点接线有误。

2.3.3 鼠笼型三相异步电动机 Y－△降压启动控制电路

2.3.3.1 鼠笼型三相异步电动机 Y－△降压启动控制电路原理图

鼠笼型三相异步电动机 Y－△降压启动控制电路原理图如图 2-51 所示。

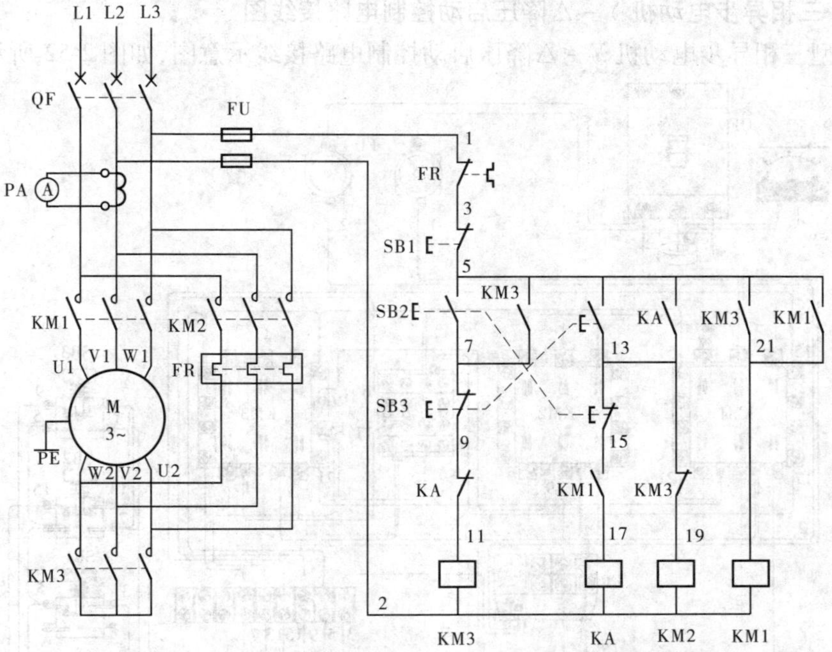

图 2-51 鼠笼型三相异步电动机 Y－△降压启动控制电路原理图

凡正常运行时定子绕组接成三角形的是三相鼠笼型异步电动机，在启动时临时接成星形，待电动机启动后接近额定转速时，再将定子绕组通过 Y－△降压启动装置接成三角形运行，这种启动方法叫 Y－△降压启动，属于电动机降压启动的一种方式。由于启动时定子绕组的电压只有原运行电压的 $1/\sqrt{3}$，启动力矩较小只有原力矩的 1/3，所以这种启动电路适用于轻载或空载启动的电动机。

线路分析如下：

(1)合上空气开关 QF，接通三相电源。

(2)按下启动按钮 SB2，首先交流接触器 KM3 线圈通电吸合，KM3 的三对主触点将定子绕组尾端连在一起。KM3 的辅助常开触点接通，使交流接触器 KM1 线圈通电吸合，KM1 三对主触点闭合，接通电动机定子三相绕组的首端，电动机在 Y 接法下低压启动。

(3)随着电动机转速的升高，待接近额定转速时(或观察电流表接近额定电流时)，按下运行按钮 SB3，此时 SB3 的常闭触点断开 KM3 线圈的回路，KM3 失电释放，常开主触点释放，将三相绕组尾端连接打开，SB3 的常开触点接通，中间继电器 KA 线圈通电吸合，KA 的常闭触点断开 KM3 电路(互锁)，KM3 的常开触点吸合，通过 SB2 的常闭触点和 KM1 常开互锁触点实现自保，同时通过 KM3 常闭触点(互锁)使接触器 KM2 线圈通电吸合，KM2 主触点闭合将电动机三相绕组连接成△，使电动机在△接法下运行。完成了 Y－△降压启动的任务。

(4)热继电器 FR 作为电动机的过载保护，流过热继电器的电流是相电流，定值时应按电动机额定电流计算。

(5)KM2 及 KM3 常闭触点构成互锁环节，保证了电动机 Y－△接法不可能同时出现，避免发生电源短路事故。

2.3.3.2　三相异步电动机 Y－△降压启动控制电路接线图

鼠笼型三相异步电动机 Y－△降压启动控制电路接线示意图，如图 2-52 所示。

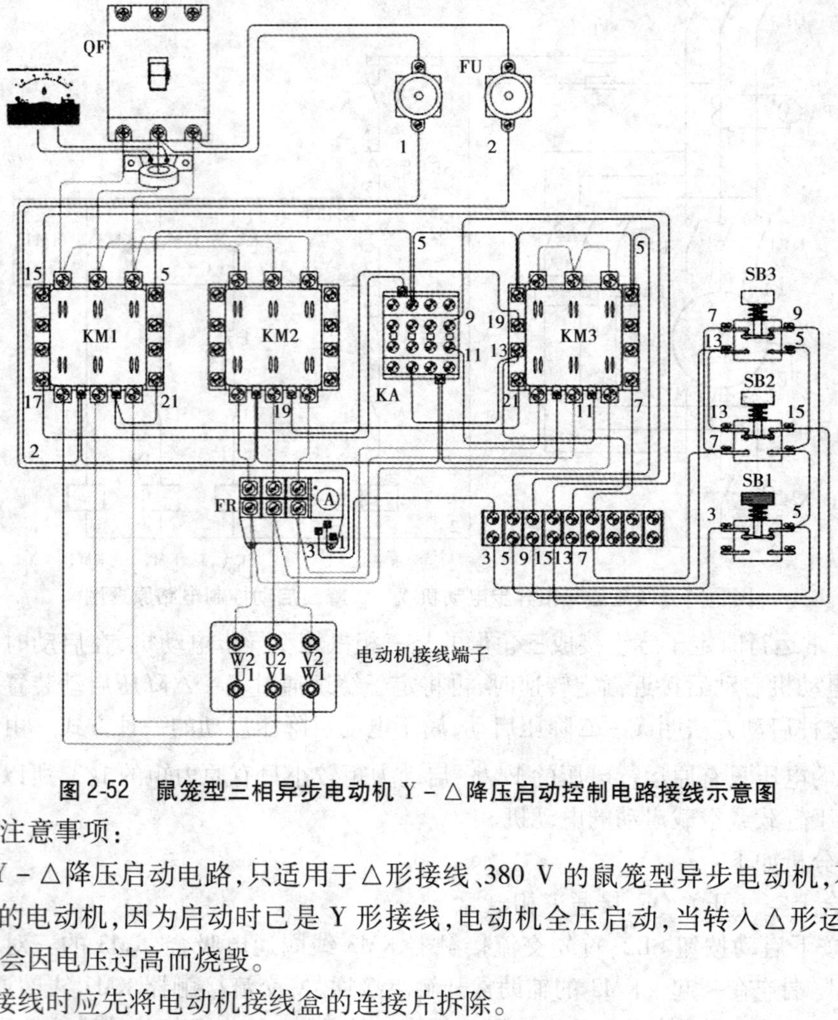

图 2-52　鼠笼型三相异步电动机 Y－△降压启动控制电路接线示意图

安装注意事项：

(1) Y－△降压启动电路，只适用于△形接线、380 V 的鼠笼型异步电动机，不可用于 Y 形接线的电动机，因为启动时已是 Y 形接线，电动机全压启动，当转入△形运行时，电动机绕组会因电压过高而烧毁。

(2)接线时应先将电动机接线盒的连接片拆除。

(3)接线时应特别注意电动机的首尾端接线相序不可有错，如果接线有错，在通电后会出现启动时电动机左转，运行时电动机右转，因为电动机突然反转电流剧增烧毁电动机或造成掉闸事故。

(4)如果需要调换电动机旋转方向，应在电源开关负荷侧调电源线，这样操作不容易造成电动机首尾端接线错误。

(5)电路中装电流表是为了监视电动机启动、运行的，电流表的量程应按电动机额定电流的 3 倍选择。

2.3.3.3 三相异步电动机 Y－△降压启动常见故障

(1)Y启动过程正常,但按下SB3后电动机发出异常声音且转速也急剧下降。这是为什么?

分析现象:接触器切换动作正常,表明控制电路接线无误,问题出现在接上电动机后。从故障现象分析,很可能是电动机主电路接线有误,使电路由Y接法转到△接法时,送入电动机的电源顺序改变了,电动机由正常启动突然变成了反序电源制动,强大的反向制动电流造成了电动机转速急剧下降和异常声音。

处理故障:核查主电路接触器及电动机接线端子的接线顺序。

(2)线路空载试验工作正常,接上电动机试车时,一旦启动电动机,电动机就发出异常声音,转子左右颤动,立即按SB1停止,停止时KM2和KM3的灭弧罩内有强烈的电弧现象。这是为什么?

分析现象:空载试验时接触器切换动作正常,表明控制电路接线无误,问题出现在接上电动机后。从故障现象分析是由于电动机缺相所引起的。电动机在星形启动时有一相绕组未接入电路,造成单相启动,由于缺相绕组不能形成旋转磁场,因此电动机转轴的转向不定而左右颤动。

处理故障:检查接触器接点闭合是否良好,接触器及电动机端子的接线是否紧固。

2.3.4 电动机多条件启动控制电路("逻辑与"电路)

2.3.4.1 电动机多条件启动控制电路原理图

电动机多条件启动控制电路原理图如图2-53所示。

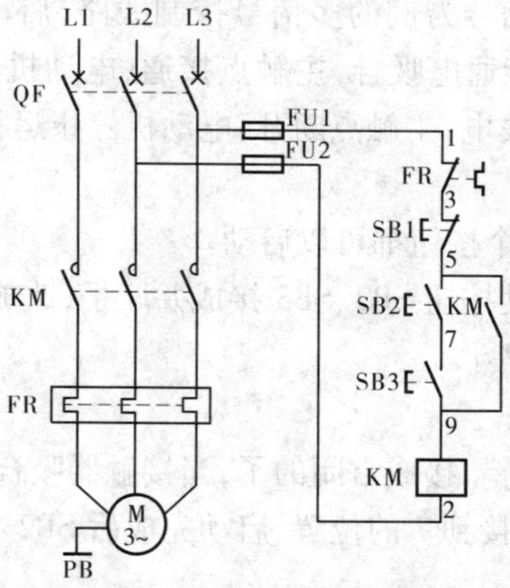

图2-53 电动机多条件启动控制电路原理图

2.3.4.2 电动机多条件启动控制电路接线图

电动机多条件启动控制电路接线图如图2-54所示。

为了保证人员和设备的安全,往往要求两处或多处同时操作才能发出主令信号,设备才能工作。要实现多信号控制,在线路中需要将启动按钮(或其他电气元件的常开触点)串联,如图2-53所示。

多条件启动控制电路只是在启动时各处达到安全要求后设备才能工作,但运行中其

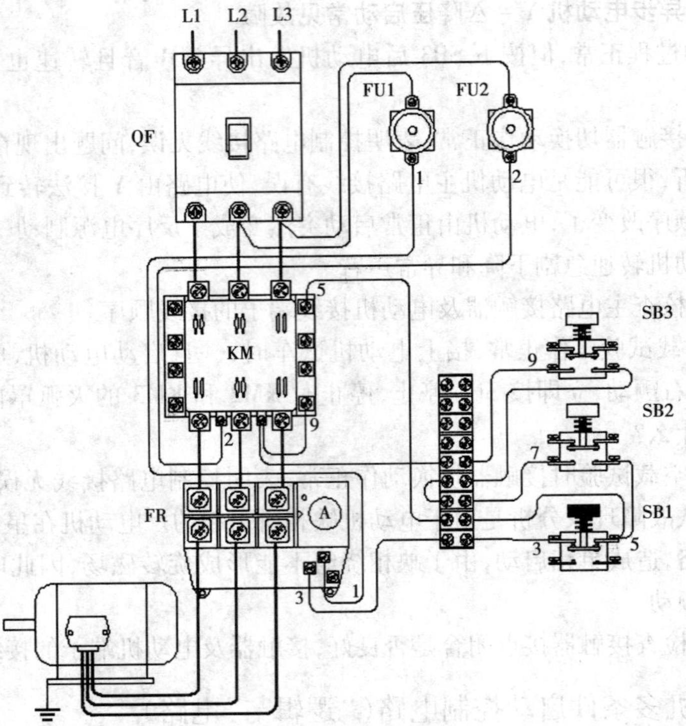

图 2-54　电动机多条件启动控制电路接线示意图

他控制点发生了变化,设备不停止运行,这与多保护控制电路不一样。

工作过程:这是以两个信号为例的多信号控制线路,启动时只有将 SB2、SB3 同时按下,交流接触器 KM 线圈才能通电吸合,主触点接通,电动机开始运行。而电动机需要停止时,可按下 SB1,KM 线圈失电,主触点断开,电动机停止运行。

常见故障:

(1)按 SB2、SB3 任何一个按钮都可以启动。

分析处理:可能是将启动按钮 SB2、SB3 接成并联了,改成串联相接即可排除故障。

(2)可以启动但不能自锁。

分析处理:

①接触器的辅助触点用错,接成常闭的了,当接触器吸合时辅助常闭触点是断开的。

②接触器的自锁线 5 错接到 7 的位置,启动完成后 SB2 接点断开,无自锁电源。

(3)不能停止。

分析处理:接触器的自锁线 5 错接到了 SB1 前的 3 号线位置,SB1 不起作用,电源通过 FR 直接接自锁触点向接触器线圈送电,这是很危险的。电动机不能停止,只有断开电源开关 QF 或熔断器 FU1、FU2 才能使电动机停止。

小　结

低压电器及其基本控制环节是将传统按两单元分别编写的内容合并在一单元介绍,

其目的是使读者更加注重对构成电气线路的基本控制环节的学习和掌握。要提醒读者的是,在这里学习电气元件是为了更好地掌握电气线路。

按用途不同分类,低压控制电器主要起控制作用,包括刀开关、组合开关、按钮、接触器、中间继电器、时间继电器、行程开关等。低压保护电器主要起保护作用,包括熔断器、空气断路器、热继电器等。

利用电气元件的图形符号和文字符号绘制的,用来描述电气设备结构、工作原理和技术要求的图,即为电气图。电气图包括电气原理图、电气安装图、电气互连图等,在实际工作中,它们各有不同的作用,一般不能相互取代。

基本电气控制环节有点动控制、连续控制、正反转控制、顺序控制、多点控制、时间控制和行程控制。连续和点动控制的根本区别在于其控制线路中是否有自锁环节,有即为长动,没有即为点动。根据正、反转控制使用器件不同,有电气互锁和机械互锁的区别,如果在一个控制电路中,既有电气互锁,也有机械互锁,则称为双重互锁,这种控制电路具有很高的可靠性。顺序控制是指多台电动机按事先约定的步骤依次工作。多点控制是指在多个不同的地点可以对同一台电动机进行控制。时间(延时)控制是以时间为参量进行的控制。行程控制是根据运动部件的位置不同而进行的一种控制,常用来作程序控制、自动循环控制、限位及终端保护。

习　题

1. 什么是电气原理图、电气安装图和电气互连图? 它们各起什么作用?

2. 什么是电气图中的图形符号和文字符号? 它们各由什么要素或符号组成?

3. 电动机点动控制与连续控制在电气控制电路上有何不同? 其关键控制环节是什么?

4. 画出既能长期工作又能点动的三相笼型异步电动机的继电器-接触器控制电路。

5. 画出能分别在两地控制同一台电机启停的控制电路。

6. 画出两台电机能同时启动和同时停止,并能分别启动和分别停止的控制电路原理图。

7. 在接触器正反转控制电路中,若正、反向控制的接触器同时通电,会发生什么现象?

8. 试用时间继电器、接触器等设计一个电动机自动循环正、反转控制线路。

9. 在电动机可逆运行的控制电路中,为什么必须采用联锁控制? 有的控制电路已采用了机械联锁,为什么还要采用电气联锁?

10. 画出三相异步电动机正反转控制电路,并阐述从KM1线圈通电换到KM2线圈通电的操作过程。控制要求是:在正转和反转的预定位置能自动停止,并且有短路、过载和失压保护。

11. 画出两台三相笼型异步电动机按时间顺序启停的控制电路。控制要求是:电动机M2在M1运行一定时间后自动投入运行,并同时使M1电动机停转,时间继电器KT线圈断电,电路应具有短路、过载和失压保护功能。

12. 两条皮带运输机分别由两台笼型电动机拖动,用一套启停按钮控制它们的启停,试设计其控制线路。为了避免物体堆积在运输机上，要求电动机按下述顺序启动和停止：启动时，M1 启动后，M2 才随之启动；停止时，M2 停止后，M1 才随之停止。

13. 在工作台能自动往返的行程控制电路中，若要求控制台退回到原位停止，怎么办？

14. 图 2-55 中电动机具有几种工作状态？各按钮、开关、触点的作用是什么？

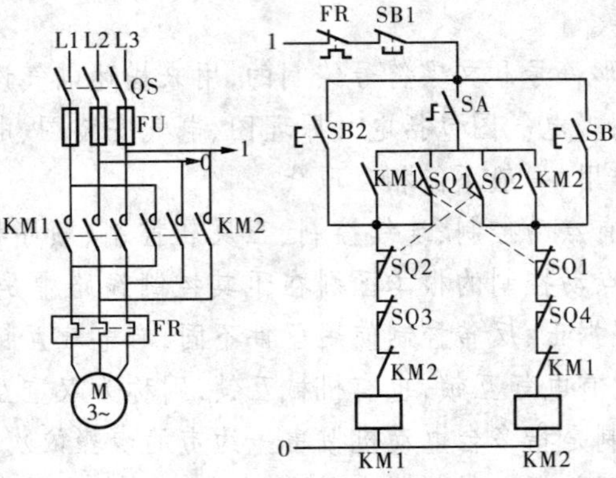

图 2-55

15. 鼠笼型异步电动机降压启动的目的是什么？重载时宜采用降压启动吗？

16. 电动机在什么情况下应采用降压启动？定子绕组为 Y 接法的笼型异步电动机能否采用 Y－△降压启动？为什么？

17. 电动机反接制动控制与电动机正、反转运行控制的主要区别是什么？

18. 电动机能耗制动与反接制动控制各有何优缺点？分别适用于什么场合？

19. 利用断电延时型时间继电器设计三相交流异步电动机的 Y－△启动控制线路。

20. 试说明三个接触器控制的 Y－△降压启动控制线路中电路的功能和触点 KT1、KT2 是什么触点。若电动机的额定电流为 20 A，FU 的熔体额定电流应选用多少？

21. 画出一台电动机启动后经过一段时间，另一台电动机就能自行启动的控制电路。

22. 某一三相笼型异步电动机采用 Y－△降压启动，能耗制动停车，试画出电气控制电路。

23. 某一三相笼型异步电动机要求正、反向运转，定子串电阻降压启动，反接制动停车，试画出电气控制电路。

24. 为两台三相笼型异步电动机设计电气控制电路，其要求如下：

(1) 两台电动机互不影响的独立操作；

(2) 能同时控制两台电动机的启动和停止；

(3) 当任一台电动机发生过载时，两台电动机均停止。

25. 设计一个控制线路，要求第一台电动机启动 10 s 后，第二台电动机自行启动，运行 5 s 后，第一台电动机停止并同时使第三台电动机自行启动，再运行 15 s，电动机全部停止。

26. 某机床主轴和润滑油泵各由一台电动机带动，试设计其控制线路，要求主轴必须在油泵开动后才能开动，主轴能正、反转并可单独停车，有短路、失压及过载保护等。

27. 某机床有两台电动机，要求主电动机 M1 启动后，辅助电动机 M2 延迟 10 s 自行启动,试用时间继电器设计控制线路。

28. 某水泵由一台三相笼型异步电动机拖动,按下列要求设计电气控制电路:

(1)采用Y-△降压启动;

(2)三处控制电动机的启动和停止。

29. 一运料小车由一台笼式电动机拖动,要求:

(1)小车运料到,位自动停车;

(2)延时一定时间后,自动返回;

(3)回到原位,自动停车。

试画出控制电路。

30. 设计一个小车运行的控制线路,小车由三相交流异步电动机拖动,其动作要求如下:

(1)小车由原位开始前进,到终端后自动停止。

(2)在终端停留3 s后自动返回原位停止。

(3)在前进或后退途中任意位置都能停止或启动。

第3单元　常用机床电气控制线路的故障诊断

【学习目标】

1. 了解典型机床的基本结构。
2. 了解典型机床电气控制线路的工作原理。
3. 会识读机床控制系统的安装接线图与原理图。
4. 能独立完成典型机床电气控制线路的故障检查及排除。

【能力目标】

1. 会识读典型机床电气控制线路图。
2. 会识读典型机床电气接线图。
3. 逐步形成正确的机床故障判断和分析的思维方式以及规范的操作程序。
4. 能分析和判断控制系统的常见故障。
5. 掌握机床电气控制线路的故障分析、判断方法，并能利用电工仪表、工具等熟练排除故障。

【安全规范】

1. 穿戴好安全防护用具，严禁穿凉鞋、背心、短裤、裙装进入工作、实训场地。
2. 使用绝缘工具，并认真检查工具绝缘是否良好。
3. 停电作业时，必须先验电待确认无误后方可工作。
4. 带电作业时，必须在教师的监护下进行。
5. 进一步提高电气检修安全意识。

电气控制系统是生产机械设备的重要组成部分，可保证机械设备按生产工艺要求，完成各种运动状态与协调工作，并保证机械设备安全可靠工作及实现操作自动化。在本单元里，我们将应用上一单元所学的电气控制线路基本知识，学会分析常用生产机械电气控制线路的工作原理，提高读图能力，为按照生产设备工艺要求设计电气控制线路打下一定基础。通过介绍其常见故障，学会分析一般生产设备常见电气故障。

在分析常用生产机械的电气控制线路时，应对其机械结构及各部分的运动情况有所了解。由于现代生产机械多采用机械、电气和液压相结合的控制技术，并以电气控制技术作为连接中枢，所以应树立机、电、液相结合的整体概念，注意它们之间协调关系，提高综合分析能力。

3.1 普通车床电气控制线路的故障诊断

车床是一种应用极为广泛的金属切削机床，主要用来车削外圆、端面、内圆和螺纹，还可以进行钻孔、扩孔、铰孔等加工。下面以常用的 CA6140 型卧式车床为例进行分析说明。

3.1.1 主要结构及运动情况

图 3-1 为 CA6140 型卧式车床的外形图，主要由床身、主轴变速箱、挂轮箱、进给箱、溜板箱、刀架、尾座、光杠和丝杠等部分组成。

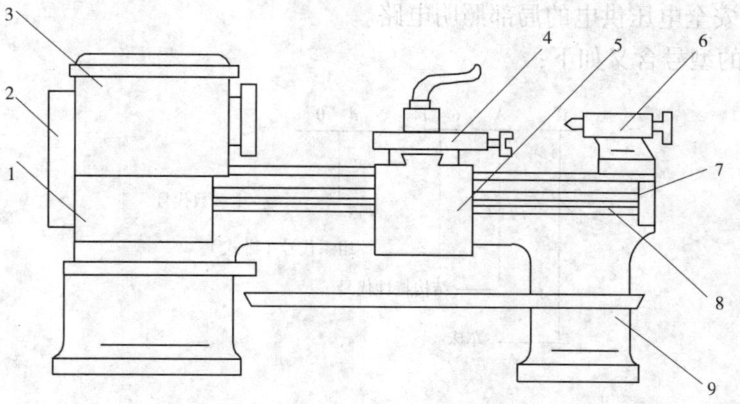

1—主轴箱；2—床鞍；3—中滑板；4—转盘；5—方刀架；
6—小滑板；7—尾座；8—床身；9—右床座

图 3-1 CA6140 型卧式车床外形

车床的主运动为工件的旋转运动，由主轴通过卡盘或顶尖带动工件旋转。由于工件的材料、工件尺寸、车刀、加工方式及冷却条件等不同，要求切削速度也不同，这就要求主轴有相当大的调速范围，卧式车床的调速范围 D 一般大于 70 r/min。为适应加工螺纹的需要，要求主轴能实现正反转运行。

车床的进给运动为刀架的纵向与横向进给运动。纵向与横向进给运动可由主轴变速箱的输出轴经挂轮箱、进给箱、光杠传入溜板箱获得，也可手动实现。加工螺纹时，工件的旋转速度与刀具的进给速度应有严格的比例关系。

车床的辅助运动为溜板箱的快速移动、尾座的移动和工件的夹紧与松开等。

根据车床的加工工艺要求，机电传动与电气控制应满足以下要求：

(1) 为保证主运动与进给运动的严格比例关系，两者采用一台电动机拖动，而且从经济性、可靠性出发，主轴电动机选用笼型异步电动机。

(2) 为了满足调速要求，采用机械变速、主轴电动机与主轴之间用齿轮箱连接。有的车床采用机电联合调速，即采用多速笼型异步电动机与变速箱结合进行调速。对于重型或超重型车床,为实现无级变速,主轴往往采用直流电动机拖动。

(3)为了车削螺纹,主轴要求能正反转。有的车床采用机械方法实现,有的小型车床采用主轴电机正反转来实现。

(4)主轴电动机一般采用直接启动。当电动机容量较大时,常采用 Y—△降压启动。

(5)车削加工时,刀具与工件都可能产生高温,应设一台冷却泵。冷却泵电动机只需单向旋转,但冷却泵电动机应在主轴电动机启动后方可启动,当主轴电动机停止时,冷却泵电动机应自动停止。

(6)为了提高工作效率、减小工人劳动强度,车床刀架快速移动由一台电动机单独拖动。有些小型车床采用手动。

(7)应有必要的保护环节及信号电路。

(8)需有安全电压供电的局部照明电路。

CA6140 的型号含义如下:

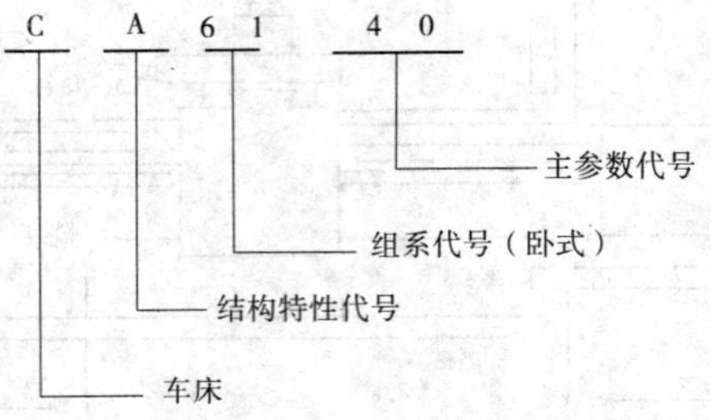

3.1.2 电气控制原理分析

如图 3-2 所示为 CA6140 型卧式车床的控制原理图。控制系统主要由三台交流笼型异步电动机(主轴电动机 M1、冷却泵电动机 M2、刀架快速移动电动机 M3)、漏电保护自动开关 QF、继电器、控制变压器、熔断器、按钮和开关等组成。

3.1.2.1 控制线路特点

(1)控制系统的电源总开关采用带漏电保护的自动开关,在控制系统发生漏电或过载时,能自动脱扣以切断电源,对操作人员、电气设备进行保护。

(2)车床三个电动机容量都比较小,都采用全压启动方式,全部单向旋转,其中一个电动机为点动控制。

(3)冷却泵电动机与主轴电动机联锁控制,在主轴电动机优先启动后,冷却泵电动机才能启动。

(4)设置有挂轮箱门与电气控制箱门关闭情况检测开关,只有当挂轮箱门、电气控制箱门关闭到位后,两个检测开关才使控制电路与主电路通电,电动机启动操作才能有效。

3.1.2.2 控制原理分析

1. 主轴电动机的控制

主轴电动机控制是 CA6140 型卧式车床电气控制线路的最重要部分。在启动主轴电机开动车床时,先用钥匙将带锁旋转式开关 SA2 逆时针转动,此时 SA2 触点断开。如车床电气箱门关闭到位,其上的检测开关 SQ2 也断开,检漏电阻失电,再合上漏电自动开关 QF

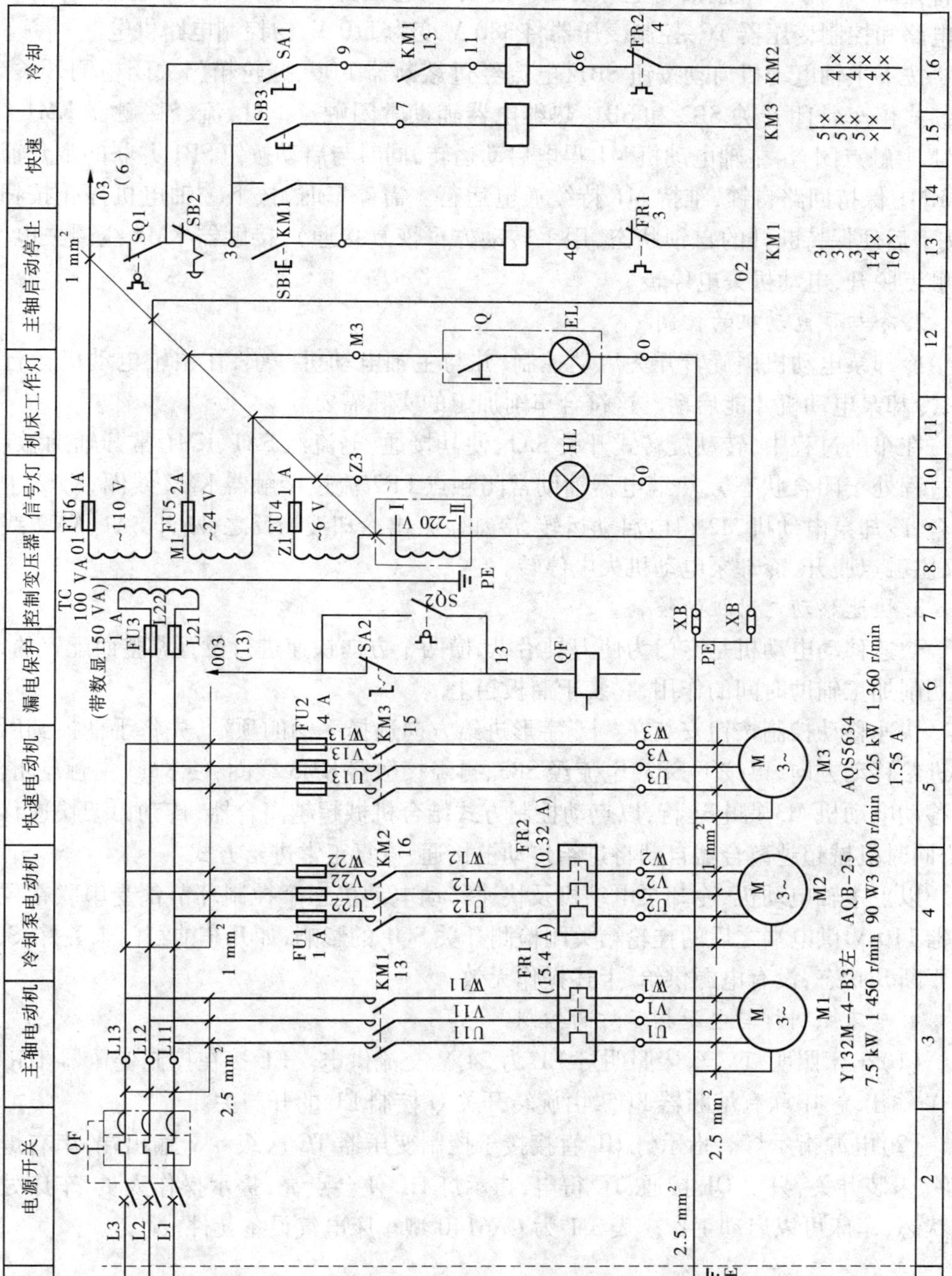

图 3-2 CA6140 型卧式车床电气控制原理图

(QF 有电流时,自动开关将无法合上,如工作时 QF 出现 30 mA 以上的漏电电流,自动开关将在 0.1 s 内自动脱扣,将电源切断。过载时,它也会在很短的时间内脱扣),电源进入主电路和控制变压器 TC,控制变压器将 380 V 变为 110 V,向控制电路供电。

按下主轴电动机启动按钮 SB1,电流经过熔断器 FU6、挂轮箱门关闭检测开关 SQ1、自锁式停车常闭开关 SB2 和 SB1、热继电器辅助常闭触点 FR1,流经接触器 KM1 线圈,KM1 主触点闭合,主轴电动机 M1 得电启动运转,同时与启动按钮 SB1 并联的常开辅助触点 KM1 保持回路自锁,维持 M1 持续通电运行。需停车时,按下主轴电机停止按钮 SB2(按下后便保持断开的自锁状态,用手转动方可恢复接通),接触器 KM1 线圈失电,KM1 主触点脱开,电动机失电停转。

2. 冷却泵电动机的控制

冷却泵电动机用旋转开关启动控制,并与主轴电动机联锁,在主轴电动机运行状态下,冷却泵电动机才能启动。这符合车削加工的实际需要。

在车削过程中,转动旋转式开关 SA1,使其接通,电流经 SA1、KM1 常开辅助触点(车削过程处于闭合状态)、热继电器辅助常闭触点 FR2 流过接触器 KM2 线圈,KM2 主触点闭合,冷却泵电动机 M2 得电启动运转,冷却泵泵出冷却液。反之,断开 SA1,KM2 线圈失电,主触点脱开,冷却泵电动机失电停转。

3. 快速移动电动机的控制

快速移动电动机是专门为使刀具沿纵、横两个方向快速进行位置调整而配置的,有缩短切削加工辅助时间的作用,它装于溜板箱上。

快速移动控制按钮安装在"十"字形进给方向选择手柄的顶端,先将手柄扳到所需快速进给移动方向,再按下 SB3,电流经 SB3,再经接触器 KM3 线圈,使 KM3 主触点闭合,快速移动电动机 M3 得电运行,以点动控制方式结合机械超越离合器,传动刀架快速移动结束,同时机械超越离合器自动将进给传动链接通,恢复正常进给方式。

以上主轴电动机、冷却泵电动机及快速移动电动机三个控制环节都受串联在控制变压器 110 V 供电端之后的挂轮箱关闭检测开关 SQ1 的影响,如开车前箱门未关好,SQ1 将处于断开状态,没有电源供给,上述操作无效。

4. 车床照明灯与电源指示灯的控制

(1)车床照明灯。车床照明灯 EL 为 24 V 交流供电。EL 接在控制变压器 TC1 次级 24 V 输出端,串联有熔断器 FU5,由旋转开关 Q 控制 EL 的开与关。

(2)电源指示灯。指示灯 HL 直接接于控制变压器 TC 次级 6 V 输出端,串有熔断器 FU4,未装开关,只要 QF 接通、TC 得电,指示灯 HL 便会点亮,提示操作人员,车床处于通电状态,车床可以启动工作。表 3-1 为 CA6140 型车床电气设备元件。

3.1.3 常见故障分析

3.1.3.1 漏电自动开关合不上

(1)未用钥匙将带锁开关 SA3 断开。

(2)气箱门未关好,开关 SQ2 未压上。

表3-1 CA6140型车床电气设备元件

符号	名称及用途	符号	名称及用途
SB1	启动按钮	HL	电源指示灯
SB2	停止按钮	EL	车床照明灯
SB3	快速按钮	QF	漏电自动开关
SA1	冷却泵开关	TC	控制照明变压器
SA2	漏电保护开关	FU1	冷却泵电动机熔断器
Q	照明灯EL控制开关	FU2	快速移动电动机熔断器
SQ1	挂轮箱安全开关	FU3	变压器一次熔断器
SQ2	电气箱安全开关	FU4	指示灯熔断器
KM1	主轴电动机接触器	FU5	照明灯熔断器
KM2	冷却泵电动机接触器	FU6	控制回路熔断器
KM3	快速移动电动机接触器	M1	主轴电动机
FR1	主轴电动机热继电器	M2	冷却泵电动机
FR2	冷却泵电动机热继电器	M3	快速移动电动机
R	检漏电阻		

3.1.3.2 三台电动机均不能启动

(1)挂轮箱未关好,使开关SQ1压不上,SQ1触点不能闭合。

(2)控制电路熔断器FU6接触不良或熔断。

(3)指示灯HL不亮,动力配电箱熔断器FU3接触不良或熔断。

(4)电源无电压。

3.1.3.3 主轴电动机不能启动

(1)热继电器已动作过,其常闭触点未复位。这时应检查热继电器FR1动作原因,可能是:长期过载,或热继电器规格选配不当或热继电器整定电流值太小。消除故障产生的因素后,再按热继电器复位按钮使热继电器触点复位。

(2)接触器KM1不吸合,可能是启动按钮内的触点接触不良,使SB1不能接通,或接触器KM1线圈损坏或引出线断线。

(3)电动机M1损坏。

3.1.3.4 按下主轴电动机启动按钮SB1,电动机发出"嗡嗡"声,不能启动

这是由电动机缺一相造成的,可能原因是:动力配电箱熔断器一相熔断,或接触器KM1有一对常开触点接触不良,或电动机三根引出线有一根断线,或电动机绕组有一相绕组损坏。

发现这一故障时应立即断开电源,否则会烧坏电动机,待排除故障后再重新启动,直到正常工作。

3.1.3.5 主轴电动机启动后,松开启动按钮,电动机停止转动

原因是无自锁,接触器KM1自锁用的常开辅助触点接触不良或接线松开。

3.1.3.6 **按下停止按钮,主轴电动机不停转**

(1)接触器主触点熔焊或被杂物卡住,也可能有剩磁,使衔铁不能复位,主触点也就无法复位。

(2)停止按钮常闭触点被卡住,不能断开。

(3)停止按钮绝缘被击穿。

3.1.3.7 **冷却泵电动机不能启动**

(1)主轴电动机未启动,应先启动主轴电动机。

(2)旋转开关SA2触点不能闭合。

(3)熔断器FU1熔体熔断。

(4)热继电器FR2动作,未复位。

(5)接触器KM2线圈损坏。

(6)冷却泵电动机已损坏。

3.1.3.8 **快速移动电动机不能启动**

(1)停止按钮SB2触点不能闭合。

(2)点动按钮SB3不能闭合。

(3)接触器KM3线圈断线或损坏。

(4)熔断器FU2熔体熔断。

(5)电动机M3损坏。

3.1.3.9 **照明灯不亮**

(1)灯泡EL损坏。

(2)照明开关损坏。

(3)熔断器FU5熔体熔断。

(4)变压器原、副绕组烧毁。

3.1.3.10 **指示灯不亮**

(1)灯泡HL损坏。

(2)灯泡底座接线断开。

(3)熔断器FU4熔体熔断。

【技能训练】

CA6140型车床电气控制线路的调试与检修

【任务目标】

(1)熟练识读CA6140型车床电气控制原理接线图。

(2)掌握机械电气设备维修的一般方法。

(3)逐步形成正确的机床故障判断和分析的思维方式以及规范的操作程序。

(4)掌握CA6140型车床电气控制线路的故障分析、判断方法,并能利用电工仪表、工具等熟练排除故障。

【实践操作】

1. 所需的工具、设备及技术资料

(1)常用电工工具、万用表。

(2)CA6140 型车床或模拟台。

(3)CA6140 型车床电气原理图和接线图。

2. 机床电气调试

1)安全措施

调试过程中,应做好保护措施,如有异常情况应立即切断电源开关 QF。

2)调试步骤

(1)接通电源,合上开关 QF。

(2)按下按钮 SB2,主轴电动机 M1 通电连续运行,观察电动机运行方向是否与要求相符,如果不符合,对调电动机 M1 的相序。

(3)合上按钮 SB1,冷却泵电动机 M2 通电连续运行,并观察运转方向。

(4)按下按钮 SB3,刀架快速移动电动机 M3 点动运行。

在实物机床上调试时,注意将主轴操作手柄、进给手柄置于中间位置,使电动机在空载下运行,最好在操作人员的协助下进行。

3. 电气控制线路检修的一般步骤

1)故障调查

通过问、看、听、摸等方法来了解故障发生后出线的异常,以便判断故障的部位,准确、迅速地排除故障。

(1)问:询问操作人员故障前后,设备运行的情况以及症状。

(2)看:看故障发生后电气元件外观是否有明显的灼伤痕迹、保护电器是否脱扣动作、接线是否脱落、触点是否熔焊等。

(3)听:在线路还能运行、不损坏设备、不扩大故障范围的情况下,可通过通电试车的方法来听电动机、接触器和继电器的声音是否正常。

(4)摸:在切断电源的情况下尽快触摸电动机、变压器、电磁线圈、熔断器是否过热。

2)故障分析

分析电路时,通常先从主电路入手,了解生产机械各运动部件和机构采用了几台电动机拖动,与每台电动机相关的电气元件有哪些,采用了何种控制,然后根据电动机主电路所用电气元件的文字符号、图区号及控制要求找到相应的控制电路。在此基础上,结合故障现象和线路工作原理进行认真分析排查,即可迅速判定故障发生的可能范围。

3)用试验法进一步缩小故障范围

在不扩大故障范围、不损伤电气元件和机械设备的前提下进行直接通电试验,或除去负载(从控制箱接线端子板上卸下)通电试验,以分清故障是在电气部分还是在机械等其他部分、是在电动机上还是在控制设备上、是在主电路上还是在控制电路上。

具体做法是:操作某一只按钮或开关时,线路中有关的接触器、继电器将按规定的动作顺序进行工作。若依次动作至某一电气元件时发现动作不符合要求,即说明该电气元件或其相关电路有问题。再在此电路中进行逐项分析和检查,一般便可发现故障。待控制电路的故障排除后,再接通主电路,检查控制电路对主电路的控制效果,观察主电路的工作情况有无异常等。

通电试验时,一定要注意下述情况:必须注意人身和设备的安全。要遵守安全操作规程,不得随意触动带电部分,要尽可能切断电动机主电路电源,只在控制电路带电的情况下进行检查。如需电动机运转,则应使电动机在空载下运行,以避免机械的运动部分发生误动作和碰撞。要暂时隔断有故障的主电路,以免故障扩大,并预先充分估计到局部线路动作后可能发生的不良后果。

4)故障检测

利用测试工具和仪表对电路带电或断电时的有关参数进行测量,以判断故障点。

5)故障修复

修复故障,并作好记录。

【巩固训练】

1. 任务要求

(1)熟悉车床的结构和运动形式,并在教师的指导下进行实际操作。

(2)熟悉车床电气元件安装位置以及走线情况,并能读懂接线图。根据接线图能迅速找到相应电气元件的位置。

(3)根据故障现象,按照电气原理图分析可能出现的故障原因,在电气控制线路图上分析故障范围。

(4)正确使用仪表判断故障点,并修复故障。

(5)通电试运行。

(6)作好维修记录。

2. 故障现象

(1)主轴电动机 M1 不能停车。

(2)主轴电动机 M1 在运行中突然停车。

(3)刀架快速运动电动机 M3 不能启动。

(4)冷却泵电动机 M2 不能启动。

3. 注意事项

(1)故障设置时,应模拟成实际使用中造成的自然故障现象。

(2)故障设置时,不得更改线路或更换电气元件。

(3)指导教师必须在实训现场密切注意学生的检修,随时做好应急措施。

4. 评分

评分细则见表 3-2。

表3-2　“CA6140型车床电气控制线路的调试与检修”技能自我评分表

项目	技术要求	配分	评分细则	评分记录
设备调试	调试步骤正确	10	调试步骤不正确,每步扣1分	
	调试全面	10	调试不全面,每项扣3分	
	故障现象明确	10	不明确故障现象,每处扣2分	
故障分析	在电气控制线路图上分析故障可能的原因,思路正确	30	错标或标不出故障范围,每个故障点扣5分; 不能标出最小的故障范围,每个故障点扣2分	
故障排除	正确使用工具和仪表,找出故障点并排除故障	40	实际排除故障中思路不清楚,每个故障点扣2分; 每少查出一次故障点扣2.5分; 每少排除一次故障点扣2.5分; 排除故障方法不正确,每处扣1分	
其他	操作有误,此项从总分中扣分		排除故障时,产生新的故障后不能自行修复,每个扣4分; 已经修复,每个扣2分; 损坏电动机,扣10分	
额定工时120 min	超时,此项从总分中扣分		每超过5 min,从总分中倒扣2分,但不超过10分	
安全、文明生产	满足安全、文明生产要求		违反安全、文明生产要求,从总分中倒扣5分	

3.2　平面磨床电气控制线路的故障诊断

磨床是以砂轮周边或端面对工件进行磨削加工的精密机床,它不但能加工一般金属材料,而且能加工一般金属刀具难以加工的硬材料(如淬火钢、硬质合金等)。利用磨削加工可以获得较高加工精度和光洁度,所以磨床广泛地应用于零件精加工。由于精密铸造与精密锻造工艺的进步,零件不经其他切削加工而直接磨削成成品。随着高速磨削和强力磨削工艺的发展,磨削效率进一步提高了,因此磨床的使用范围日益扩大,在金属切削机床领域所占的比重不断上升,在工业发达国家占金属切削机床的13%～27%。

为了适应磨削各种加工表面、工件形状和生产批量的要求,磨床的种类很多,如平面磨床、外圆磨床、内圆磨床、无心磨床及一些专用磨床。这里以M7130型平面磨床为例,介绍使用较广的平面磨床的电气控制。

3.2.1　主要结构及运动情况

图3-3所示为M7130型平面磨床结构示意图,主要由床身、工作台、电磁吸盘、砂轮箱

（又称磨头）、滑座、立柱等部分组成。

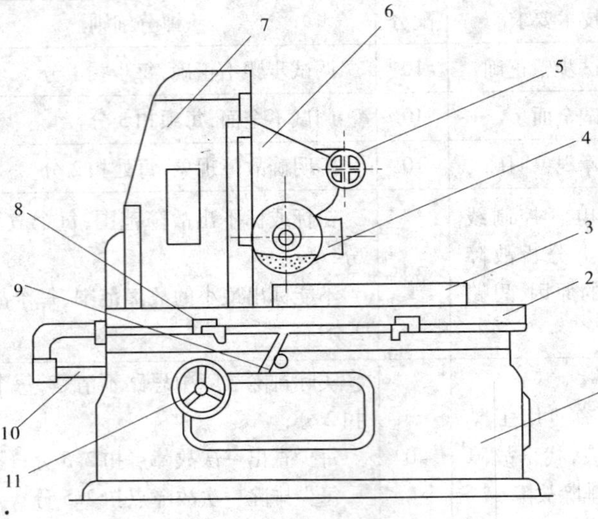

1—床身；2—工作台；3—电磁吸盘；4—砂轮箱；5—砂轮箱横向移动手轮；6—滑座；
7—立柱；8—工作台换向撞块；9—工作台往复运动换向手柄；10—活塞杆；11—砂轮箱垂直进刀手轮

图3-3　平面磨床外形图

卧轴矩台平面磨床采用砂轮周边磨削，磨削时砂轮和工件接触面较小，发热量少，冷却和排屑条件好，可获得较高的加工精度和较小的表面粗糙度值，且工艺范围广泛，除用砂轮周边磨削水平面外，还可用砂轮端面磨削垂直平面，适用于多品种的机械加工车间、修理车间和工具车间等。

平面磨床的主要运动是砂轮的旋转运动，磨削时砂轮外圆线速度在30～50 m/s。工作台在床身的水平导轨上作往复（纵向）直线运动，为了运动时换向平稳及容易调整运动速度，采用液压传动。换向是靠工作台上的撞块碰撞床身上的液压换向开关实现的。

砂轮箱的上部装有燕尾形导轨，可沿在滑座上的水平导轨作横向（向前或向后）移动，在磨削中，工作台换向时横向进给一次。在修正砂轮或调整砂轮的前后位置时，可连续横向运动。这一进给运动可由液压传动装置控制，也可用手轮操作。

滑座可沿立柱的导轨作垂直上下运动，以调整砂轮的上下位置，或使砂轮磨削工件，以控制磨平面时的工件尺寸。这一垂直进给运动可通过操作手柄由机械传动装置来实现。

为减小工件在磨削加工中的热变形，并冲走磨削铁屑，以保证加工精度，需使用冷却液。磨床上设有冷却泵电动机拖动冷却泵旋转，以提供冷却液。

根据工件尺寸的大小和结构形状，可以用螺钉和压板直接将工件固定在工作台上（大工件），也可在工作台上装电磁吸盘，将工件放在电磁吸盘上吸住（小工件），当加工完毕时将吸盘开关先扳到“退磁”位置，进行退磁，然后扳到“工件放松”位置，即可取下工件。

MT130 的型号含义如下：

M	T	1	30
磨床	平面	卧轴矩台式	工作台工作面宽度为300 mm

根据磨床的运动特点及工艺要求，对机电传动与电气控制要求如下：

(1)由于砂轮的旋转运动一般不要求调速，由一台三相笼型异步电动机拖动即可；砂轮电动机、液压泵电动机和冷却泵电动机都只要求单方向旋转。

(2)冷却泵电动机应在砂轮电动机启动后再运行。

(3)应有必要的保护环节，如短路保护、电动机过载保护、零压保护、电磁吸盘欠压保护。

(4)电磁吸盘应有去磁控制。

(5)应有照明灯和信号显示。

3.2.2　电气控制原理分析

图3-4为M7130型平面磨床电气控制原理图，由主电路、控制电路、电磁吸盘控制电路等部分组成。

3.2.2.1　主电路分析

主电路中有3台电动机，即砂轮电动机M1、冷却泵电动机M2和液压泵电动机M3。电源由总开关QS引入，为机床开动做准备。3台电动机共用熔断器FU1作短路保护，M1、M2、M3分别由热继电器FR1、FR2作长期过载保护。

由于冷却泵箱和床身是分开安装的，所以冷却泵电动机M2采用插头插座X1与电源接通。当需要冷却液时，可将插头插入插座。电动机M2也由接触器KM1控制。由于冷却泵电动机的容量较小，没有单独设置过载保护。液压泵电动机M3由接触器KM2控制。

3.2.2.2　控制电路分析

控制电路采用了380 V电压供电，由熔断器FU2作短路保护。控制电路只有在触点(6—8)接通时才能工作。

由控制按钮SB1、SB2与接触器KM1构成砂轮电动机单方向旋转启动—停止控制电路；由SB3、SB4与KM2构成液压泵电动机单方向旋转启动—停止控制电路。

3.2.2.3　电磁吸盘控制电路分析

电磁吸盘用来吸住工件以便进行磨削。它比机械夹紧有着夹紧迅速、操作快速简便，不损伤工件，一次能吸好多个小工件，磨削中工件发热可自由伸缩，不会变形等优点。不足之处是对非导磁性材料产生作用，如对铅和铜的工件无吸力。因电磁吸盘线圈须直流电源供电，而不能采用交流电，所以电路中设置一整流器VC。这是因为通交流电会使工件振动和铁芯发热。

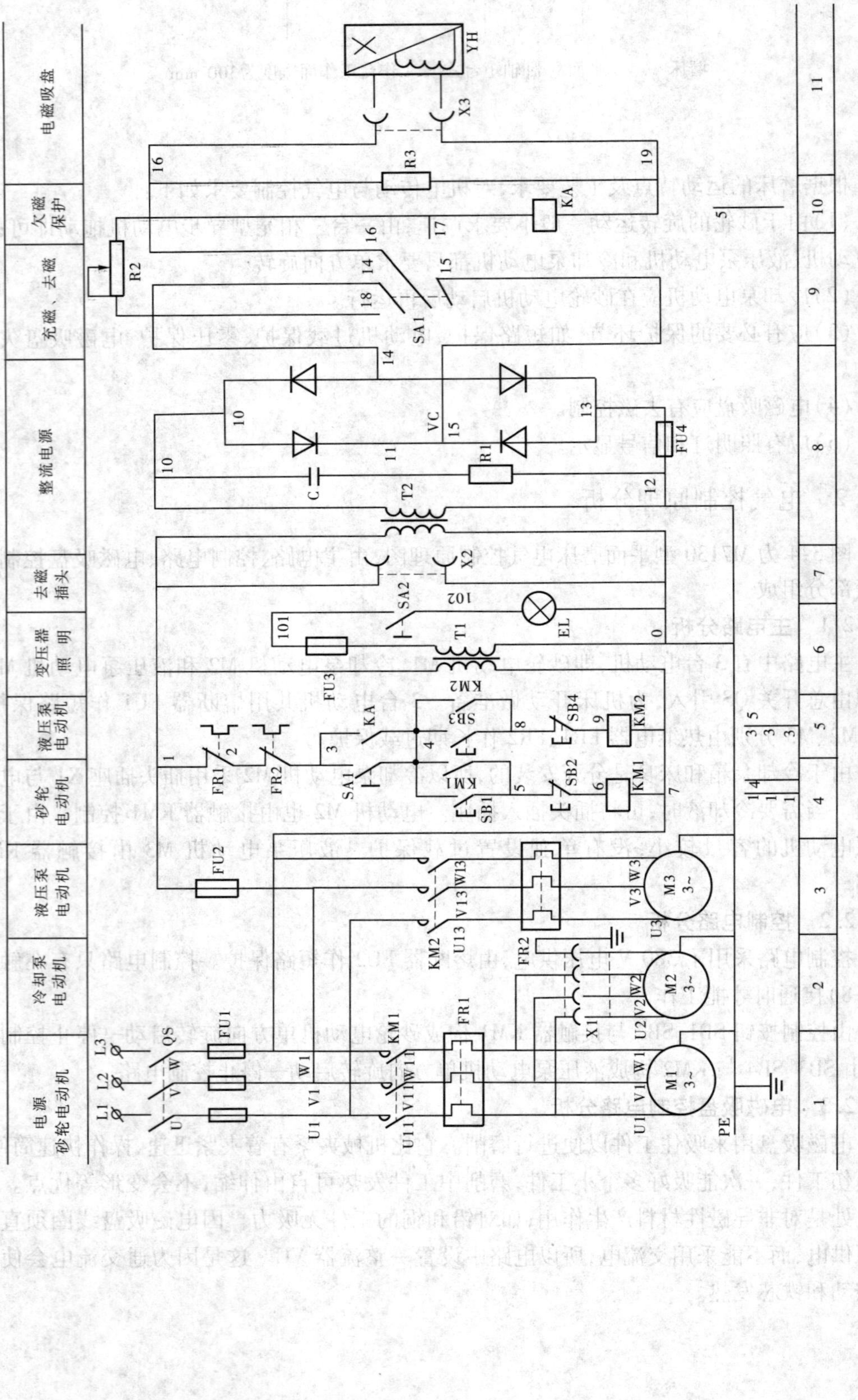

图3-4 M7130型平面磨床电气控制原理图

电磁吸盘的结构如图3-5所示。整个吸盘体是钢制的箱体,内部凸起的芯体上绕有线圈。钢制的盖板由非导磁材料组成。当线圈通电时,钢条被磁化而形成N、S磁极;当工件放在电磁吸盘上时,磁力线便形成闭合磁路(如图3-5中的虚线所示)而将工件牢牢吸住。

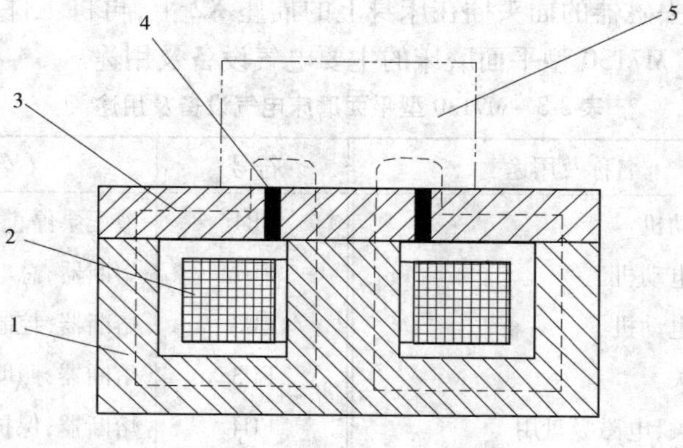

1—钢制吸盘体;2—线圈;3—钢制盖板;4—隔磁层;5—工件

图3-5　电磁吸盘结构及工作原理示意图

电磁吸盘电路包括降压整流电路、换向开关及欠电流保护电路。变压器T1将220 V的交流电压降为127 V。然后,经桥式整流装置VC转变为110 V的直流电压。电阻R1和电容C组成过电压吸收电路,防止交流电网的瞬时过电压或直流电路的通断在变压器T1副边产生高电压对桥式整流二极管的危害。这是由于电容两端电压不能突变,所以电容C的充电能吸收高电压;加电阻R1的目的是防止电容C与变压器副边的电感产生振荡。转换开关SA1有"吸合""放松"和"退磁"3个挡位。当SA1扳到"吸合"位置时,电磁吸盘YH就加有110 V的直流电压,将工件牢牢吸住,并且欠电流继电器吸合。待加工完毕,把SA1扳到"放松"位置,使电磁吸盘的线圈断电。但由于剩磁关系,一方面取下工件较困难,另一方面工艺上不允许工件有剩磁,因此需再将SA1扳到"退磁"位置,这时触点(301—305)和(302—303)闭合,电磁吸盘中将通过反方向的较小电流进行去磁(因电路串入了电阻R2)。去磁结束,将SA1扳回到"放松"位置,即可取下工件。

将换向开关SA1扳到"吸合"位置,这时,转换开关SA1和触点(6—8)便断开,而由KA的触点(6—8)保持KM1和KM2线圈通电。若电磁吸盘的线圈断电或电流太小吸不住工件,则欠电流继电器KA释放,其常开触点(6—8)断开,各电动机因控制电路断电而停止。否则,工件会因吸不牢被高速旋转的砂轮碰击而飞出,可能造成事故。

如果不需要电磁吸盘将工件夹在工作台上,则应将插头插座X3上的插头拔掉,同时将换向开关SA1扳到"退磁"位置,这时将SA1在控制电路中的触点(6—8)接通,各电动机就可以正常启动而工作。

与电磁吸盘励磁线圈并联的电阻R3为放电电阻。因为电磁吸盘是一个大电感元件,在电磁吸盘从"吸合"位置转换到"放松"位置的瞬间,线圈会产生很大自感电势,易将线圈的绝缘损坏,也会在开关SA1处产生电弧,使开关的触点损坏。电阻R3的作用是在电磁吸盘断电瞬间提供通路,吸收线圈释放的磁场能量,使能量转换为热量并很快消失。

3.2.2.4　照明电路分析

照明变压器 T2 将 380 V 的交流电压降为 36 V 的安全电压供照明使用。EL 为照明灯,一端接地,由开关 SA2 控制。熔断器 FU3 为照明电路短路保护。

若工件的去磁要求较高,当取下工件后,再在附加的交流去磁器(又名退磁器)上进一步去磁。这时,将去磁器的插头插在床身上的插座 X2 上,再将工件放到去磁器上进行去磁。表 3-3 列出了 M7130 型平面磨床的主要电气设备及用途。

表 3-3　M7130 型平面磨床电气设备及用途

符号	名称及用途	符号	名称及用途
M1	砂轮电动机	SB4	液压泵停止按钮
M2	冷却泵电动机	FU1	熔断器,总电源保护
M3	液压泵电动机	FU2	熔断器,控制电路保护
QS	电源开关	FU3	熔断器,照明电路保护
SA1	转换开关,电磁吸盘用	FU4	熔断器,保护电磁吸盘电路
SA2	照明灯开关	KM1	接触器,砂轮电动机用
FR1	热继电器,保护砂轮电动机	KM2	接触器,液压泵电动机用
FR2	热继电器,保护液压泵电动机	X1	冷却泵用插头插座
VC	硅整流器	X3	电磁吸盘用插头插座
YH	电磁吸盘	X2	退磁器插座
T1	整流变压器	R1	保护用电阻
T2	照明变压器	R2	降压用可调电阻
KA	欠电流继电器	R3	放电用电阻
SB1	砂轮启动按钮	C	保护用电容
SB2	砂轮停止按钮	EL	照明灯
SB3	液压泵启动按钮	附件	退磁器

3.2.3　常见故障分析

3.2.3.1　磨床中各电动机都不能启动

(1)欠电流继电器 KA 上的触点(6—8)接触不良,接线松动脱落或有油垢,因此电动机的控制电路不通,不能启动。将换向开关 SA1 扳到“吸合”位置,检查欠电流继电器 KA 的常开触点(6—8)是否接通,不通则修理或更换触点,就可排除故障。

(2)转换开关 SA1 的触点(6—8)接触不良,接线松动脱落或有油垢,因此控制电路断开,各电动机无法启动。将转换开关 SA1 扳到“退磁”位置,拔掉电磁吸盘插头,检查 SA1 的触点(6—8)是否接通,不通则修理或更换转换开关。

3.2.3.2　砂轮电动机的热继电器 FR1 脱扣

(1)砂轮电动机前轴瓦磨损,电动机发生堵转而电流增大很多,使得热继电器脱扣,应修理或更换轴瓦。

(2)砂轮进刀量太大,使电动机堵转,电流很大,使得热继电器脱扣,所以砂轮进刀量的选择要合适。

(3)更换后的热继电器 FR1 规格不对或未调整好,应根据砂轮电动机的额定电流选择和调整的热继电器。

3.2.3.3 冷却泵电动机不能启动

(1)冷却泵电动机的插座已损坏,应修复插座。

(2)冷却泵电动机已经损坏,应更换。

3.2.3.4 液压泵电动机不能启动

(1)按钮 SB3 或 SB4 的触点接触不良,应修复触点。

(2)接触器 KM2 的线圈已烧坏,应更换线圈。

(3)液压泵电动机已烧坏,应修复或更换。

3.2.3.5 电磁吸盘无吸力

(1)熔断器 FU1、FU2 或 FU4 熔丝烧断,应更换熔丝。

(2)插头插座 X3 接触不良,应进行修理。

(3)桥式整流装置两个相邻的二极管都烧成短路(短路的特征是短路管子和整流变压器的温度都较高,输出电压为零),应更换整流二极管。

(4)桥式整流装置两个相邻的二极管都烧成断路,这时输出电压为零,应更换整流二极管。

(5)电磁吸盘线圈断开,应进行修理。

3.2.3.6 电磁吸盘吸力不足

(1)电磁吸盘的线圈局部短路。这是由于电磁吸盘没有密封好,冷却液流入,引起绝缘损坏。这时表现为空载时整流电压较高而接入电磁吸盘时电压下降又很多(低于 110 V),应更换电磁吸盘线圈。

(2)桥式整流装置元件损坏。如果一个二极管断路,则整流输出电压为常值的一半,断路二极管和相对臂的二极管温度比其他两臂的二极管低。如果两个相邻的二极管都断路,则输出电压为零。出现这一故障时应更换整流二极管。

3.2.3.7 经电磁吸盘退磁后工件仍取下困难

(1)退磁电路开路,结果没有退磁。应检查换向开关 SA1 接触是否良好、电阻 R2 有没有损坏。

(2)若退磁电压过高,就调整电阻 R2,使退磁电压为 5 ~ 10 V。

(3)退磁时间太长或太短。不同材料工件,所需退磁时间不同,应掌握好退磁时间。

【技能训练】

M7130 型平面磨床电气控制线路的调试与检修

【任务目标】

(1)认识 M7130 型平面磨床的基本结构组成。

(2)熟练识读 M7130 型平面磨床电气控制原理接线图。

(3)形成正确的机床故障判断和分析的思维方式以及规范的操作程序。

(4)掌握 M7130 型平面磨床电气调试方法。

(5)分析、判断并排除 M7130 型平面磨床的电气故障。

【实践操作】

1. 所需的工具、设备和技术资料

(1)常用电工工具、万用表。

(2)M7130 型平面磨床或模拟台。

(3)M7130 型平面磨床电气原理图和接线图。

2. 机床电气调试

1)安全措施

调试过程中,应做好保护措施,如有异常情况则应立即切断电源。

2)调试步骤

(1)接通电源,合上开关 QS。

(2)将转换开关 SA1 扳至“退磁”位置。

(3)按下启动按钮 SB1,使砂轮电动机 M1 旋转一下,立即按下停止按钮 SB2,观察砂轮旋转方向与要求是否相符。

(4)按下启动按钮 SB3,使液压泵电动机运行,并观察运行情况。

(5)根据电动机功率设定过载保护值。

(6)根据要求调整欠电流继电器 KA,使欠电流继电器 KA 在 1.5 A 时吸合。

欠电流继电器的调整方法如下:

①断开电源开关 QS。

②将欠电流继电器 KA 线圈一端断开,将万用表串联接入电路中(注意极性)。

③将万用表的挡位旋至直流电流挡位(大电流挡 5 A)。

④接入电磁吸盘。

⑤合上电源开关 QS,并将转换开关 SA1 扳至“吸合”位置。

⑥观察电流值在 1.5 A 时欠电流继电器 KA 是否吸合,如果不吸合则调整欠电流继电器 KA 的调整螺母,直到吸合。调整时,应缓慢进行,不要力度过大,以免损坏元件,同时注意安全,防止触电事件发生。

⑦调试过程中,如有异常情况,立即断开电源开关 QS,排除故障或险情。

3. 电气控制线路的故障案例分析

1)电动机都不能启动

电动机都不能启动,原因不可能是启动按钮或停止按钮同时损坏。首先,用万用表的交流 500 V 电压挡位检查 $0^{\#}$与 $1^{\#}$之间是否有 380 V 控制电压,如果没有,则检查熔断器 FU1、FU2。

2)电磁吸盘无吸力

首先检查电源电压是否正常,再检查熔断器 FU1、FU2、FU3 是否熔断。

整流器中的整流元件为由四个二极管构成的桥式整流电路。二极管的好坏判别方法如下：

(1)断开设备电源，将整流器拆下。

(2)断开四个二极管的桥接线。

(3)将万用表挡位置于 R×100 或 R×1 k。

(4)将万用表的表笔搭接在二极管的管脚上，观察并记录测量值。注意，手不要触及表笔的金属部分或二极管的管脚。

(5)对调万用表的表笔，再测量二极管，观察并记录测量值。

(6)如果两次测量的值都很大或趋向于无穷大，说明该二极管断路；如果两次测量的值都很小或趋向于零，说明该二极管短路，需要更换。

通常小功率锗二极管的正向电阻值为 300～500 Ω，硅管为 1 kΩ 或更大些。锗管反向电阻为几十千欧，硅管反向电阻在 500 kΩ 以上（大功率二极管的数值要大得多）。正、反向电阻差值越大越好。

【巩固训练】

1. 任务要求

(1)在教师的监护下，学生根据电气原理图的控制要求完成 M7130 型平面磨床的调试。

(2)现场观察、熟悉 M7130 型平面磨床的结构和运动形式，并在教师或操作人员的指导下进行实际操作。

(3)熟悉 M7130 型平面磨床电气元件安装位置以及布线情况，并能读懂接线图。根据接线图能迅速找到相应电气元件的位置。

(4)根据故障现象，按照电气原理图分析可能出现的故障原因，在电气控制线路图上分析故障范围。

(5)正确使用仪表判断故障点，并修复故障。

(6)通电试运行。

(7)做好维修记录。

2. 故障现象

(1)电磁吸盘吸力不足。

(2)电磁吸盘退磁不好。

(3)砂轮电动机 M1 不能启动。

3. 注意事项

(1)故障设置时，应模拟成实际使用中造成的自然故障现象。

(2)故障设置时，不得更改线路或更换电气元件。

(3)指导教师必须在现场密切注意学生的检修，随时做好应急措施。

4. 评分

评分细则见表 3-4。

表3-4 "M7130型平面磨床电气控制线路的调试与检修"技能自我评分表

项目	技术要求	配分	评分细则	评分记录
设备调试	调试步骤正确	10	调试步骤不正确,每步扣1分	
	调试全面	10	调试不全面,每项扣3分	
	故障现象明确	10	不明确故障现象,每处扣2分	
故障分析	在电气控制线路图上分析故障可能的原因,思路正确	30	错标或标不出故障范围,每个故障点扣6分; 不能标出最小的故障范围,每个故障点扣3分	
故障排除	正确使用工具和仪表,找出故障点并排除故障	40	实际排除故障中思路不清楚,每个故障点扣3分; 每少查出一次故障点扣3分; 每少排除一次故障点扣3分; 排除故障方法不正确,每处扣1分	
其他	操作有误,此项从总分中扣分		排除故障时,产生新的故障后不能自行修复,每个扣5分; 已经修复,每个扣3分;损坏电动机,扣10分	
额定工时120 min	超时,此项从总分中扣分		每超过5 min,从总分中倒扣2分,但不超过10分	
安全、文明生产	满足安全、文明生产要求		违反安全、文明生产要求,从总分中倒扣5分	

3.3 摇臂钻床电气控制线路的故障诊断

钻床是一种孔加工机床,用来进行钻孔、扩孔攻丝及修刮端面等多种形式的加工。它的形式很多,有立式钻床、台式钻床、摇臂钻床和专用钻床等。立式钻床和台式钻床的电气控制线路都比较简单,本书不作介绍。在钻床中,摇臂钻床操作方便、灵活,适用范围广,具有典型性,特别适用于单件或批量生产中带有多孔的大型零件加工,是一般机械加工工厂常见的机床。Z35型摇臂钻床和Z3040型摇臂钻床是常用型号钻床,本节主要对Z3040型摇臂钻床进行分析。

3.3.1 主要结构及运动情况

3.3.1.1 主要结构及运动情况

摇臂钻床的主要构造如图3-6所示,主要由底座、内立柱、外立柱、摇臂、主轴箱及工作台等部分组成。在底座上固定有内立柱,内立柱的外面套有空心的外立柱。摇臂的一端为套筒,它套装在外立柱上,并借助于丝杠的正反转可沿外立柱上下移动。摇臂可以连同外立柱绕内立柱自由回转。摇臂与外立柱之间不能作相对转动。主轴箱安装在摇臂水平导轨上,可以在摇臂上沿导轨作水平移动。当进行加工时,由特殊的夹紧装置将主轴箱紧固在摇臂导轨上,外立柱紧固在内立柱上,摇臂紧固在外立柱上,然后进行钻削加工。由于这些运动可以方便地调整钻头相对工件的位置,以对准加工工件所需的加工孔的中心,因此一些大而重的多孔工件可以方便地在摇臂钻床上加工而无需移动工件。工件不是很大时,可以压紧在工作台上加工。如果工件较大,可以直接放在底座上加工,根据工件高度的不同,摇臂借助于丝杠可带动主轴箱沿外立柱上下升降。摇臂在升降之前,应能自动将摇臂松开,再进行升降,当达到升降位置时,摇臂自动夹紧在立柱上。

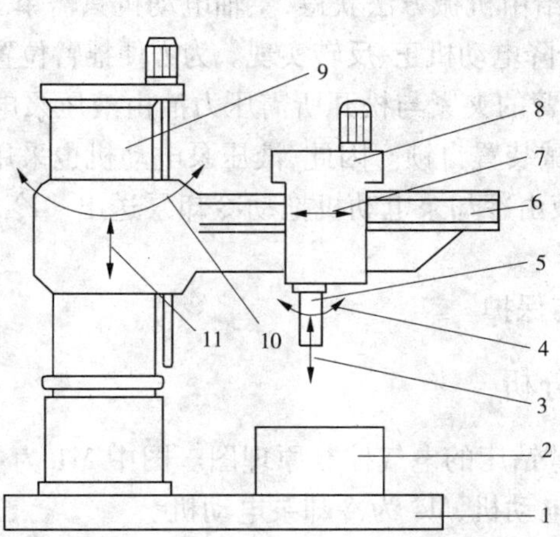

1—底座;2—工作台;3—主轴纵向进给;4—主轴旋转主运动;
5—主轴;6—摇臂;7—主轴箱沿摇臂径向运动;8—主轴箱;
9—内外立柱;10—摇臂回转运动;11—摇臂垂直移动

图3-6　摇臂钻床结构及运动情况示意图

Z3040型摇臂钻床升降时的松开与夹紧是靠液压系统推动松紧机构自动进行的,摇臂连同外立柱绕内立柱的回转运动依靠人力推动进行,但必须先将外立柱松开。主轴箱沿摇臂导轨的水平移动也是手动的,但必须先将主轴箱松开。当需要进行加工时,应将外立柱夹紧在内立柱上,同时将主轴箱夹紧在摇臂上。这样,加工时主轴位置不会走动,刀具也不会振动,可保证加工精度。外立柱的松紧和主轴箱的松紧依靠液压推动松紧机构同时进行。

由于摇臂钻床的运动部件较多,为简化传动装置,采用多电机拖动。钻床有时用来攻丝,所以要求主轴正反转。主轴的正反转一般通过正反转摩擦离合器来实现,Z3040型摇臂钻床通过液压油缸推动正反转摩擦离合器来实现。因此,对于主轴电机来说,只要求单方向旋转。主轴一般采用三相笼型异步电动机来拖动,用变速机构调节主轴转速和进刀量,主轴变速和进给变速的机构在主轴箱内。

摇臂钻床上的运动有以下三种:

(1)主运动:主轴带动钻头的旋转运动。

(2)进给运动:钻头的上下移动。

(3)辅助运动:主轴箱沿摇臂的水平移动、摇臂沿外立柱的上下移动和摇臂连同外立柱一起相对于内立柱的回转运动。

Z3040 型摇臂钻床型号含义如下：

Z	3	0	40
钻床	摇臂钻床	系别代号	主参数代号(最大钻孔直径40 mm)

3.3.1.2　机电传动与电气控制要求

(1)主轴正、反转与进给由机械方法获得，主轴电动机只需单方向旋转。

(2)摇臂升降由摇臂升降电动机正、反转实现。为方便摇臂位置调整，采用点动控制。

(3)主轴箱、立柱和摇臂的夹紧与松开所需压力油由液压泵电动机正、反转拖动液压泵送出，夹紧或松开后，机械装置自锁。因此，液压泵电动机也采用点动控制。

(4)钻削时所需冷却液由冷却泵电动机拖动冷却泵送出。冷却泵电动机由自动开关控制单向运行。

(5)具有必要的联锁与保护。

3.3.2　电气控制原理分析

图 3-7 为 Z3040 型摇臂钻床的电气控制原理图。图中 M1 为主轴电动机，M2 为摇臂升降电动机，M3 为液压泵电动机，M4 为冷却泵电动机。

3.3.2.1　主电路分析

电源由转换开关 QS 引入，熔断器 FU1 为总电源的短路保护。

主电路中共有 4 台电动机。M1 为主轴电动机，由接触器 KM1 的主触点控制其启停，由热继电器 FR1 作过载保护。主轴电动机只单方向旋转，主轴的正反转由液压系统和正反转摩擦离合器来实现，空挡、制动及变速等也由液压系统来完成。这些压力油由主轴电动机驱动齿轮泵而得到。M2 为摇臂升降电动机，由接触器 KM2 和 KM3 控制其正反转。电动机 M2 是短时运行，所以可不加过载保护。M3 为液压泵电动机，它拖动送出压力油以实现摇臂的松开、夹紧和主轴箱的松开、夹紧，由接触器 KM4 和 KM5 控制其正反转，由热继电器 FR2 作过载保护。M4 为冷却泵电动机，因其容量很小，故可用转换开关 SA1 直接控制。

3.3.2.2　控制电路分析

控制电路采用变压器 TC 将 380 V 交流电压变为 127 V 电压，作为电源。

1. 主轴电动机的控制

按下启动按钮 SB2，接触器 KM1 吸合并自锁，主轴电动机 M1 启动运转。按下停止按钮 SB1，接触器 KM1 释放，主轴电动机停转。过载时，热继电器 FR1 的常闭触点断开，接触器 KM1 释放，主轴电动机停转。

2. 摇臂升降电动机的控制

按上升按钮 SB3(或下降时按 SB4)，时间继电器 KT 吸合，其常开瞬时动作触点接通了接触器 KM4 线圈的电路，使液压泵电动机 M3 正转，液压泵供给正向压力油。同时，KT 常开延时断开触点闭合，接通了电磁阀 YV 线圈，电磁阀吸合，使压力油进入摇臂的松开

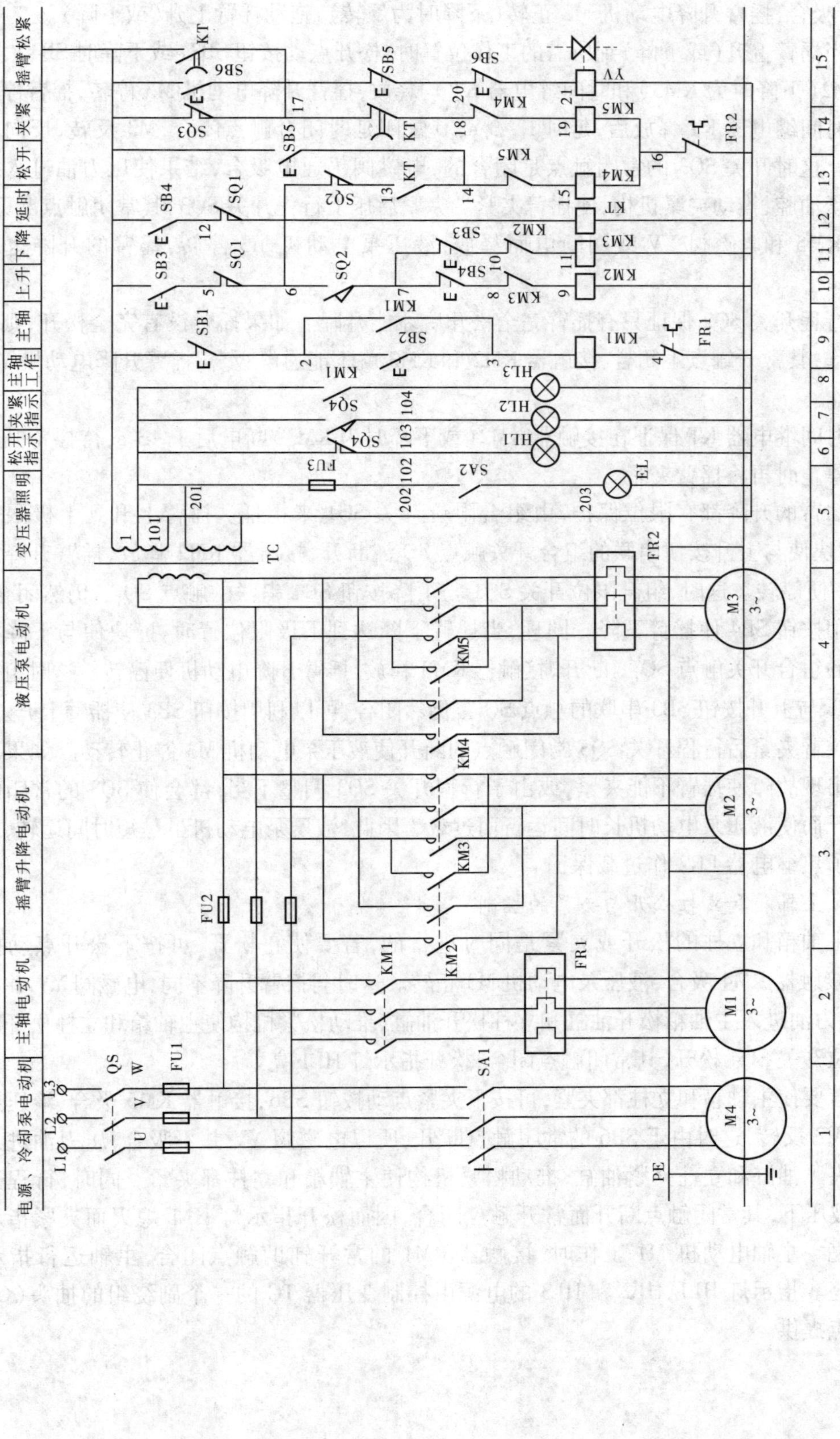

图 3-7　Z3040 型摇臂钻床的电气控制原理图

油腔,推动松开机构,使摇臂松开,并压下行程开关 SQ2,其常闭触点断开,接触器 KM4 因线圈断电而释放,液压泵电动机停止转动;同时 SQ2 的常开触点闭合,使 KM2(下降时为 KM3)吸合,摇臂升降电动机 M2 正转(下降时为反转),拖动摇臂上升(或下降)。

当摇臂上升(或下降)到所需的工作位置时,松开点动按钮 SB3(或下降时 SB4),接触器 KM2(下降时为 KM3)和时间继电器 KT 均释放,摇臂升降电动机 M3 停转,摇臂停止升降。时间继电器 KT 释放后,延时 1 ~ 3 s,其常闭延时闭合触点闭合,M3 反转,反向供压力油。这时开关 SQ3 的常闭触点是闭合的,电磁阀仍通电吸合,结果使压力油进入摇臂的夹紧油腔,推动夹紧机构,使摇臂夹紧。夹紧后压下行程开关 SQ3,其常闭触点断开,接触器 KM5 和电磁阀 YV 线圈断电而释放,液压泵电动机 M3 停转,摇臂的升降也就完成了。

行程开关 SQ2 保证只有摇臂完全松开后才能升降。如果摇臂没有完全松开,则 SQ2 不动作,其常开触点不闭合,接触器 KM2 和 KM3 就不能通电吸合,摇臂升降电动机 M2 不会动作。

时间继电器 KT 保证在接触器 KM2(或下降时为 KM3)断电后 1 ~ 3 s,待摇臂升降电动机停止时再将摇臂夹紧。

摇臂的升降都有限位保护,由组合限位开关 SQ1 来担任。摇臂上升到上极限位置时,撞块使与上升按钮串联的组合开关触点 SQ_{1-1} 断开,接触器 KM2 释放,摇臂升降电动机 M2 便停转。这时,组合限位开关 SQ1 与下降按钮 SB4 串联的触点 SQ_{1-2} 仍然闭合,可以利用按钮 SB4 使摇臂下降。同理,当摇臂下降达到下极限位置时,撞块使与下降按钮串联的组合开关触点 SQ_{1-2} 断开,接触器 KM3 释放,摇臂升降电动机便停转。这时组合开关 SQ1 与上升按钮 SB3 串联的触点 SQ_{1-1} 仍然闭合,可以利用按钮 SB3 使摇臂上升。

摇臂夹紧后行程开关 SQ3 常闭触点的断开使液压泵电动机 M3 停止转动。如果液压系统出现故障使摇臂不能夹紧,或由于行程开关 SQ3 调整不当,都会使 SQ3 的常闭触点不断开而使液压泵电动机长时间运行而过载。因此,液压泵电动机虽是短时间运转,但仍增加了热继电器 FR2 作过载保护。

3. 主轴箱和立柱松开与夹紧的控制

主轴箱和立柱的松开或夹紧是同时进行的,若要使它松开,可按下松开点动按钮 SB5,接触器 KM4 吸合,液压泵电动机 M3 正转。这时与摇臂升降不同,电磁阀 YV 并不吸合,压力油进入主轴箱松开油缸和立柱松开油缸,推动松紧机构使主轴箱和立柱松开。同时限位开关 SQ4 松开,其常闭触点闭合,松开指示灯 HL1 亮。

若要使主轴箱和立柱都夹紧,可按下夹紧点动按钮 SB6,接触器 KM5 吸合,液压泵电动机 M3 反转,这时由于 SB6 的常闭触点断开,所以电磁阀 YV 并不吸合,压力油进入主轴箱夹紧油缸和立柱夹紧油缸,推动松紧机构使主轴箱和立柱都夹紧。同时,行程开关 SQ4 被压下,其常闭触点断开而常开触点闭合,因而松开指示灯 HL1 熄灭而夹紧指示灯 HL2 亮。主轴电动机 M1 工作时,接触器 KM1 的常开辅助触点闭合,主轴运行指示灯 HL3 亮。指示灯 HL1、HL2 和 HL3 的电源由控制变压器 TC 的一个副绕组的抽头(G31)和端点提供。

3.3.2.3　照明电路

变压器 TC 的另一副绕组,提供 36 V 交流照明电源电压。照明灯 EL 由装在灯头上的扳把开关 SA2 控制,为了安全起见,灯的一端接地。此电路由 FU3 作短路保护。

表 3-5 列出了 Z3040 型摇臂钻床的主要电气设备名称及用途。

表 3-5　Z3040 型摇臂钻床电气设备名称及用途

符号	名称及用途	符号	名称及用途
M1	主轴电动机	FR1	热继电器,保护主轴电动机用
M2	摇臂升降电动机	FR2	热继电器,保护液压泵电动机用
M3	液压泵电动机	QS	电源开关
M4	冷却泵电动机	SA1	冷却泵电动机开关
KM1	接触器,主电动机旋转用	SA2	灯开关
KM2	接触器,摇臂上升用	SQ1	限位开关,终端保护用
KM3	接触器,摇臂下降用	SQ2	行程开关,摇臂松开后压下
KM4	接触器,主轴箱和立柱松开用	SQ3	行程开关,摇臂夹紧后压下
KM5	接触器,主轴箱和立柱夹紧用	SQ4	行程开关,立柱(主轴箱)夹紧后压下
TC	控制变压器	FU1	熔断器,保护总电源
SB1	主轴停止按钮	FU2	熔断器,保护 M2、M3 和控制电路
SB2	主轴启动按钮	FU3	熔断器,保护照明电路
SB3	摇臂上升点动按钮	YV	电磁阀
SB4	摇臂下降点动按钮	EL	照明灯
SB5	主轴箱和立柱松开点动按钮	HL1	主轴箱和立柱松开指示灯
SB6	主轴箱和立柱夹紧点动按钮	HL2	主轴箱和立柱夹紧指示灯
KT	时间继电器	HL3	主轴运行指示灯

3.3.3　常见故障分析

3.3.3.1　刚启动主轴电动机 M1,熔断器 FU1 立即熔断

(1)钻头被铁屑卡死。

(2)进给量太大,引起主轴堵转。

3.3.3.2　摇臂不能升降

(1)行程开关 SQ2 没有压下,可能是:

①电源相序反了。相序若接反,按下上升按钮 SB3 时,液压泵电动机 M3 不是正转而是反转,摇臂不是松开而是夹紧,所以不能压下行程开关 SQ2。

②行程开关 SQ2 的位置移动,使摇臂松开后没有压下 SQ2。

③液压系统发生故障,摇臂不能完全松开。

(2)摇臂升降电动机不能启动,这时如果摇臂已松开,则可能是接触器 KM2 或 KM3 主触点接触不良或线圈烧坏,应修复或更换接触器。

3.3.3.3 **摇臂升降后夹不紧**

(1)行程开关 SQ3 位置不准确,在尚未完全夹紧之前就过早地压下 SQ3,造成液压泵电动机过早停止转动。

(2)液压系统有故障。

3.3.3.4 **摇臂升降的限位开关失灵**

(1)限位开关 SQ1 损坏,因而触点不能动作。

(2)限位开关 SQ1 触点接触不良。

(3)限位开关的触点熔焊。

发生上述故障时应修理或更换限位开关 SQ1。

3.3.3.5 **主轴箱和立柱都不能夹紧或松开**

(1)按钮 SB5 或 SB6 接线松动,引起线路断路,应将线路重新接好。

(2)接触器 KM4 或 KM5 线圈接线断开或主触点接触不良,应将接线接好或修理更换主触点。

(3)液压系统有故障。

【技能训练】

Z3040 型摇臂钻床电气控制线路的调试与检修

【任务目标】

(1)认识 Z3040 型摇臂钻床的基本结构组成。

(2)熟练识读 Z3040 型摇臂钻床电气控制原理接线图。

(3)逐步形成正确的机床故障判断和分析的思维方式以及规范的操作程序。

(4)掌握 Z3040 型摇臂钻床电气调试方法。

(5)掌握 Z3040 型摇臂钻床电气控制线路的故障分析、判断方法,并能利用电工仪表、工具等熟练排除故障。

【实践操作】

1. 所需的工具、设备和技术资料

(1)常用电工工具、万用表。

(2)Z3040 型摇臂钻床或模拟台。

(3)Z3040 型摇臂钻床电气原理图和接线图。

2. 机床电气调试

1)安全措施

调试过程中,应做好安全措施,如有异常情况则应立即切断电源。

2)调试步骤

(1)根据电动机功率设定过载保护值。

(2)接通电源,合上开关 QS。

(3)按下启动按钮 SB2,接触器 KM1 吸合并自锁,主轴电动机 M1 启动运转。按下停止按钮 SB1,接触器 KM1 释放,主轴电动机停转。过载时,热继电器 FR1 的常闭触点断开,接触器 KM1 释放,主轴电动机停转。

(4)摇臂升降电动机的控制。按上升按钮 SB3(或下降时按 SB4)。

(5)主轴箱和立柱松开与夹紧的控制。主轴箱和立柱的松开或夹紧是同时进行的。若要使它松开,可按下松开点动按钮 SB5,接触器 KM4 吸合,液压泵电动机 M3 正转。

若要使主轴箱和立柱都夹紧,可按下夹紧点动按钮 SB6。

【巩固训练】

1. 任务要求

(1)在教师的监护下,学生根据电气原理图的控制要求完成 Z3040 型摇臂钻床的调试。

(2)现场观察熟悉 Z3040 型摇臂钻床的结构和运动形式,并在教师或操作人员的指导下进行实际操作。

(3)熟悉 Z3040 型摇臂钻床电气元件安装位置以及布线情况,并能读懂接线图,根据接线图能迅速找到相应电气元件的位置。

(4)根据故障现象,按照电气原理图分析可能出现故障的原因,在电气控制线路图上分析故障范围。

(5)正确使用仪表判断故障点,并修复故障。

(6)通电试运行。

(7)做好维修记录。

2. 故障现象

(1)刚启动主轴电动机 M1,熔断器 FU1 立即熔断。

(2)摇臂升降的限位开关失灵。

(3)主轴箱和立柱都不能夹紧或松开。

3. 注意事项

(1)要充分观察和熟悉 Z3040 型摇臂钻床的工作过程。

(2)熟悉电气元件的安装位置、走线情况以及各操作手柄处于不同位置时位置开关的工作状态以及运动方向。

(3)检修前要认真阅读机床电气控制线路图,熟悉、掌握各个控制环节的原理及作用。

(4)Z3040 型摇臂钻床的电气控制与机械结构的配合十分密切,因此在出现故障时应判明是机械故障还是电气故障。

(5)修复故障并恢复正常时,要注意消除产生故障的根本原因,以避免频繁出现相同的故障。

(6)故障设置时,应模拟成实际使用中造成的自然故障现象。

(7)故障设置时,不得更改线路或更换电气元件。

(8)指导教师必须在现场密切注意学生的检修,随时做好应急措施。

4. 评分

评分细则见表 3-6。

表 3-6 “Z3040 型摇臂钻床电气控制线路的调试与检修”技能自我评分表

项目	技术要求	配分	评分细则	评分记录
设备调试	调试步骤正确	10	调试步骤不正确,每步扣 1 分	
	调试全面	10	调试不全面,每项扣 2 分	
	故障现象明确	10	不明确故障现象,每处扣 2 分	
故障分析	在电气控制线路图上分析故障可能的原因,思路正确	30	错标或标不出故障范围,每个故障点扣 4 分; 不能标出最小的故障范围,每个故障点扣 2 分	
故障排除	正确使用工具和仪表,找出故障点并排除故障	40	实际排除故障中思路不清楚,每个故障点扣2 分; 每少查出一次故障点扣 2 分; 每少排除一次故障点扣 2 分; 排除故障方法不正确,每处扣 1 分	
其他	操作有误,此项从总分中扣分		排除故障时,产生新的故障后不能自行修复,每个扣 3 分; 已经修复,每个扣 1.5 分; 损坏电动机扣 10 分	
额定工时 120 min	超时,此项从总分中扣分		每超过 5 min,从总分中倒扣 2 分,但不超过 10 分	
安全、文明生产	满足安全、文明生产要求		违反安全、文明生产要求,从总分中倒扣 5 分	

3.4 万能铣床电气控制线路的故障诊断

铣床是以铣刀作为刀具加工工件表面的机床。铣床的种类很多,有卧铣床、立铣床、工具铣、龙门铣、仿形铣和各种专用铣床等。其中,以卧式万能升降台铣和立式万能铣床应用最为广泛。铣床可用来加工各种形式的表面、成形面、各种形式的沟槽,甚至可以加工回转体。如果装上分度头,可以铣切直齿齿轮和螺旋面。如果装上圆工作台,可以加工凸轮和弧形槽等。

常用的万能铣床有 X62W 型卧式万能铣床和 X53K 型立式万能铣床。其中,卧式的主轴是水平的,而立式的主轴是竖直的,它们的电气控制原理类似。现以 X62W 型万能铣床为例进行分析。

3.4.1 主要结构及运动情况

3.4.1.1 主要结构

图3-8为X62W型万能铣床的外形图,主要由底座、床身、悬梁、刀杆支架、升降台、工作台、溜板等几部分组成。

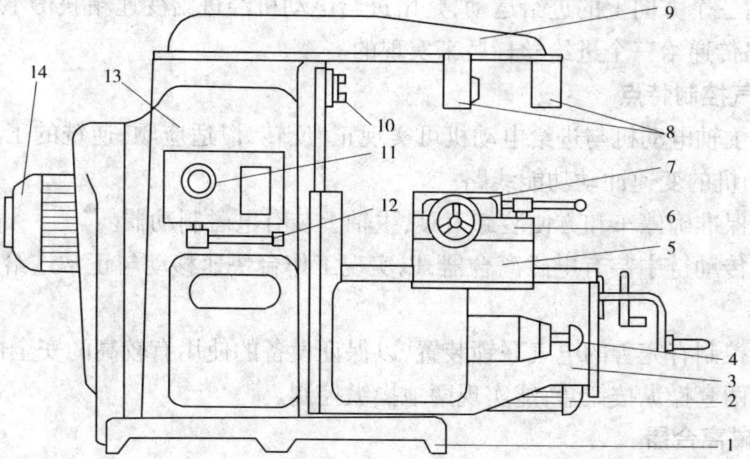

1—底座;2—进给电动机;3—升降台;4—进给变速手柄及变速盘;
5—溜板;6—转动部分;7—工作台;8—刀杆支架;9—悬梁;
10—主轴;11—主轴变速盘;12—主轴变速手柄;13—床身;14—主轴电动机

图3-8 X62W万能铣床外形图

(1)床身:箱形床身固定在底座上,用来安装和连接其他部件。床身内装有主轴传动机构和变速操纵机构。在床身的顶部有水平导轨。在床身的前面有垂直导轨,升降台可沿导轨上下移动。

(2)悬梁及刀杆支架:刀杆支架装在悬梁上,用来支承铣刀心轴外端,心轴的另一端装在主轴上。刀杆支架可以在悬梁上水平移动,悬梁又可以在床身顶部的水平导轨上水平移动。

(3)升降台:依靠下面的丝杠,沿床身前面的导轨而上下移动。进给系统的电动机和变速机构等装在升降台内部。

(4)横向溜板:装在升降台的水平导轨上,可沿导轨平行于主轴轴线方向做横向移动。

(5)工作台:用来安装夹具和加工的工件。它的位置在横向溜板上的水平导轨上,可沿导轨垂直于主轴线方向做纵向移动。万能铣床在横向溜板和工作台之间还有回转盘,可使工作台向左右转动一个角度(通常为±45°),因此工作台在水平面内除了可以纵向进给和横向进给,还可以斜方向进给,可以加工螺旋槽等。

3.4.1.2 运动情况

主运动:主轴的旋转运动。

进给运动:工作台在三个相互垂直方向上的直线运动(手动或机动)。

辅助运动:工作台在三个相互垂直方向上的快速直线运动。

铣床采用单独传动形式,即主轴和工作台分别由两台电动机拖动,且进给电动机与进给箱均安装在升降台上,这样快速移动也由进给电动机经快速传动链来获得。

为提高主轴旋转的均匀性并消除铣削加工时的振动,主轴上装有飞轮。

工作台在三个方向上的进给运动,是由进给电动机经进给变速箱获得不同速度,再经不同传动线路传递给三个进给丝杠后来实现的。

3.4.1.3 电气控制特点

(1)铣床主轴电动机与进给电动机可实现正、反转,以适应顺、逆铣的工艺要求,并另设有两个电动机的变速冲动功能线路。

(2)为确保准确停车和方便装卸刀具,主轴上装有电磁制动器。

(3)进给传动链中装有电磁离合器,以实现工作台快速移动与正常进给速度、方向的切换。

(4)电气控制有完善的电气联锁装置,以保证设备的使用有较高的安全性。

(5)设有两套操纵按钮盒,能实现两地操纵控制。

3.4.1.4 电磁离合器

主轴电动机采用电磁离合器制动,此外,还加设了主轴上刀制动环节。

电磁离合器又称电磁联轴节。它是利用表面摩擦和电磁感应原理,在两个作旋转运动的物体间传递转矩的执行电器。由于它便于远距离控制,控制能量小,动作迅速、可靠,结构简单,故广泛应用于机床的自动控制。常用的有摩擦片式、粉末式和转差式等电磁离合器。铣床上采用的是摩擦片式电磁离合器。

摩擦片式电磁离合器按摩擦片的数量可分为单片式与多片式两种,机床上普遍采用多片式电磁离合器,其结构见图 3-9。在主动轴的花键轴端装有主动摩擦片,它可沿轴向自由移动,同时又与主动轴花键连接,故又随主动轴旋转。从动摩擦片与主动摩擦片交替

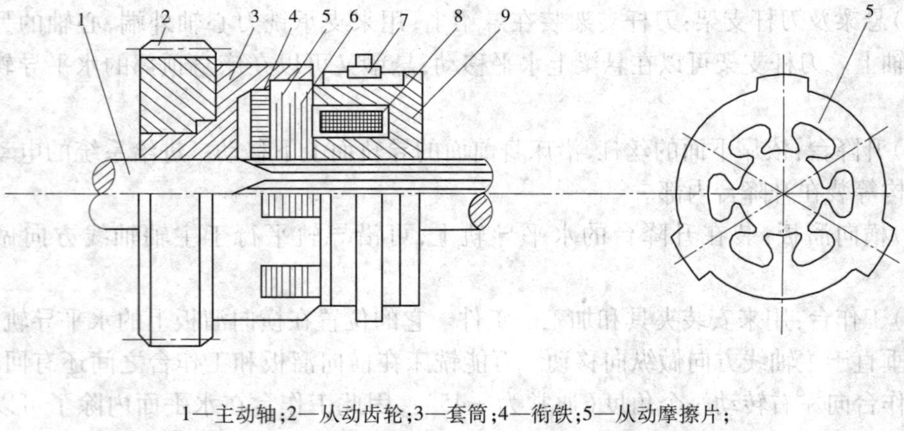

1—主动轴;2—从动齿轮;3—套筒;4—衔铁;5—从动摩擦片;

6—主动摩擦片;7—电刷与滑环;8—线圈;9—铁芯

图 3-9 多片式摩擦电磁离合器结构简图及其符号

装叠,且其外缘凸起部分卡在套筒内,而套筒又与从动齿轮固定在一起。当线圈通入直流电产生磁场后,将主动片与衔铁吸向铁芯,将摩擦片压紧,依靠主动摩擦片与从动摩擦片间的摩擦力,使从动摩擦片随主动轴旋转,同时又使套筒及从动齿轮随主动轴旋转,实现传递力矩的作用。当电磁摩擦离合器线圈断电时,装在内外摩擦片间的圈状弹簧使衔铁和摩擦片复原,离合器便失去传递力矩的作用。

X62W 型卧式万能铣床的型号含义:

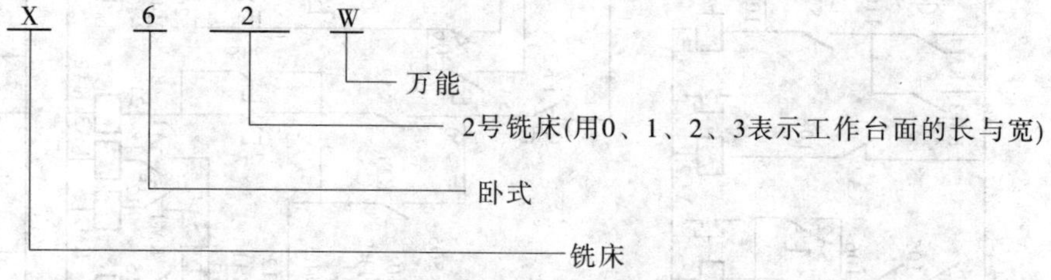

3.4.2　电气控制原理分析

X62W 型卧式万能铣床的电气控制原理图,如图 3-10 所示。

3.4.2.1　主电路分析

转换开关 QS1 为电源总开关。熔断器 FU1 为总电源的短路保护。本机床共有 3 台电动机,M1 为主轴电动机,M2 为进给电动机,M3 为冷却泵电动机。主轴电动机 M1 的启动与停止由接触器 KM1、KM2 的常开主触点控制,其正转与反转在启动前用组合开关 SA5(图中未画出)预先选择。主轴换向开关 SA5 在 3 个不同位置时,各触点的通断情况见表 3-7。热继电器 FR1 为主轴电动机的过载保护。

表 3-7　主轴换向开关的触点通断情况

触点位置	正转	停止	反转
SA_{5-1}	−	−	+
SA_{5-2}	+	−	−
SA_{5-3}	+	−	−
SA_{5-4}	−	−	+

注:"+"表示闭合,"−"表示断开。

进给电动机 M2 的正反转由接触器 KM2 和 KM3 的常开主触点控制,用热继电器 FR2 作过载保护。

主电路中,冷却泵电动机 M3 接在接触器 KM1 的常开主触点之后,所以只有主轴电动机 M1 工作时才能启动。由于冷却泵电动机 M3 容量很小,故用转换开关 SA1 直接控制它的启停,用热继电器 FR3 作它的过载保护。

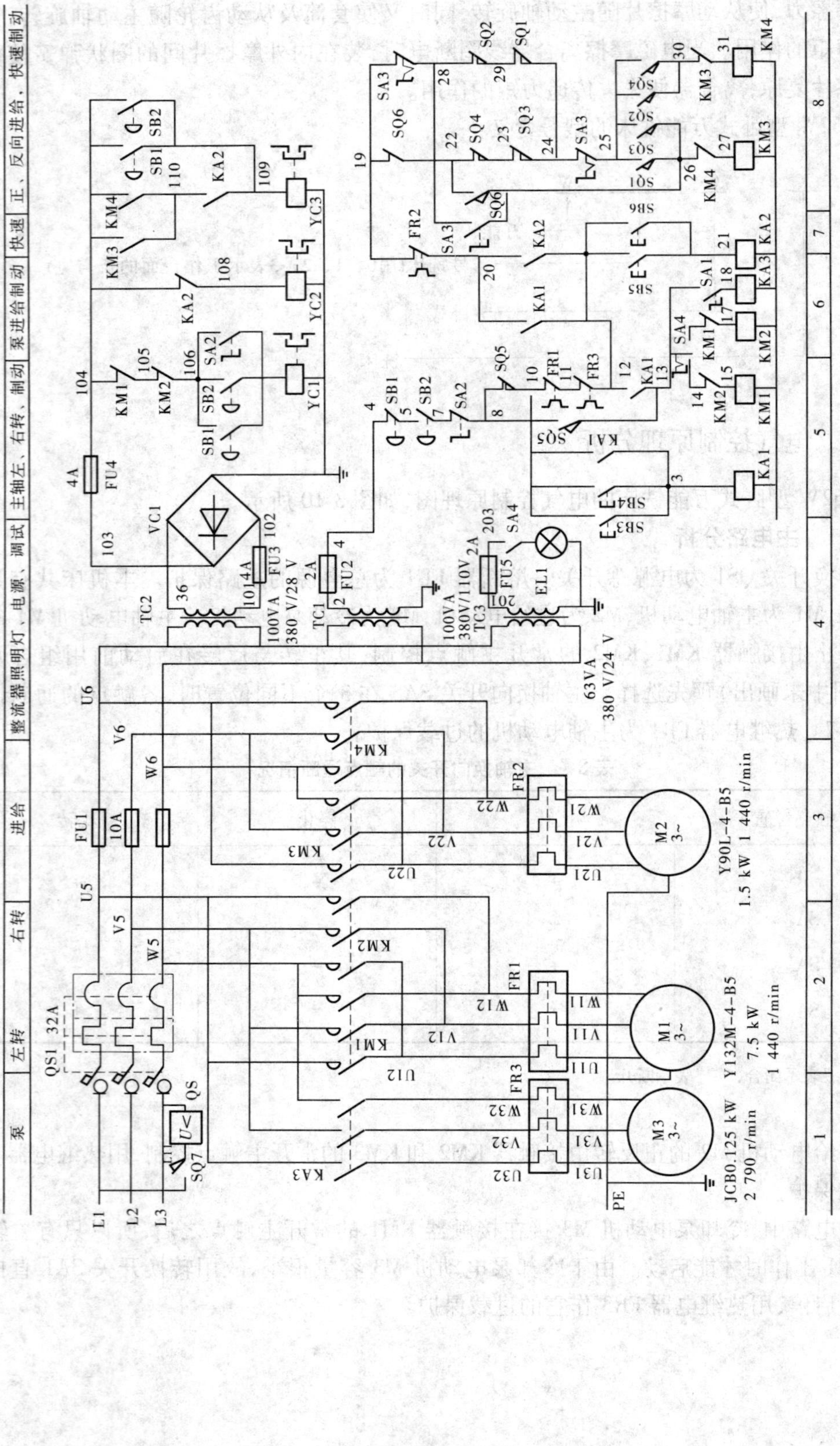

图 3-10　X62W 型卧式万能铣床的电气控制原理图

3.4.2.2 控制电路分析

1.主轴电动机的控制

为了分析清楚起见,将图3-10的主轴电动机控制电路另绘于图3-11中。

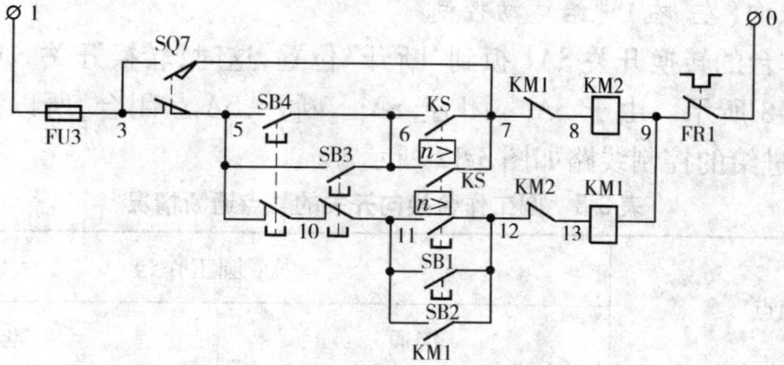

图3-11 主轴电动机的控制线路

1)主轴的启动控制

为了操作方便,主轴电动机的启停可在两处中的任一处进行操作,一处设在工作台的前面,另一处设在床身的侧面。启动前,先将主轴换向开关SA4旋转到所需要的旋转方向,然后按下启动按钮SB3或SB4,此时KA1因线圈通电而吸合,其常开辅助触点闭合进行自锁,电动机M1便拖动主轴旋转。在主轴启动的控制电路中串联有热继电器FR1和FR3的常闭触点。这样,当电动机M1和M3中有任一台电动机过载时,热继电器常闭触点便动作,使两台电动机停止。

2)主轴的停车制动控制

按下停止按钮SB1或SB2时其常闭触点断开,接触器KM1因线圈断电而释放,但主轴电动机因惯性仍然在旋转。按停止按钮时应按到底,这时其常开触点闭合,主轴制动离合器YC1因线圈通电而吸合,使主轴制动,迅速停转。

3)主轴的变速冲动控制

主轴变速时,先将变速手柄拉到前面,将变速盘转到所需的转速,然后将变速手柄推回去。就在手柄被推回去的过程中,有一个与手柄相联的凸轮短时压一下行程开关SQ7,其常开触点闭合一下,接触器KM1短时吸合,主轴电动机M1就短时转动一下,使变速后的齿轮易于啮合。当手柄被完全推到原位时,齿轮就顺利地啮合好,变速就完成了。请操作者注意:主轴变速时不必先按停止按钮再变速,这是因为即使原先主轴电动机正在转动,当变速手柄拉到前面时凸轮也会压一下行程开关SQ7,其常闭触点断开,使接触器KM1线圈断电而释放,电动机M1仍停止转动。

4)主轴换刀时的制动控制

为了使主轴换刀时不随意转动,换刀前应将主轴制动。将转换开关SA2扳到换刀位置,它的一个触点断开控制电路电源,以保证人身安全;另一个触点接通了主轴制动离合器YC1,使主轴不能转动。换刀后再将转换开关SA2扳回工作位置,断开主轴制动离合器YC1,接通控制电路电源。

2. 进给电动机的控制

将电源开关 QS 合上，启动主轴电动机 M1，接触器 KM1 吸合并自锁，进给控制电路有电压，就可以启动进给电动机。

1) 工作台纵向(左、右)进给运动控制

先将圆工作台的转换开关 SA1 扳到“断开”位置，这时，转换开关 SA1 上的各触点的通断情况如表 3-8 所示。由于 SA_{1-1} 闭合，SA_{1-2} 断开，SA_{1-3} 闭合，所以这时工作台的纵向、横向和垂直进给的控制线路如图 3-12 所示。

表 3-8　圆工作台换向开关的触点通断情况

位置触点	圆工作台	
	接通	断开
SA_{1-1}	−	+
SA_{1-2}	+	−
SA_{1-3}	−	+

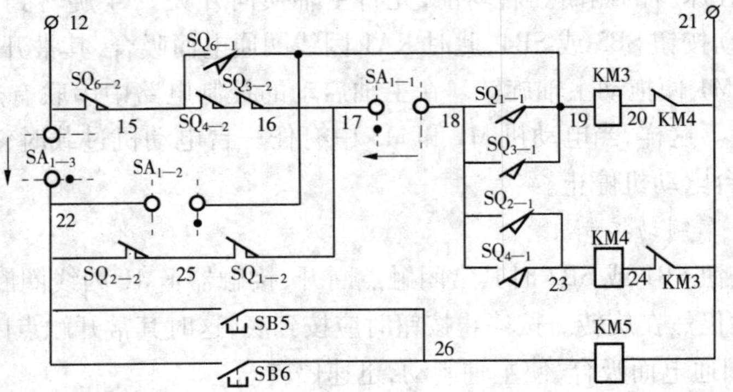

图 3-12　进给电动机的控制线路

操作工作台纵向运动手柄有两个，一个装在工作底座顶面的正中间，另一个装在工作台底座的左下方，它们之间有机械连接，只要操纵其中的任意一个就可以了。手柄有 3 个位置，即向左、向右和中间(或称零位)。

当将纵向进给手柄向左扳动时，一方面机械机构将进给电动机的传动链与工作台纵向移动的丝杠相连，另一方面压下向左进给的行程开关 SQ2，其常闭触点 SQ_{2-2} 断开，常开触点 SQ_{2-1} 闭合，触点 SQ_{2-1} 的闭合使反转接触器 KM4 因线圈通电而吸合，进给电动机 M2 就反向转动，拖动工作台向左移动。

当将纵向进给手柄向右扳动时，一方面机械机构将进给电动机的传动链与工作台纵向移动的丝杠相连，另一方面压下向右进给的行程开关 SQ1，其常闭触点 SQ_{1-2} 断开、常开触点 SQ_{1-1} 闭合，触点 SQ_{1-1} 的闭合使正转接触器 KM3 因线圈通电而吸合，进给电动机 M2 就正向转动，拖动工作台向右移动。

当将纵向进给手柄扳回到中间位置时,一方面纵向运动的机械机构脱开,另一方面行程开关SQ1和SQ2都复位,其常开触点断开,接触器KM3和KM4释放,进给电动机M2停止,工作台也跟着停止。

在工作台的两端各有一块挡铁,当工作台移动到挡铁碰撞纵向进给手柄的位置时,会使纵向进给手柄回到中间位置,实现自动停车,称终端限位保护。调整挡铁在工作台上的位置,可以改变停车的终端位置,或称行程距离。

2)工作台横向(前、后)和升降(上、下)进给运动控制

先要将圆工作台转换开关SA1扳在"断开"位置,这时的控制线路如图3-12所示。

操纵工作台横向进给运动和升降进给运动的手柄称十字手柄。它也有两个,分别装在工作台左侧的前、后方。它们之间有机械连接,只需操纵其中的任意一个。手柄有上、下、前、后和零位共5个挡位。进给也是由进给电动机M2拖动的。扳动十字手柄时,通过它的联动机构将有关的传动机构接通,同时压下相应行程开关SQ3或SQ4。SQ3控制工作台向下或向前运动,SQ4控制工作台向上或向后运动。

当将十字手柄扳到向下或向前位置时,一方面机械机构将进给电动机的传动链和相应的丝杠(向下时和升降台上下移动的丝杠,向前时和溜板下面的横向丝杠)相联结,另一方面压下行程开关SQ3,其常闭触点SQ_{3-2}断开、常开触点SQ_{3-1}闭合,正转接触器KM3因线圈通电而吸合,进给电动机M2正向转动拖动工作台向下或向前移动。

当将十字手柄扳到向上或向后位置时,一方面机械机构将进给电动机的传动链和相应的丝杠(向上时和升降台上下移动的丝杠,向后时和溜板下面的横向丝杠)相联结,另一方面压下行程开关SQ4,其常闭触点SQ_{4-2}断开、常开触点SQ_{4-1}闭合,反转接触器KM4因线圈通电而吸合,进给电动机M2反向转动拖动工作台向上或向后移动。

当手柄回到中间位置时,机械机构都已脱开,行程开关也都已复位,接触器KM2和KM3都已释放,所以进给电动机M2停止,工作台也停止。

工作台前后移动和上下移动均有限位保护,其原理和上述介绍的纵向移动限位保护原理相同。

3)工作台的快速移动控制

在进行对刀时,为了缩短对刀时间,应快速调整工作台的位置,也就是将工作台快速移动。

主轴电动机启动后,将操纵工作台进给的手柄扳到所需的运动方向,工作台就按操纵手柄指定的方向慢速进给。这时如按下快速移动按钮SB5(在床身的侧面)或SB6(在工作台的前面),接触器KM4因线圈通电而吸合,KM4在直流电路中的常闭触点断开,进给电磁离合器YC2(它连接的是减速系统)脱离。KM4在直流电路中的常开触点闭合,快速移动离合器YC3通电合上。工作台就按原操作手柄指定方向快速移动。当松开快速移动按钮SB5或SB6时,接触器KM4因线圈断电而释放。快速移动离合器YC3因KM4常开触点断开而脱离,进给电磁离合器YC2因KM4常闭触点闭合而合上,工作台就以原进给的速度和方向继续移动。

4)进给变速冲动控制

为了使进给变速时齿轮容易啮合,进给也有变速冲动。变速前先启动主轴电动机

M1,使KM1吸合,它在进给变速冲动控制电路中的常开触点闭合,为变速冲动做好准备。

变速时将蘑菇形的进给变速盘往外拉到极限位置,再把它转到所需的速度,最后将变速盘往里推。在推的过程中挡块压一下行程开关SQ6,其常闭触点SQ_{6-2}断开一下,同时其常开触点SQ_{6-1}闭合一下,接触器KM3短时吸合,进给电动机M2就转动一下,当变速盘推到原位时,变速后的齿轮已啮合完毕。

5)圆工作台的控制

圆工作台是机床的附件。在铣削圆弧和凸轮等曲线时,可在工作台上安装圆工作台进行铣削。圆工作台由进给电动机M2经纵向传动机构拖动。在开动圆工作台前先将圆工作台转换开关SA1转到"接通"位置,由表3-8可见,SA1的触点SA_{1-1}断开,SA_{1-2}闭合,SA_{1-3}断开。这时圆工作台的控制电路如图3-10所示,工作台的进给操作手柄扳到中间位置。按下主轴启动按钮SB3或SB4,接触器KM1吸合并自锁,圆工作台的控制电路中KM1常开触点也同时闭合,由图3-12可见,接触器KM3也紧接着吸合,进给电动机M2正转动,拖动圆工作台转动。因为接触器KM3吸合、KM4不能吸合,所以圆工作台只能沿一个方向转动。

6)进给的联锁控制

(1)只有主轴电动机M1启动后才可能启动进给电动机M2。由图3-10可见,主轴电动机启动时,接触器KA1吸合并自锁,KA1常开触点闭合,进给控制电路有电。这时,才可能使接触器KM1或KM2吸合而启动进给电动机。如果工作中的主轴电动机停止,进给电动机也立即跟着停止。这样,可以防止在主轴不转时,工件和铣刀相撞而损坏机床。

(2)工作台不能沿几个方向同时移动。工作台沿两个以上方向同时进给就容易造成事故。由于工作台左右移动由一个纵向进给手柄控制,所以同一时间内不会同时又向左又向右。工作台的上、下、前、后是由同一个十字手柄控制的,同一时间内这4个方向也只能取一个方向进给。所以,只要保证两个操纵手柄都不在零位,工作台不会沿两个方向同时进给就行了。在联锁电路中,将纵向进给手柄可能压下行程开关SQ1和SQ2的常闭触点SQ_{1-2}和SQ_{2-2}串联在一起,再将垂直进给和横向进给的十字手柄可能压下的行程开关SQ3和SQ4的常闭触点SQ_{3-2}和SQ_{4-2}串联在一起,并将这两个串联电路再并联起来,以控制接触器KM3和KM4线圈通路。如果两个操作手柄都不在零位,则有不同支路的两个行程开关被压下,其常闭触点的断开使两条并联的支路都断开,进给电动机M2因接触器KM2和KM3的线圈都不能通电而不能转动。

(3)进给变速时两个进给操纵手柄都必须在零位控制。为了安全起见,进给变速冲动时不要有进给移动。由图3-12可知,当进给变速冲动时,短时压下行程开关SQ6,其常闭触点SQ_{6-2}断开,其常开触点SQ_{6-1}闭合,两个进给手柄可能压下行程开关(SQ1、SQ2、SQ3或SQ4)的4个常闭触点(SQ_{1-2}、SQ_{2-2}、SQ_{3-2}和SQ_{4-2})是串联在一起的。如果有一个进给手柄未在零位,则因行程开关常闭触点的断开而接触器KM3不能吸合,进给电动机M2也就不能转动,防止进给变速冲动时工作台的移动。

7)圆工作台的转动与工作台的进给运动不能同时进行控制

当圆工作台的转换开关SA1转到"接通"位置时,两个进给手柄可能压下行程开关(SQ1、SQ2、SQ3、SQ4)的4个常闭触点(SQ_{1-2}、SQ_{2-2}、SQ_{3-2}和SQ_{4-2})是串联在一起的。

如果有一个进给操纵手柄不在零位，则因行程开关常闭触点的断开而接触器 KM3 不能吸合，进给电动机 M2 不能转动，圆工作台也不能转动。

3.4.2.3 照明电路

照明变压器 TC3 将 380 V 的交流电压降到 36 V 的安全电压，供照明用。照明电路由转换开关 SA4 控制，灯泡有一端接地。熔断器 FU5 为照明电路的短路保护。

表 3-9 列出了 X62W 型卧式万能铣床的电气设备及用途。

表 3-9 X62W 型卧式万能铣床的电气设备及用途

符号	名称及用途	符号	名称及用途
M1	主轴电动机	SA1	圆工作台转换开关
M2	进给电动机	SA2	主令开关，主轴制动和松开用
M3	冷却泵电动机	SA3	转换开关，启停冷却泵用
KM1	接触器，主轴正转启动用	SA4	照明开关
KM2	接触器，主轴反转启动用	SA5	换向开关，主轴正反转用
KM3	接触器，进给正转用	YC1	主轴制动电磁离合器
KM4	接触器，进给反转用	YC2	进给电磁离合器
TC1	控制变压器	YC3	快速移动电磁离合器
TC2	整流变压器	SQ1	行程开关，向右进给用
TC3	照明变压器	SQ2	行程开关，向左进给用
VC	整流装置	SQ3	行程开关，向下、向前进给用
FR1	热继电器，保护主轴电动机	SQ4	行程开关，向上、向后进给用
FR2	热继电器，保护进给电动机	SQ5	行程开关，主轴变速冲动用
FR3	热继电器，保护冷却泵电动机	SQ6	行程开关，进给变速冲动用
FU1	熔断器，保护总电源	EL	照明灯
FU2	熔断器，保护进给电动机	SB1	主轴停止制动按钮
FU3	熔断器，保护控制电路	SB2	主轴停止制动按钮
FU4	熔断器，保护直流电路	SB3	主轴启动按钮
FU5	熔断器，保护照明电路	SB4	主轴启动按钮
FU6	熔断器，保护整流电路	SB5	快速移动按钮
QS	电源开关	SB6	快速移动按钮

3.4.3 常见故障分析

3.4.3.1 主轴电动机不能启动

(1)控制电路熔断器 FU3 熔丝烧断,应更换熔丝。

(2)换刀转换开关 SA2 在制动位置。

(3)主轴换向开关 SA5 在停止位置。

(4)按钮 SB1、SB2、SB3、SB4 的触点接触不良。

(5)主轴变速冲动行程开关 SQ7 的常闭触点不通。

(6)热继电器 FR1 或 FR3 已跳开。

3.4.3.2 主轴不能变速冲动

故障的原因是主轴变速冲动行程开关 SQ7 位置移动、撞坏或断线。

3.4.3.3 主轴不能制动

(1)熔断器 FU4 或 FU6 熔丝已烧坏,更换熔丝。

(2)主轴制动电磁吸合器线圈已烧毁。

3.4.3.4 按下停止按钮后主轴不停

故障原因一般是接触器 KM1 主触点熔焊。

3.4.3.5 工作台不能进给

(1)熔断器 FU3 熔丝已断,应更换熔丝。

(2)主轴电动机未启动。

(3)接触器 KM2、KM3 线圈断开或主触点接触不良。

(4)行程开关 SQ1、SQ2、SQ3 或 SQ4 的常闭触点接触不良,接线松动或接线脱落。

(5)热继电器 FR2 的常闭触点脱开。

(6)进给变速冲动行程开关 SQ6 的常闭触点 SQ_{6-2} 断开。

(7)两个进给操作手柄均不在零位。

3.4.3.6 进给不能变速冲动

(1)进给变速冲动行程开关 SQ6 位置移动、撞坏或接线松动脱落。

(2)进给操纵手柄均不在零位。

3.4.3.7 工作台向左、向右和向下进给都正常,不能向上和向后进给

故障原因是行程开关 SQ4 的常开触点 SQ_{4-1} 断开。

3.4.3.8 工作台的横向进给、垂直进给都正常,不能纵向进给

故障原因是触点 SQ_{6-2}、SQ_{4-2} 和 SQ_{3-2} 有断线的地方。

3.4.3.9 工作台不能快速移动

(1)熔断器 FU3、FU4 或 FU6 的熔丝已烧断,应更换熔丝。

(2)快速移动按钮 SB5 或 SB6 的触点接触不良或接线松动、脱落。

(3)接触器 KM4 线圈已烧毁。

(4)整流二极管损坏。

(5)快速移动离合器 YC3 损坏。

【技能训练】

X62W型万能铣床电气控制线路的调试与检修

【任务目标】

(1)认识X62W型万能铣床的基本结构组成。

(2)认识并了解万能转换开关、电磁离合器。

(3)熟练识读X62W型万能铣床电气控制原理接线图。

(4)逐步形成正确的机床故障判断和分析的思维方式以及规范的操作程序。

(5)掌握X62W型万能铣床电气调试方法。

(6)掌握X62W型万能铣床电气控制线路的故障分析、判断方法,并能利用电工仪表、工具等熟练排除故障。

【实践操作】

1. 所需的工具、设备和技术资料

(1)常用电工工具、万用表。

(2)X62W型万能铣床或模拟台。

(3)X62W型万能铣床电气原理图和接线图。

2. 机床电气调试

1)安全措施

调试过程中,应做好安全措施,如有异常情况则应立即切断电源。

2)调试步骤

(1)根据电动机功率设定过载保护值。

(2)接通电源,合上开关QS1。

(3)将主轴换向开关SA5扳到"正转"位置,按下启动按钮SB3或SB4,使主轴电动机M1旋转一下,立即轻轻按下停止按钮SB1或SB2,使主轴电动机M1惯性旋转,观察主轴旋转方向与要求是否相符,如不相符合,对调主轴电动机M1电源相序。

(4)将转换开关SA2扳向"接通"位置,借助换铣刀扳手看是否能扳动主轴。不能扳动说明主轴能够制动,制动离合器通电良好。

(5)在主轴电动机停止状态进行主轴变速:观察主轴变速时是否有冲动现象,如没有,检查、调整主轴变速冲动开关SQ7的位置。

(6)启动主轴电动机M1,将工作台左、右操作手柄扳向左,观察工作台进给方向是否向左进给。如不向左而向右进给,将操作手柄扳到"中间"位置,再将工作台上、下、前、后操作手柄扳向前,观察工作台是否向前进给,如不向前而向后进给,说明进给电动机M2相序不正确,切断电源对调电动机M2相序。如向前进给,说明左、右进给位置开关SQ1上的17#线和SQ2上的21#线相互接错,对调接线即可。

同理,如果能向左进给,不向前进给,而向后进给,说明下、前进给位置开关SQ3上的17#线和上、后位置开关SQ4上的21#线相互接错,对调即可。

在调试过程中,如果出现工作台进给速度相当快,说明正常进给电磁离合器YC2的

$107^{\#}$线与快速进给电磁离合器 YC3 的 $108^{\#}$线相互接错，对调接线即可。

注意：只能对调导线，不能对调导线编号。

（7）将工作台所有操作手柄置于“中间”位置，进行工作台变速，观察工作台变速时是否有冲动现象，如没有，检查调整主轴变速冲动开关 SQ7 位置。

【巩固训练】

1. 任务要求

（1）在教师的监护下，学生根据电气原理图的控制要求完成 X62W 型万能铣床的调试。

（2）现场观察熟悉 X62W 型万能铣床的结构和运动形式，并在教师或操作人员的指导下进行实际操作。

（3）熟悉 X62W 型万能铣床电气元件安装位置以及布线情况，并能读懂接线图，根据接线图能迅速找到相应电气元件的位置。

（4）根据故障现象，按照电气原理图分析可能出现故障的原因，在电气控制线路图上分析故障范围。

（5）正确使用仪表判断故障点，并修复故障。

（6）通电试运行。

（7）做好维修记录。

2. 故障现象

（1）主轴不能变速冲动。

（2）换铣刀时主轴不能制动。

（3）工作台各个方向都不能进给。

（4）工作台不能变速冲动。

（5）当需要圆工作台进行工作时，圆工作台不工作。

3. 注意事项

（1）要充分观察和熟悉 X62W 型万能铣床的工作过程。

（2）熟悉电气元件的安装位置、走线情况以及各操作手柄处于不同位置时位置开关的工作状态以及运动方向。

（3）检修前要认真阅读机床电气控制线路图，熟悉、掌握各个控制环节的原理及作用。

（4）X62W 型万能铣床的电气控制与机械结构的配合十分密切，因此在出现故障时应判明是机械故障还是电气故障。

（5）修复故障后、恢复正常时，要注意消除产生故障的根本原因，以避免频繁出现相同的故障。

（6）故障设置时，应模拟成实际使用中造成的自然故障现象。

（7）故障设置时，不得更改线路或更换电气元件。

（8）指导教师必须在现场密切注意学生的检修，随时做好应急措施。

4. 评分

评分细则见表 3-10。

表3-10 “X62W型万能铣床电气控制线路的调试与检修”技能自我评分表

项目	技术要求	配分	评分细则	评分记录
设备调试	调试步骤正确	10	调试步骤不正确,每步扣1分	
	调试全面	10	调试不全面,每项扣2分	
	故障现象明确	10	不明确故障现象,每处扣2分	
故障分析	在电气控制线路图上分析故障可能的原因,思路正确	30	错标或标不出故障范围,每个故障点扣4分; 不能标出最小的故障范围,每个故障点扣2分	
故障排除	正确使用工具和仪表,找出故障点并排除故障	40	实际排除故障中思路不清楚,每个故障点扣2分; 每少查出一次故障点扣2分; 每少排除一次故障点扣2分; 排除故障方法不正确,每处扣1分	
其他	操作有误,此项从总分中扣分		排除故障时,产生新的故障后不能自行修复,每个扣3分; 已经修复,每个扣1.5分; 损坏电动机扣10分	
额定工时120 min	超时,此项从总分中扣分		每超过5 min,从总分中倒扣2分,但不超过10分	
安全、文明生产	满足安全、文明生产要求		违反安全、文明生产要求,从总分中倒扣5分	

3.5 组合机床液压动力滑台电气控制线路的故障诊断

3.5.1 组合机床的认知

3.5.1.1 组合机床的产生

机械加工常用机床为通用机床。通用机床在加工大批量、多工序的零件时,不易实现多刀多面同时加工,生产效率低,加工质量不稳定,加工精度较低,操作频繁,工人劳动强度大。为提高生产效率、改善生产条件、实现生产的专业化与自动化,人们在生产中不断创新、不断改进,在机械加工行业形成了各类专用机床。

专用机床是为完成工件某一道或几道工序的加工面而设计制造的。一般采用多刀加工,具有自动化程度高、生产效率高、操作方便等优点。但当加工零件结构与尺寸改变时,需重新设计,不利于产品更新换代。专用机床是单独设计制造的,生产周期长、成本高,因此使用受到一定限制。

为了克服专用机床的不足,在生产中发展了一种新型加工机床——组合机床。它以通用部件为基础，配合少量的专用部件组合而成，具有结构简单、生产效率高、自动化程度高的特点，有利于产品的更新，已得到广泛应用，在大批量生产中发挥了较大作用（如汽车、拖拉机、电动机等行业）。

3.5.1.2　组合机床工作特点

组合机床主要由通用部件装配组成，各种通用部件的结构虽有差异，但它们在组合机床上工作协调，可发挥出好的效果。

组合机床经常是从几个方向对工件同时进行加工，其加工工序是很集中的。对各个部件的运动（动作）顺序、速度、启动、停止、正方向、反方向、前进、后退等均应协调配合，并按一定程序自动或半自动进行。各部件之间的相互位置以及各个环节均要进行精心调整，避免在大批量加工生产中造成经济损失。

3.5.1.3　组合机床的组成和通用部件

图 3-13 为单工位三面复合式组合机床结构示意图。它由底座（侧、中间与立柱等底座）、立柱、滑台、切削头、动力箱等通用部件，以及多轴箱、夹具等专用部件和控制、冷却、排屑、润滑等辅助部件组成。

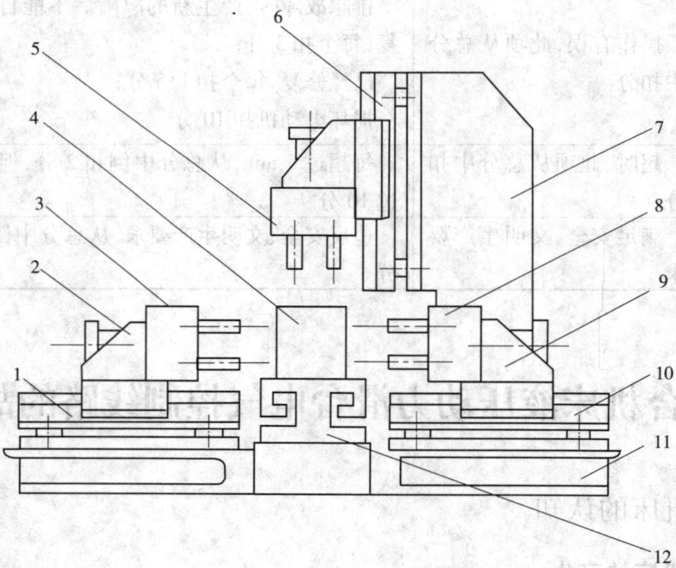

1、6、10—滑台；2、9—动力箱；3、5、8—变速箱；4—工件；
7—立柱子；11—底座；12—工作台

图 3-13　单工位三面复合式组合机床结构示意图

通用部件是经过系列设计、试验和在长期生产中考验的，其结构稳定、工作可靠，由专业生产厂成批制造，具有使用维修方便、成本低等优点。一旦加工零件改变，这些通用部件可根据需要再组成新的组合机床。在组合机床中通用部件一般占机床零件总量的 70% ~80%。

3.5.1.4 组合机床通用部件的种类

(1)动力部件。动力部件用来实现主运动,常有动力滑台、动力箱和各种切削动力头。

(2)支承部件。支承部件主要为各种底座,用于支承、安装组合机床的其他零部件,它是组合机床的基础部件。

(3)输送部件。输送部件用于多工位组合机床中,用来完成工件的工位转换,有直线移动工作台、回转工作台、回转鼓轮工作台等。

(4)控制部件。用于控制组合机床完成预先规定的工作循环程序。它包括液压元件、控制挡铁、操纵板、按钮台及电气控制部分。控制部分是组合机床的"中枢神经"部位。

(5)辅助部件。辅助部件包括冷却、排屑、润滑等装置,以及机械手、定位、夹紧、导向等部件。

组合机床的动力部件目前已设计定型规格。如箱体移动式机械动力头设计有2#、3#、4#、5#四种规格。机械动力滑台设计有1#~5#五种规格。还有液压动力滑台、大型液压传动回传工作台等动力部件广泛应用于组合机床,本节主要介绍液压动力滑台的电气控制。

3.5.2 液压动力滑台的控制电路分析

液压动力滑台是一种他驱式动力部件,由滑台、滑座和油缸三部分组成,由于它自身不带油泵、油箱等装置,需单独设置专门的液压站。他驱式动力部件与自驱式动力部件相比,应用范围较广,可根据工艺要求组成多种系统,灵活性大。

液压动力滑台通过液压传动系统可以方便地进行无级调速,正反向进给平稳,冲击力小,便于频繁地换向工作。与机械动力滑台一样,根据加工工艺要求,液压动力滑台可组成具有一次工作进给、二次工作进给、死挡铁停留、跳跃式进给、反向进给和分级进给等多种工作循环。它可以通过选用不同的液压装置来与电气控制系统相配合。因此,液压动力滑台在组合机床中不仅广泛用来配置卧式、立式组合机床,而且在自动线中更广泛采用液压滑台。

3.5.2.1 液压动力滑台液压系统工作分析

图3-14为液压动力滑台二次进给液压系统图。该液压系统由限压式变量泵Ⅰ,油缸Ⅱ,三位五通液压阀Ⅲ,三位五通电磁阀Ⅳ,调速阀Ⅴ、Ⅵ,二位二通电磁阀Ⅶ,二位二通行程阀Ⅷ,单向阀Ⅸ、ⅩⅢ、ⅩⅣ、ⅩⅤ、ⅩⅥ,压力继电器Ⅹ,顺序阀Ⅺ,背压阀Ⅻ等组成。

滑台在各个工作顺序时,液压系统的工作情况如下。

1. 快速趋近

油泵电动机启动后,压力油沿着管1、辅助油路11进入阀Ⅳ、管7、单向阀ⅩⅤ、管8、阀Ⅲ的左腔,把三位五通阀推向右端,右端的回油沿管10、节流阀ⅩⅥ、管9、阀Ⅳ流回油箱。于是,接通了工作油路,油泵的压力油经单向阀ⅩⅣ、阀Ⅲ、管2、行程阀ⅩⅢ、管3进入油缸的左腔,油缸带动滑台向左运动。油缸右腔的回路,经管5、阀Ⅲ、管6、单向阀ⅩⅢ(因快速趋近时负载小、油压低,顺序阀Ⅺ不通)、管2、管3又进入油缸左腔。同时,由于快速趋近油压低,变量泵的输出量最大,滑台获得最大速度快速趋近。

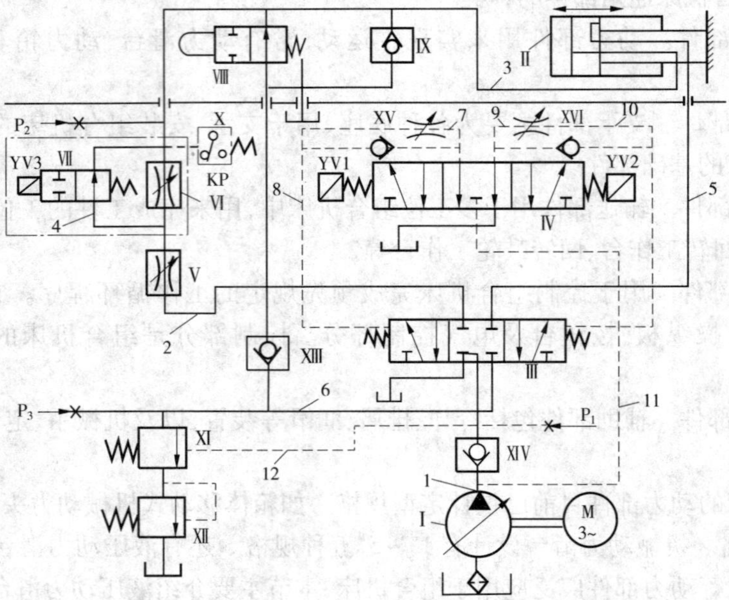

图 3-14 液压动力滑台二次进给液压系统图

2. 一次工作进给

当快速趋近终了时，滑台上的挡铁压下行程阀Ⅷ，切断管 2 与管 3 之间的通道。来自油泵的压力油经管 1、单向阀ⅩⅣ、管 2、调速阀Ⅴ、管 4、阀Ⅶ、管 3 进入油缸的左腔，滑台由快速趋近转入一次工作进给，进给速度由阀Ⅴ来控制。油缸右腔的回油经管 5、阀Ⅲ、顺序阀Ⅺ（因工作进给时负载大，油压升高，顺序阀被打开）和背压阀Ⅻ流回油箱。

3. 二次工作进给

当滑台一次进给终了时，挡铁压下行程开关 SQ2，电磁阀 YV3 通电，将管 4 和管 3 之间的通道切断，使油泵的压力油经调速阀Ⅴ、调速阀Ⅵ、管 3 进入油缸的左腔，滑台由一次工作进给转为二次工作进给。因调速阀Ⅵ的通油截面比调速阀Ⅴ小，所以二次工作进给速度较一次工作进给速度慢。

4. 死挡铁停留

当工作进给终了时，滑台碰上死挡铁，停止前进，油路的工作状态与二次工作进给相同。于是，管 3 的油压升高，压力继电器 KP 动作，但阀Ⅲ、阀Ⅴ仍保持原来位置，即进给状态。所谓“死挡铁停留”，就是指当加工至终点时，原动力（压力油）继续作用在运动部件上，即压力油继续注入前进油腔中，此时，滑台或动力头在死挡铁的限制下停止前进，经过一定的延时（用压力继电器或时间继电器控制）后再退回原位，以实现某些加工工艺要求的工作状态，如镗孔后刮平端面的加工。

5. 快速退回

滑台死挡铁停留一段时间后，管 3 的压力升高，压力继电器 KP 动作，发出信号使阀Ⅳ、阀Ⅲ均改变状态，此时，油泵的压力油从管 1、单向阀ⅩⅣ、阀Ⅲ、管 5 进入油缸右腔，油缸带动滑台向右移动。油缸左腔的油经单向阀Ⅸ、管 2、阀Ⅲ流回油箱。这个过程中由于进油管路、回油管路均未经过调速阀，且滑台退回时负载小，油压低，变量泵输出流量最大，滑台得以快速退回。

6. 原位停止

滑台快速退回原位时，挡铁压下原位行程开关 SQ1，阀Ⅳ的电磁铁断电，在其两边弹簧力平衡状态下，回到中间位置。同时，阀Ⅲ两端失去油压作用，也回到中间位置。其他阀也回复到工作前的状态。这时变量泵的油流不出去，油压变高，便自动地使油泵偏心调节到零，流量降至零，油泵卸荷，滑台便停在原位。

由上述分析可知，液压动力滑台要实现其工作循环，必须具有中枢控制作用的电气控制电路与之配合。后者一般采用行程、时间控制原则与压力控制方式。

3.5.2.2 液压动力滑台电液配合的控制电路

1. 一次工作进给、死挡铁停留的控制电路

具有一次工作进给及死挡铁停留的工作循环是组合机床比较常用的工作循环之一。其液压系统见图 3-14 中去掉虚线部分。

液压系统工作时，各种阀的动作顺序见表 3-11。电气控制电路如图 3-15 所示。

表 3-11 元件动作表

工步	YV1	YV2	行程阀	KP
原位	-	-	-	-
快进	+	-	-	-
工进	+	-	+	-
死挡铁停留	+	-	+	-/+
快退	-	+	+/-	-

注："+"表示受外力作用动作；"-"表示无外力作用。

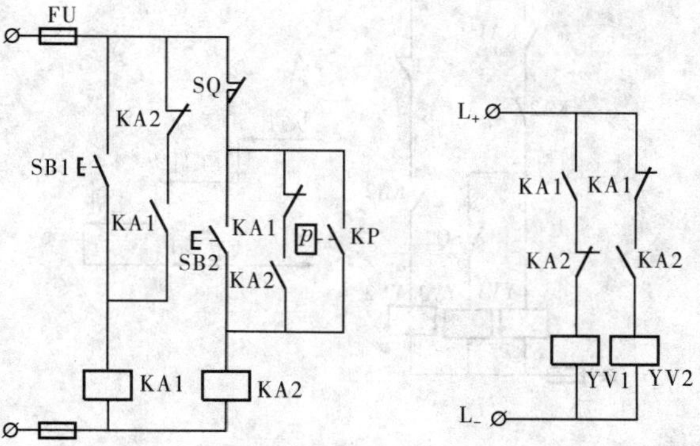

(a)主令电路　　(b)执行电路

图 3-15 一次工作进给、死挡铁停留的控制电路

(1)滑台快进：在油泵电动机启动后，油泵输出高压油。按下向前按钮 SB1，KA1 通电并自锁，同时电磁阀 YV1 通电，液压控制阀Ⅲ动作，压力油打入进给油缸左腔，滑台实现快速趋进。

（2）一次工作进给：滑台快速趋近到压下行程阀Ⅷ时，快速趋近转为一次工作进给。这时，油路工作状态的改变是由行程阀来实现的，所以电路工作状态并未改变。

（3）死挡铁停留：当工作进给终了时，滑台被死挡铁挡住，进给油路压力升高，使压力继电器 KP 动作，发出滑台快退信号。这时，油路工作状态和工作进给时相同。

（4）快速退回：死挡铁停留，进油路压力升高，压力继电器 KP 动作，使 KA2 通电并自锁，同时 KA1、YV1 断电，YV2 通电，阀Ⅳ、阀Ⅲ改变工作状态，使压力油进入油缸右腔，滑台向后快速退回。

（5）原位停止：滑台快速退回原位时，压下 SQ，KA2、YV2 断电，滑台停在原位。这时的电路、油路均处于原位状态，滑台工作循环结束。

2. 具有二次工作进给的控制电路

具有二次工作进给的液压系统如图 3-14 所示。液压元件的动作状态如表 3-12 所示。

具有二次工作进给的控制电路其执行电路如图 3-16 所示，其主令电路与图 3-15（a）相同。

表 3-12 二次进给元件动作表

工步	YV1	YV2	YV3	行程阀	KP
快进	+	−	−	−	−
一工进	+	−	−	+	−
二工进	+	−	+	+	−
死挡铁停留	+	−	+	+	−/+
快退	−	+	−	+/−	−
原位	−	−	−	−	−

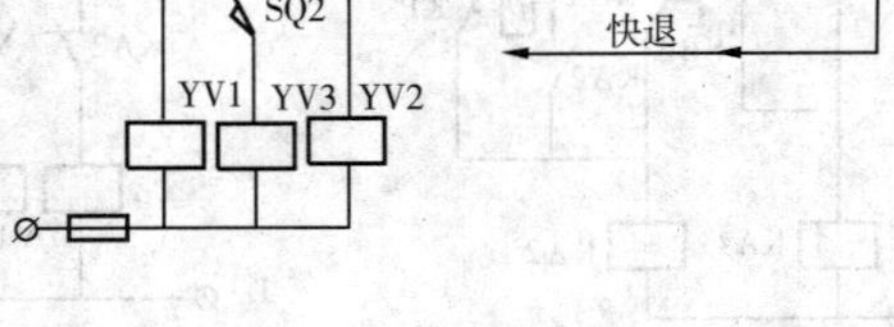

图 3-16 具有二次工作进给的控制电路的执行电路部分

滑台从一次工作进给转为二次工作进给时，压 SQ2，电磁阀 YV3 通电，油路中压力油经过二次节流，进入油缸的压力油流量减少，滑台转为二次工作进给。在整个二次工作进给过程中，行程开关 SQ2 一直受压，故应采用长挡铁。滑台处于其他工作状态时，其油路及其工作状态均与具有一次工作进给的情况相同。

3. 具有跳跃式工作进给的控制电路

所谓“跳跃式”进给，是指在一次快进和工进后，要继续进行一次或多次快进的重复，使滑台或动力头呈一快一慢的跳跃状态。图3-17为具有跳跃式工作进给的油路系统、工作循环图及电气控制电路图。系统元件的工作状态如表3-13所示。

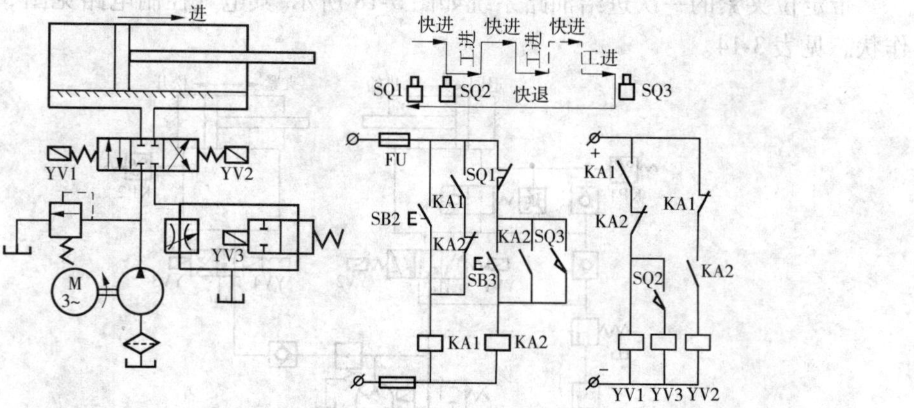

图3-17　具有跳跃式工作进给的油路系统、工作循环图及电气控制电路图

表3-13　元件动作表

工步	YV1	YV2	YV3
快进	+	−	−
工进	+	−	+
快进	+	−	−
工进	+	−	+
快退	−	+	−
原位	−	−	−

跳跃式工作进给液压系统的工作过程是：油泵电动机启动后，按下向前按钮SB2，KA1通电并自锁，电磁阀YV1通电，油泵输出的高压油进入油缸左腔，右腔回油直接流回到油池，滑台快速向前，挡铁压下SQ2时YV3通电，调速阀接入油路，油缸右腔的回油经调速阀流入油池，滑台又快进转入一次工作进给（加工第一孔）。一次工作进给加工结束后，挡铁放开SQ2，YV3断电，滑台又快速向前，挡铁再次压下SQ2时，滑台转入二次工作进给（加工第二孔），实现了跳跃式加工。经过多次跳跃式加工至终点，压下SQ3，KA2通电并自锁，切断电磁阀YV1，接通电磁阀YV2，高压油进入油缸右腔，滑台快速退回原位，并压下SQ1，KA2、YV2断电，滑台停在原位，工作循环结束。

由上述分析可知，跳跃式进给电路中，每次工作进给时，都要压下行程开关SQ2，使电磁阀YV3通电，滑台获得工作进给的移动速度。要实现这种控制方法，可采用安装多个行程开关来实现，但安装比较麻烦，工作又不可靠。因此，实际生产中都采用只安装一个行程开关配合多个挡铁（需有几个跳跃工作进给就安装几块挡铁）的办法，挡铁的长度应与工作进给的行程相同。

4. 带定位夹紧的一次进给系统控制电路

在组合机床中，往往要求几个执行机构按一定的工艺要求和顺序工作。例如，在加工开始之前，首先将工件定位夹紧，而后开始加工，当加工结束退回原位时，应自动拔销松开工件，实现整个加工过程的自动工作循环。

带定位夹紧的一次进给油路系统如图 3-18 所示，其电气控制电路见图 3-19。元件工作状态见表 3-14。

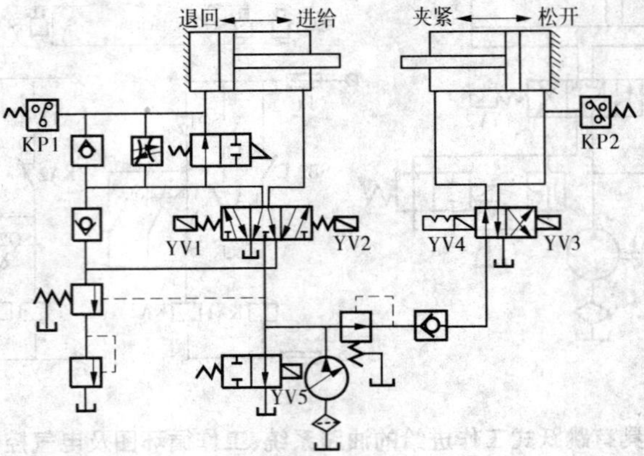

图 3-18　带定位夹紧的一次进给油路系统

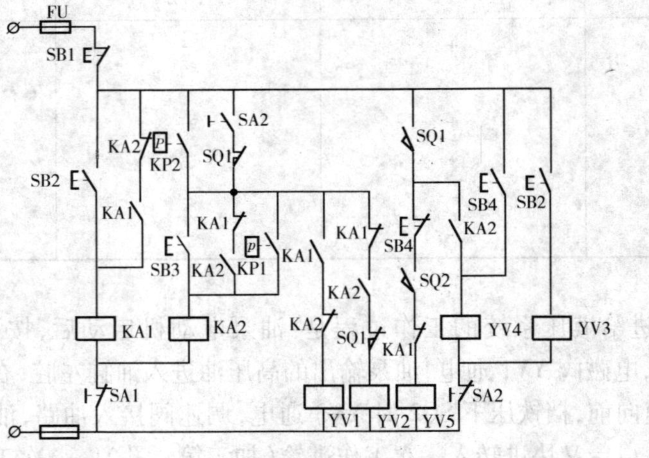

图 3-19　带定位夹紧的一次进给电气控制电路

具有定位夹紧的一次工作进给的液压—电气控制系统工作情况：油泵电动机启动后，油泵打出高压油，液压部件尚未开始工作，滑台停在原位，SQ1 处于被压下状态，卸荷电磁阀 YV5 通电，使油泵打出的高压油经卸荷阀流回油箱，保证了油泵等不因过负荷而损坏。

系统开始工作时，按下工作开始按钮 SB2（SB2 为复合按钮），KA1 通电并自锁，KA1 的常开触点闭合为滑台向前进给电磁铁 YV1 通电做准备；KA1 的常闭触点打开，切断 YV5 电路，卸荷阀关闭，停止卸荷，压力油进入油路，开始工作。按钮 SB2 的常开触点闭合，电磁铁 YV3 通电，压力油打入定位夹紧油缸右腔，实现工件定位夹紧。工件夹紧后，油路压力逐渐升高，压力继电器 KP2 动作，其常开触点闭合，发出信号使向前进给电磁铁

表3-14 定位夹紧的一次工作进给元件动作表

工步	YV1	YV2	YV3	YV4	YV5	行程阀	KP1	KP2
原位	-	-	-	(+)	+	-	-	-
定位夹紧	-	-	+	-	-	-	-	+
快进	+	-	(+)	-	-	-	-	+
工进	+	-	(+)	-	-	+	-	+
死挡铁停留	+	-	(+)	-	-	+	-/+	+
快退	-	+	(+)	-	-	+/-	-	+
松开定位销	-	-	-	+	-	-	-	-

YV1 通电，压力油打入进给油缸左腔，滑台快速进给，至挡铁压下行程阀时，调速阀接入油路，进油量减少，滑台转入工作进给。此时，电路工作状态不变。加工至终点，死挡铁停留，滑台停止前进，压力继电器 KP1 动作，其常开触点闭合，使 KA2 通电并自锁。KA2 常闭触点打开，KA1、YV1 断电。KA2 常开触点闭合，YV2 通电，进给油路工作状态改变，压力油打入进给油缸右腔，滑台快速退回。KA2 另一对常开触点闭合，为松开电磁铁 YV4 通电做准备。当滑台退回原位，压下 SQ1 时，YV2 断电，进给油路切断，滑台停在原位。由于 SQ1 常开触点闭合，YV4 通电，压力油打入夹紧油缸左腔，进行拔销、松开，油路压力降低，KA2 常开触点断开，KA2、YV4 断电。工件被松开后压下 SQ2，卸荷电磁铁 YV5 通电，油路系统卸荷，加工循环结束。

跳跃式工作进给液压系统的工作过程是：油泵电动机启动后，按下向前按钮 SB2，KA1 通电并自锁，电磁阀 YV1 通电，油泵输出的高压油进入油缸左腔，右腔回油直接流回到油池，滑台快速向前，挡铁压下 SQ2 时 YV3 通电，调速阀接入油路，油缸右腔的回油经调速阀流入油池，滑台又快进转入一次工作进给（加工第一孔）。一次工作进给加工结束后，挡铁放开 SQ2，YV3 断电，滑台又快速向前，挡铁再次压下 SQ2 时，滑台转入二次工作进给（加工第二孔），实现了跳跃式加工。经过多次跳跃式加工至终点，压下 SQ3，KA2 通电并自锁，切断电磁阀 YV1，接通电磁阀 YV2，高压油进入油缸右腔，滑台快速退回原位，并压下 SQ1，KA2、YV2 断电，滑台停在原位，工作循环结束。

卸荷电磁阀是油泵的保护环节，当液压系统采用变量泵时，在各液压部件尚未工作、油泵电动机又不停机的情况下，使油泵打出的高压油有一条回油通路，保护油泵不因过负荷而损坏。当液压系统投入工作后，则必须使其立即停止卸荷，使压力油进入油路工作。

电路中，调整开关 SA1、SA2 作为定位夹紧和滑台进给调整用。按钮 SB2、SB3、SB4 同时也作为滑台夹紧、松开和退回调整用。各部分单独调整时，油路和电路的工作情况比较简单，这里不再一一叙述。

小 结

车床 CA6140、磨床 M7130 在实际机加工中应用较多，因此对其电气控制的原理和加工工艺必须非常了解才能讲得清楚、明白，特别应该将实际加工工艺结合电气控制的具体内容去讨论。车床主要是进给、快速控制，磨床主要将充去磁工艺与电磁吸盘的吸力保护和磨床的操作联系起来分析；摇臂钻床集机、电、液一体化控制特点，机械操纵手柄主要完成主轴的各项运动的控制，电气控制主要配合机械和液压实现电机的控制和夹紧的控制，液压主要实现摇臂和立柱以及主轴箱的夹紧。铣床的电气控制技术主要讨论主电路和进给控制电路的电气控制，主电路特点是两地控制和反接制动，进给控制电路集机电联合控制：机械操纵手柄与相应离合器以及行程开关的联合控制，突出点动控制特点。组合机床重点分析液压回路的工作过程，结合电气控制系统图以及加工工艺分析电路的动作过程。

习　题

1. 电气原理图常用什么分析方法？简述机床电气原理图的分析步骤。

2. 机床设备控制电路常用哪些保护措施？

3. 叙述 CA6140 型卧式车床反向启动过程和反转停车过程。

4. M7130 型平面磨床电磁吸盘为什么不能“吸合”？分析其故障原因。

5. M7130 型平面磨床电气控制电路有哪些电气联锁？电磁吸盘为什么要采用欠压保护？请分析该保护原理。

6. 在 M7130 型平面磨床中为什么采用电磁吸盘来夹持工件？电磁吸盘线圈为何要用直流供电而不能用交流供电？

7. 在 M7130 型磨床电气原理图中，若将热继电器 FR1 与 FR2 保护触点分别串接在 KM1 和 KM2 线圈电路中，有何缺点？

8. Z3040 型摇臂钻床主轴电动机为何不能启动或停止？分析其故障原因。

9. Z3040 型钻床电路中，有哪些联锁与保护？为什么要有这几种保护环节？

10. 在 Z3040 型摇臂钻床电路中，时间继电器 KT 与电磁阀 YV 在什么时候动作？YV 动作时间比 KT 长还是短？YV 什么时候不动作？

11. X62W 型卧式万能铣床电路中采用了哪些机械联锁、电气联锁和保护？

12. X62W 型卧式万能铣床工作台为何能向左、右进给，而不能向前、后、上、下进给？分析其故障原因。

13. X62W 型万能铣床中，主轴旋转工作时变速与主轴未转时变速电路工作情况有何不同？

14. 在 X62W 型万能铣床控制电路中，若发生下列故障，请分别分析其故障原因：

(1) 主轴停车时，正、反方向都没有制动作用。

(2) 进给运动中，能向上、后、左运动，不能向前、右、下运动，也不能实现圆工作台运动。

(3) 进给运动中，能向上、下、左、右、前运动，不能向后运动。

(4) 进给运动中，能向上、下、右、前、后运动，不能向左运动。

15. 结合组合机床的液压动力滑台自动循环控制线路，分析各个行程开关的控制作用。

第4单元 桥式起重机的电气控制

【学习目标】

1. 了解15/3 t桥式起重机的基本结构。
2. 了解15/3 t桥式起重机电气控制线路的工作原理。
3. 会识读机床控制系统的安装接线图与原理图。
4. 能独立完成15/3 t桥式起重机电气控制线路的故障检查及排除。
5. 逐步形成正确的机床故障判断和分析的思维方式以及规范的操作程序。
6. 掌握机床电气控制线路的故障分析、判断方法，并能利用电工仪表、工具等熟练排除故障。
7. 掌握机械电气设备维修的一般方法。

【能力目标】

1. 识读15/3 t桥式起重机电气原理图。
2. 熟悉15/3 t桥式起重机电气设备维修的方法。
3. 了解通电试车的预防和保护措施。
4. 了解高空作业安全事项。
5. 认识并了解主令控制器、滑触线、制动器。
6. 读懂15/3 t桥式起重机电气控制原理图。
7. 正确调试15/3 t桥式起重机电气控制线路。
8. 分析、判断15/3 t桥式起重机的电气故障并排除。

【安全规范】

1. 穿戴好安全防护用具，严禁穿凉鞋、背心、短裤、裙装进入工作、实训场地。
2. 使用绝缘工具，并认真检查工具绝缘是否良好。
3. 停电作业时，必须先验电确认无误后方可工作。
4. 带电作业时，必须在教师的监护下进行。
5. 进一步提高电气检修安全意识。

起重机是一种用来起重与空中搬运重物的运输机械，广泛用于工矿企业、车站、码头、建筑等工地，它对促进生产过程机械化起着重要作用，是现代化生产不可缺少的工具。根据其运动形式不同，分为桥式起重机与臂架式起重机。桥式起重机又分为通用式起重机、冶金专用起重机、龙门起重机与缆索起重机等。

桥式起重机是机械制造业和冶金工业中使用最广泛的起重机械。桥式起重机按起吊装置不同,可分为吊钩式起重机、电磁盘式起重机和抓斗式起重机。其中,尤以吊钩式起重机应用最广。本单元以吊钩式起重机的电气设备为例进行讨论与分析。

4.1 桥式起重机概述

4.1.1 桥式起重机的结构及运动情况

桥式起重机一般由桥架、小车、大车移行机构、操纵室、小车导电装置(辅助滑线)、起重机总电源导电装置(主滑线)等部分组成。图 4-1 为桥式起重机结构示意图。

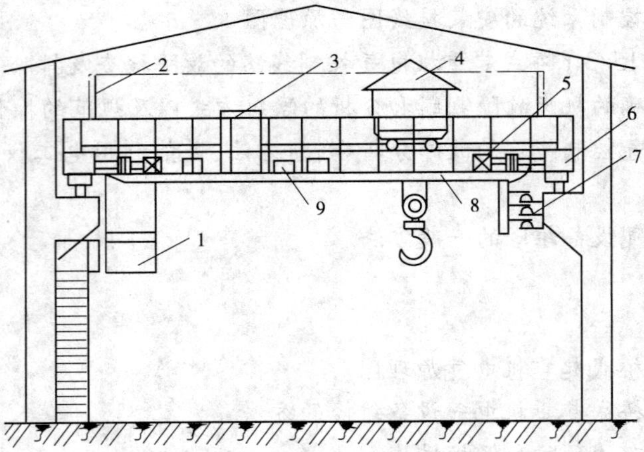

1—驾驶室;2—辅助滑线架;3—控制盘;4—小车;5—大车电动机;
6—大车端梁;7—主滑线;8—大车主梁;9—电阻箱

图 4-1 桥式起重机结构示意图

4.1.1.1 桥架

桥架是起重机的基本构件,由主梁、端梁和走台等部分组成。主梁跨架在车间的上空,有箱型、桁架、腹板、圆管等结构型式。主梁两端有端梁,在两主梁外侧装有走台,设有安全栏杆。在驾驶室一侧的走台上装有大车移行机构,在另一侧走台上装有为小车电气设备供电的装置即辅助滑线架。在主梁上方铺有导轨,供小车移动。整个桥式起重机在大车移行机构拖动下,沿车间长度方向的导轨移动。

4.1.1.2 大车移行机构

大车移行机构由大车拖动电动机、传动轴、万向联轴节、减速器、车轮及制动器等部件组成,如图 4-2 所示。图 4-2(a)为集中拖动,由一台电动机经减速装置驱动大车的两个主动轮同时移动。图 4-2(b)为分别拖动,由两台电动机分别经减速装置驱动两个主动轮同时移动。

4.1.1.3 小车

小车安放在桥架导轨上,可沿车间宽度方向移动。小车主要由钢板焊接而成的小车架以及其上的小车移行机构和提升机构组成。

小车移行机构由小车电动机、制动器、联轴节、减速器及车轮组成。小车电动机经减速器驱动小车主动轮,拖动小车沿导轨移动。由于小车主动轮相距较近,故由一台电动机

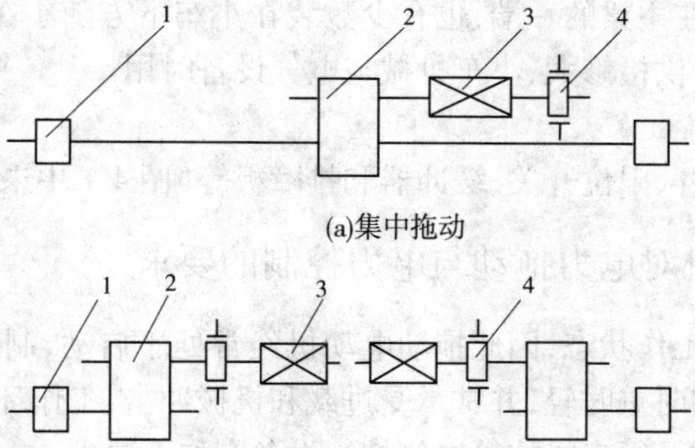

(b)分别拖动

1—主动轮;2—减速器;3—拖动电动机;4—制动器

图 4-2 大车移行机构示意图

驱动。

4.1.1.4 提升机构

提升机构由提升电动机、减速器、卷筒、制动器等组成。提升电动机经联轴节、制动轮与减速器连接,减速器的输出轴与卷筒相连接,钢丝绳的另一端装有吊钩。当卷筒转动时,吊钩就随钢丝绳在卷筒上的缠绕或放开而上升或下降,如图 4-3 所示。对于起重量在15 t及以上的起重机,备有两套提升机构,即主钩与副钩。

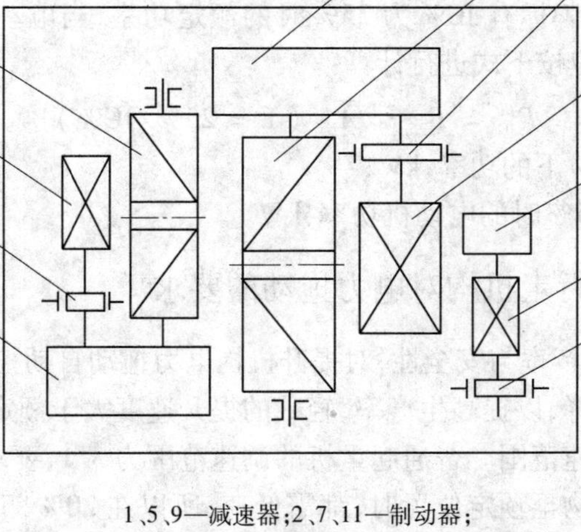

1、5、9—减速器;2、7、11—制动器;
3、8、10—副卷扬、主卷扬、小车电动机;4、6—卷筒

图 4-3 小车机构与提升机构示意图

由上可知,重物在吊钩上随着卷筒的旋转获得上下运动,随着小车在车间宽度方向的移动获得左右运动,并能随大车在车间长度方向作前后运动。这样就可以实现吊起重物在垂直、横向、纵向三个方向的运动,把重物移至任一位置,完成起重运输业务。

4.1.1.5 操纵室

操纵室是操纵起重机的吊舱,又称驾驶室。操纵室内有大、小车移行机构控制装置,提升机构控制装置以及起重机的保护装置等。

操纵室一般固定在主梁的一端，也有少数装在小车下方随小车移动的。操纵室上方开有通向走台的舱口，供检修大、小车机械与电气设备时用。

4.1.1.6 安全装置

安全装置包括栏杆、限位开关、缓冲器和排障板等(图4-1中未标注)。

4.1.2 桥式起重机对电力拖动与电力控制的要求

起重机处于断续工作状态，因此拖动电动机经常处于启动、制动和正反转之中，且负载很不规律，起吊重物时重时轻，并常承受过载和机械冲击，工作环境恶劣。所以，对起重机用电动机、提升机构及行走机构等电气控制设备有如下要求：

(1)为满足起重机重复短时工作制的要求，其拖动电动机按相应的重复短时工作制选择，且用通电持续率JC%表示。

(2)为适应频繁的重载启动，要求电动机具有较大启动转矩和过载能力。

(3)为适应频繁启动、制动，加快过渡过程和减少启动损耗，起重电动机的转动惯量应较小，结构上，转子长度与直径之比值应较大。

(4)为获得不同的行驶速度，采用绕线型异步电动机转子串电阻调速。

(5)为适应恶劣环境和机械冲击，电动机采用封闭式，且有坚固的机械结构、较大的气隙、较高的耐热绝缘等级。

目前，国产新系列起重机用电动机为ZR与JZ系列，前者为转子绕线型异步电动机，后者为笼型异步电动机。

起重机用电动机铭牌标有JC%为25%时的额定功率，当电动机工作在JC%值不为25%时，该电动机容量应按下式进行计算：

$$P_{JC} = P_{25} \cdot \sqrt{A} \quad (A = 25\%/JC\%) \tag{4-1}$$

式中 P_{JC}——任意JC%下的功率，kW；

P_{25}——JC% =25%时的电动机功率，kW。

4.1.3 提升机构与行走机构对电力拖动的要求

为提高起重机的生产率与安全性，对提升机构电力拖动自动控制提出如下要求：

(1)空钩能快速下降，以提高生产率，轻载的提升速度大于额定负载时起升速度。

(2)具有一定的调速范围。普通起重机的调速范围为3:1，要求高的为5:1~10:1。

(3)起升和下降重物至预定位置时，都需低速，所以在30%额定速度内应分成几挡，以便灵活操作。高速向低速过渡应能连续减速，保证平稳运行。

(4)起升的第一级是为了消除传动间隙，使钢丝绳拉紧，以避免产生过大的机械冲击，所以启动转矩不能大，一般在额定转矩的50%以下。

(5)起升电动机可以是电动或制动状态，二者的转换是自动进行的。

(6)采用电气制动以减轻机构抱闸的负担，机构抱闸用以防止因电源故障停电使重物自由下落造成事故。

大车与小车移行机构对电力拖动自动控制的要求比较简单，只需要有一定调速范围及实现准确停车。为实现准确停车，须采用制动停车。

桥式起重机应用广泛,电气设备均已系列化和标准化,可根据电动机容量、工作频繁程度以及对可靠性要求等来选择。

4.2　凸轮控制器及其控制电路

4.2.1　凸轮控制器的结构

凸轮控制器由机械、电气及防护三部分组成,其中机械部分包括手柄、转轴、凸轮、杠杆、弹簧和定位棘轮,电气部分包括触点、接线柱和联板,防护部分包括上下盘板、外罩和灭弧罩。

图 4-4 为凸轮控制器的结构示意图。当转动手柄时,凸轮 7 随绝缘方轴 6 转动,当凸轮的凸起部分顶住滚子 5 时,动静触点分开,当凸轮转到凹处与滚子相碰时,动触点 2 受到弹簧 3 的作用压在静触点 1 上,动静触点闭合时接通电路。在方轴上可以叠装不同形状的凸轮块,以使一系列动、静触点按预先安排的顺序接通与断开,将这些触点接到电动机电路中,便可实现控制电动机的目的。

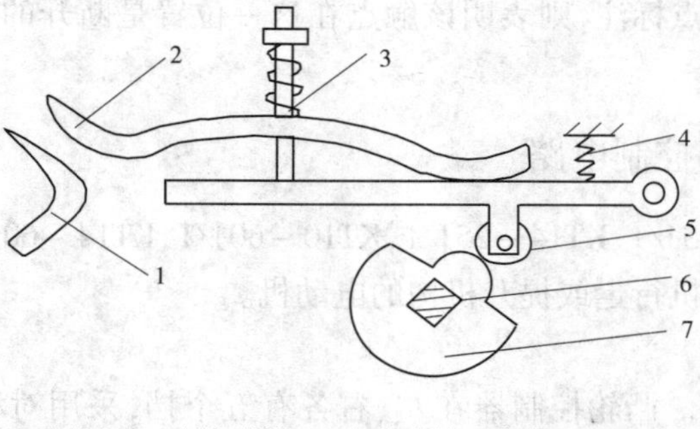

1—静触点;2—动触点;3—触点弹簧;4—复位弹簧;5—滚子;6—绝缘方轴;7—凸轮

图 4-4　凸轮控制器的结构示意图

4.2.2　凸轮控制器型号与主要技术数据

目前,我国生产的凸轮控制器主要有 KT10、KT12、KT14 及 KT16,也有 KTJ1 - 50/1、KTJ1 - 50/5、KTJ1 - 80/1。其中,KT10 型触点为单断点转动式,具有钢制灭弧罩,操作方式有手轮式与手柄式两种。KT14 型触点为双断点直动式,采用半封闭纵缝陶土灭弧罩,只有手柄式一种操作方式。

型号意义:

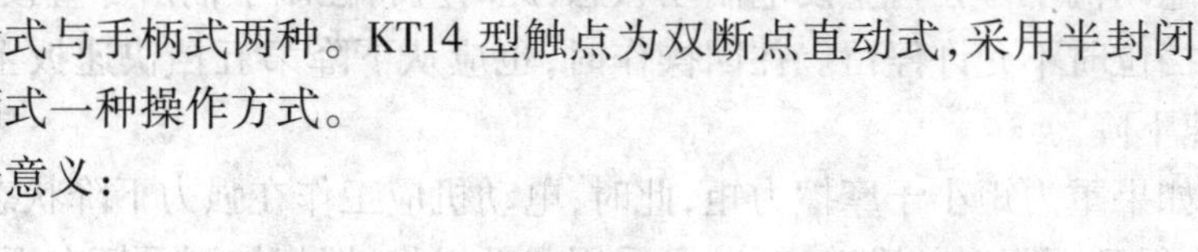

KT14 型凸轮控制器的主要技术数据见表 4-1。

表 4-1　KT14 型凸轮控制器的主要技术数据

型号	额定电压(V)	额定电流(A)	工作位置		电动机(JC% =25%)最大功率(kW)	额定操作频率(次/h)	最大工作周期
			向前(上)	向后(下)			
KT14 – 25J/1	380	25	5	5	11.5	600	10
KT14 – 25J/2		25	5	5	2 × 6.3		
KT14 – 25J/3		25	1	1	8		
KT14 – 60J/1		60	5	5	32		
KT14 – 60J/2		60	5	5	2 × 16		
KT14 – 60J/3		60	5	5	2 × 25		

凸轮控制器在工作图上是以其圆柱表面的展开图来表示的，竖虚线为工作位置，横线为触点位置，在横线、竖虚线交点处若用黑圆点标注，则表明控制器在该位置这一触点是闭合接通的，若无黑圆点标注，则表明该触点在这一位置是断开的，图 4-5 所示为凸轮控制器控制原理图。

4.2.3　凸轮控制器控制电路

图 4-5 为 KT10 – 25J/1、KT14 – 25J/1，KT10 – 60J/1、KT14 – 60J/1 型凸轮控制器控制原理图，用来控制起重机行走或提升机构的电动机。

4.2.3.1　**电路特点**

(1)可逆对称电路。凸轮控制器在左、右各有五个挡，采用对称接法，即控制手柄处在正、反转相应位置时，电动机的工作情况完全相同。

(2)为减少转子的电阻段数及控制转子电阻切除时所用触点数，用凸轮控制器控制绕线型异步电动机，转子串接不对称电阻。

(3)用于提升机构。起升重物时，控制第一挡为预备级，第二至第三挡的起升速度将逐级提高，电动机处于电动工作状态。

重载下放时，电动机工作在再生发电制动状态，此时应将控制手柄由零直接扳至下降等五挡，途经中间挡位时不允许停留。往回操作时，也应从下降第五挡快速扳至零位，否则将引起重载高速下降。

轻载下放时，如果重力矩小于摩擦力矩，此时，电动机应工作在强力下降状态。

该控制电路为得到下降时的准确定位，可采用点动操作，即将控制手柄在下降每挡与零位之间来回操作，并用电磁制动器来配合制动。

图 4-6 为凸轮控制器控制提升电动机的机械特性曲线，从图中可见，提升特性与下降特性对称，但“1”特性为预备级，下降特性中 $A1 \sim A5$ 各点为重载下放重物时，电动机处于再生发电制动状态的稳定工作点。B 点为轻载强力下降时，电动机处于反转电动状态的稳定工作点，这些稳定工作点的转速都较高。

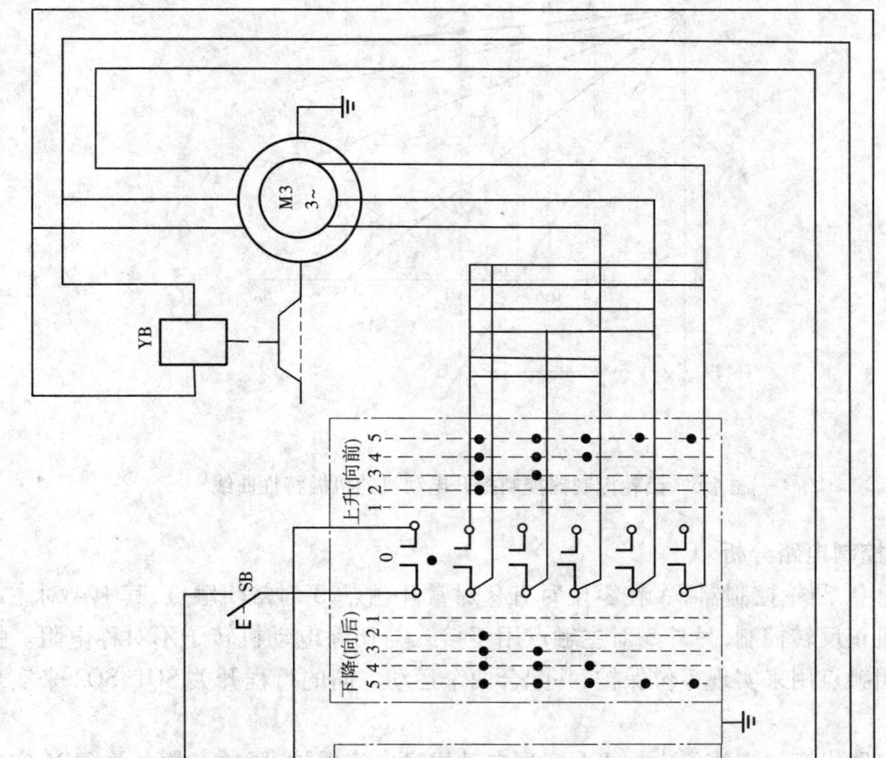

图 4-5　凸轮控制器控制原理图

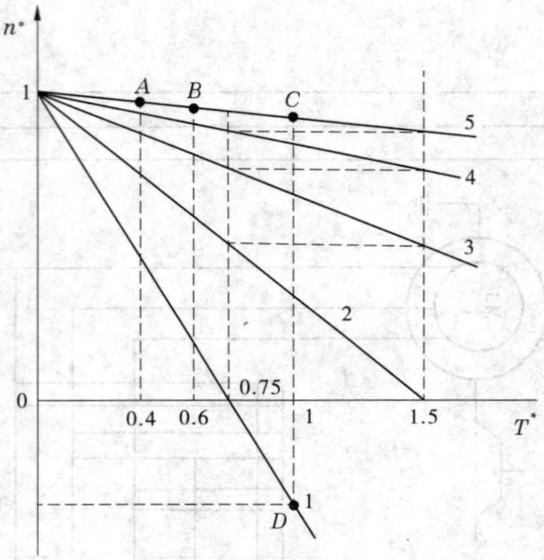

图 4-6　凸轮控制器控制提升电动机的机械特性曲线

4.2.3.2　控制电路分析

图 4-5 中,凸轮控制器 SA 在零位时有 9 对常开触点、3 对常闭触点,其中 4 对主触点用于电动机正反转控制,另外 5 对主触点用于接入与切除电动机转子不对称电阻。控制器 3 对常闭触点用来实现零位保护,并配合两个运动方向的行程开关 SQ1、SQ2 来实现限位保护。

控制电路设有过电流继电器 KA 实现电动机过电流保护,紧急事故开关 SEM 实现事故保护,操纵室顶端舱口开关 SQ3 实现大车顶上无人且舱口关好才可开车的安全保护等。

图 4-5 中,合上三相电源开关 QS,凸轮控制器手柄置于零位,触点 1—2、3—4、5—4 均闭合,合上紧急开关 SEM,如大车顶上无人、舱口关好以后 SQ3 闭合,此时按下启动按钮 SB,接触器 KM 通电吸合,其常开触点闭合,通过限位触点 SQ1、SQ2 构成自锁电路。当手柄置于“反向”位置时,联锁触点 3—4 闭合、5—4 断开,移动机构运动,限位开关 SQ2 起限位保护作用。当移动机构运动至极限位置时,压下 SQ2,切断自锁电路,线圈 KM 自动断电,移动机构停止运动。这时如要使移动机构向另一方向运动,则必须先将凸轮控制器手柄置于零位,才能使接触器 KM 重新通电吸合并通过 SQ1 支路自锁,操作凸轮控制器手柄到“正向”位置,移动机构就能向另一方向移动。

凸轮控制器作用如下:控制电动机的正向、停止或反向;控制转子电阻大小及电动机的转速,以适应起重机工作的不同速度的要求;适应起重机较频繁工作的特点;有零位触点,实现零位保护;与限位开关联合工作,可限制移动机构运动的位移,防止发生人身与设备事故。

4.3 起重机的电气保护

为保护起重机安全可靠地工作,电气控制具有下列保护与联锁:电动机过载保护,短路保护,失压保护,凸轮控制器零位联锁,终端保护,舱盖、端梁、栏杆门安全开关等保护。

(1)电动机过载和短路保护:对绕线型异步电动机采用电流继电器,瞬时过电流继电器只用于短路保护,反时限特性的过电流继电器不仅具有短路保护,还具有过载保护。桥式起重机的总保护用过电流继电器和接触器保护。

(2)失压保护:用主令控制器的机构,常在控制电路中加零压继电器作失压保护;用凸轮控制器的机构,利用保护箱中的线路接触器作失压保护;起重机总保护和部分机构中,用自动复位按钮和线路接触器实现失压保护。

(3)控制器零位联锁:为保证只有当主令或凸轮控制器手柄置于零位时,才能接通控制电路,常将控制器仅在零位闭合的触点与该机构起失压保护作用的零压继电器或线路接触器的线圈相串联,并用该继电器或接触器的常开触点作自锁,实现零位联锁,可避免控制器手柄不在零位而发生停电事故,一旦送电将使电动机自动启动而发生危险。

(4)制动器的制动保护:由于起重机经常处于启动和制动状态,因此制动器在起重机中既是工作装置又是安全装置。当制动电磁铁断电时,制动器立即制动,对起重机行走和提升机构起到安全保护作用。

下面介绍几种保护设备及元件。

4.3.1 交流起重机保护箱

4.3.1.1 保护箱内主要电器及元件作用

保护箱是为采用凸轮控制器操作的控制系统进行保护而设置的。它由刀开关、接触器、过流继电器、熔断器等电气元件组成。图4-7为XQB1型保护箱原理图。各元件作用如下:

(1)三相闸刀开关QS用来空载接通或切断电源。单相闸刀开关QS2用来作控制电路、信号灯和电铃的电源开关。

(2)接触器KM用来带负载接通或切断电路。

(3)过电流继电器KA用来保护电动机及动力线路的过载或短路保护。

(4)熔断器FU用作短路保护。

4.3.1.2 启动按钮SB起作用的条件

(1)3个控制器都在零位,触点12、17都闭合。

(2)紧急开关SA1闭合。

(3)舱口安全开关SQ6的常开触点闭合。

(4)端梁的栏杆门关闭,行程开关SQ7和SQ8的常开触点都闭合。

(5)无过流,过电流继电器的常闭触点都闭合。

图4-7中按下启动按钮SB,接触器KM线圈通电而吸合,其主触点接通主电路。

接触器KM能自锁的条件是有关的限位开关触点闭合。SQ5为提升限位开关;SQ1

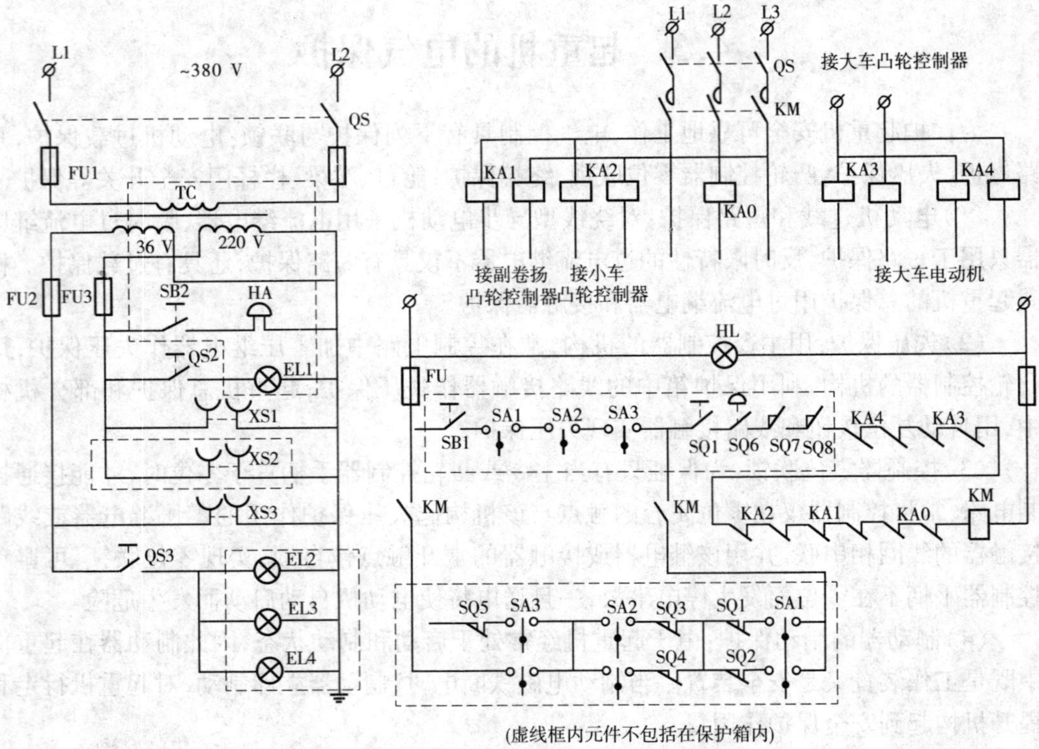

图 4-7　XQB1 型保护箱原理图

和 SQ2 为小车限位开关,装在桥架上小车轨道的两端,挡铁装在小车上;SQ3 和 SQ4 为大车限位开关,装在桥架上,挡铁在轨道的两端。

限位开关与控制器的触点相连后并联,在同一时间内并联的两条支路中只有一条是通的。如小车向前移动,控制器的向前触点闭合,向前限位开关 SQ1 起作用,而另一支路中控制器的向后触点是断开的,向后限位开关不起作用。同理,大车向左移动时,只有向左限位开关 SQ3 才起作用;大车向右移动时,只有向右限位开关 SQ4 才起作用。

提升重物时,升降凸轮控制的触点"10"断开,限位开关 SQ5 起限位作用。

4.3.2　过电流继电器

JL12 系列过电流继电器用于交流 380 V 及直流 440 V 以下、电流 5 ~ 300 A 的电路中,起到电流保护作用。

图 4-8 是 JL12 系列过电流延时继电器的结构示意图。JL12 系列过电流继电器有两个线圈,串入电动机定子的两根相线中,线圈中各有可吸上的衔铁,当流过线圈的电流超过一定值时,衔铁吸上,顶住微动开关使其动作,实现保护。由于该衔铁置于阻尼剂(201 - 100 甲基硅油)中,衔铁在电磁吸力作用下向上运动时,必须克服阻尼剂的阻力,所以只能缓缓向上移动,直至推动微动开关动作。正由于硅油的阻尼作用,继电器才具有反时限的保护特性,同时也防止了电动机启动时,因启动电流较大而引起的误动作。

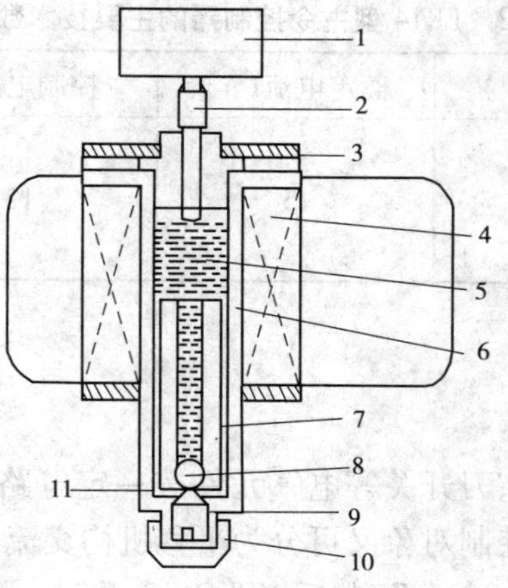

1—微动开关;2—顶杆;3—封口塞;4—线圈;5—硅油;6—导管(油杯);
7—动铁芯;8—钢珠;9—调节螺钉;10—封帽;11—油孔

图4-8 JL12系列过电流延时继电器的结构示意图

4.4 主令控制器与交流磁力控制盘

凸轮控制器控制电路具有结构简单、维修方便、经济性能好等优点,与保护配电箱配合,广泛地用于桥式起重机的电气控制,但在下列情况下却难以胜任:电动机容量在22 kW以上;操作频率高、每小时通断次数600以上;起重机工作繁重,要求电气设备有较长的寿命;要求起重机工作时,有较好的调速和点动性能。

为了满足上述要求,往往采用主令控制器与交流磁力控制盘相配合完成,以达到控制电动机启动、调速、换向和制动的目的。其常用于起重机、轧钢机及其他生产机械磁力控制盘的主令控制。

4.4.1 主令控制器

主令控制器的结构与工作原理基本上与凸轮控制器相同,也是利用凸轮块来控制触点闭合的。在方形转轴上安装一串不同形状的凸轮块,就可获得按一定顺序动作的触点,即使在同层,不同角度及形状的凸块,当手柄转动时,也能获得在手柄不同位置、同一触点接通或断开的效果,再由这些触点去控制接触器,就可获得按一定要求动作的电路。

4.4.2 主令控制器型号及主要技术性能

目前生产和使用的主令控制器主要有LK14、LK15、LK16型。其主要技术性能为:额定电压为交流50 Hz、380 V以下及直流220 V以下,额定操作频率为1 200次/h。表4-2为LK14型主令控制器的主要技术数据。

表 4-2　LK14 型主令控制器的主要技术数据

型号	额定电压(V)	额定电流(A)	控制电路数	外形尺寸(mm)
LK14 - 12/90 LK14 - 12/96 LK14 - 12/97	380	15	12	227 × 220 × 300

4.4.3　交流磁力控制盘

将控制用接触器、继电器、刀开关等电气元件按一定电路接线组装在一块盘上,称作磁力控制盘。磁力控制盘按控制对象又可分为平移机构交流磁力控制盘与升降机构交流磁力控制盘两类产品,前者为 PQY 系列,后者为 PQS 系列。按控制电动机台数和线路特征分为:

PQY1 系列:控制 1 台电动机。

PQY2 系列:控制 2 台电动机。

PQY3 系列:控制 3 台电动机,允许 1 台单独运转。

PQY4 系列:控制 4 台电动机,分为两组,允许每组电动机单独运转。

PQS1 系列:控制 1 台升降电动机。

4.4.4　提升机构磁力控制器控制系统

4.4.4.1　控制系统组成

磁力控制器由主令控制器与 PQR10A 系列控制盘组成。主令控制器安装在驾驶室内,其余电气设备均安装在桥架控制盘中。

图 4-9 为提升机构磁力控制器控制系统电路图。主令控制器 SA 有 12 对触点,“提升”和“下降”各有 6 个工作位置,通过这 12 对触点的闭合与开断,可控制电动机定子与转子电路的接触器,实现电动机工作状态的改变,拖动吊钩按不同的速度起升与下降。KM1、KM2 为电动机正、反转接触器;KM3 为制动接触器,控制三相交流电磁块式制动器;YB 为三相交流电磁制动器;KM4 和 KM5 为反接制动接触器;KM6 ~ KM9 为启动加速接触器,控制电动机转子电阻。

4.4.4.2　电路分析

1. 提升重物时的电路工作情况

“提升”有 6 个挡位,当 SA 手柄扳到“上 1”挡位时,控制器触点 SA3、SA4、SA6 与 SA7 闭合,使接触器 KM1、KM3 和 KM4 通电吸合,电动机按正转相序接通电源,制动电磁铁 YB 通电,电磁抱闸松开,KM4 主触点短接一段电阻。电动机工作在图 4-10 所示“上 1”机械特性。由于该特性对应的启动转矩小,一般吊不起重物,只作为拉紧钢丝绳,消除吊钩传动系统齿轮间隙的预备启动级。当“SA”手柄依次扳到提升第 2、3、4、5、6 挡时,接触器触点 SA8 ~ SA12 依次闭合,接触器 KM5 ~ KM9 通电吸合,逐级短接转子各段电阻,获得 5 种提升速度。

在提升各挡位置,因主令控制器触点 SA3 始终闭合,将上升行程开关 SQ1 的动触点

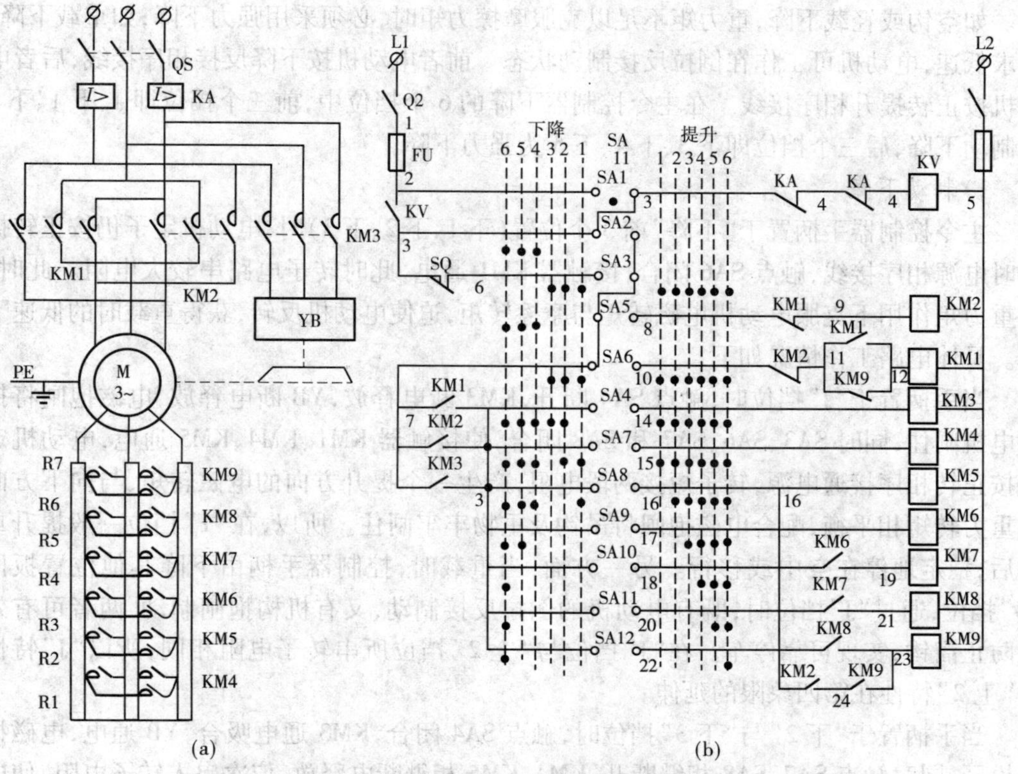

图 4-9　PQR10A 系列磁力控制器控制系统电路图

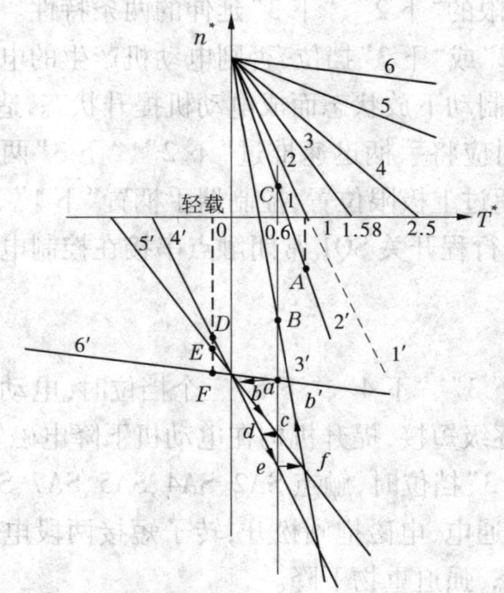

图 4-10　PQR10A 系列磁力控制器控制电动机机械特性

始终串在提升电路中，实现提升的限位保护。

2. 下降重物时的电路工作情况

下降重物时，主令控制器也有 6 个挡位，但根据重物质量，可使电动机工作在不同状态。如空钩或轻载下降,重力矩不足以克服摩擦力矩时,必须采用强力下降;如重载下降,要求低速,电动机可工作在倒拉反接制动状态。前者电动机按下降反接相序接线,后者电动机按正转提升相序接线。在主令控制器下降的 6 个挡位中,前三个挡位即 J、下 1、下 2 为制动下降,后三个挡位即下 3、下 4、下 5 为强力下降。

1)制动下降

主令控制器手柄置于"下降"前 3 个位置(下 1、下 2、下 3)时,电动机定子仍按正转提升时电源相序接线,触点 SA6 闭合,接触器 KM1 通电,此时转子电路串较大电阻。此时,在重力矩作用下克服电动机电磁转矩与摩擦转矩,迫使电动机反转,获得重载时的低速下降。具体电路工作情况如下:

当手柄置于"J"挡位时,触点 SA4 断开,KM3 断电释放,YB 断电释放,电磁抱闸将拖动电机闸住,同时 SA3、SA6、SA7 和 SA8 闭合,使接触器 KM1、KM4、KM5 通电,电动机定子按正转相序接通电源,转子短接两段电阻,产生一个提升方向的电磁转矩,与向下方向的重力转矩相平衡,配合电磁抱闸将吊钩及重物牢牢闸住。所以,在"1"挡位一般提升重物后,稳定地停在空中或移行。另一方面,当重载时,控制器手柄由下降其他位置扳回"0"挡位,通过"J"挡位时,既有电动机的倒拉反接制动,又有机构抱闸制动,两者可有效地防止溜钩,实现可靠停车。在"J"挡位与"上 2"挡位所串转子电阻相同,所以"J"特性为"上 2"特性在第四象限的延伸。

当手柄置于"下 2"与"下 3"挡位时,触点 SA4 闭合,KM3 通电吸合,YB 通电,电磁抱闸松开;同时触点 SA7、SA8 相继断开,KM4、KM5 相继断电释放,依次串入转子电阻,使电动机产生的电磁转矩逐级减小,工作在反接制动状态,得到两级重载下降速度,即图 4-10 中机械特性曲线中第四象限的"下 2"、"下 3"延伸的两条特性。轻载或空钩下放时,切不可将主令控制停留在"下 2"或"下 3"挡位,否则电动机产生的电磁转矩将大于负载转矩,使电动机不处于倒拉反接制动下放状态而成电动机提升状态,造成轻载或空钩,不但不下降,反而上升的现象。此时应将手柄迅速推过"下 2"、"下 3"两挡位。为防止操作失误,产生上述现象,甚至上升超过上极限位置,控制器手柄置"下 1"、"下 2"、"下 3"三个挡位时,触点 SA3 闭合,将上升行程开关 SQ1 常闭触点串接在控制电路,实现上升时的限位保护。

2)强力下降

当控制器手柄置于"下 3"、"下 4"、"下 5"三个挡位时,电动机定子接反转相序电源,电磁抱闸松开,转子电阻逐级短接,提升机构在电动机下降电磁转矩和重力转矩共同作用下,使货物下降。置于"下 3"挡位时,触点 SA2、SA4、SA5、SA7、SA8 闭合,使接触器 KM3、KM2、KM4、KM5 通电,YB 通电,电磁抱闸松开,转子短接两段电阻,定子按反转相序接电源,电动机工作在反转状态,强迫重物下降。

置于"下 4"与"下 5"挡位时,在"下 3"挡位基础下,触点 SA9 与 SA10 ~ SA12 相继闭合,接触器 KM6 与 KM7 ~ KM9 相继通电,短接转子电阻。

由图 4-9 可知,在下降的"下 3"、"下 4"、"下 5"挡位时,转子电阻串接情况对应地与上升时的"上 2"、"上 3"、"上 6"挡位相同,所以这时的机械特性在第三象限,且与第一象限的"上 2"、"上 3"、"上 6"挡位相对应,从而获得轻载时 3 种强力下降。

由上述分析可知:当控制器手柄置于下降“J”位置时,为提升重物后稳定地停留在空中或吊着移动用,或用于重载准确停车;下降挡“下1”与“下2”时为重载低速下降用;下降挡“下3”、“下4”、“下5”为轻载低速强迫下降用或用于重载高速($n>n_a$)下降重物。

3. 电路的联锁与保护

(1)强力下降过渡到制动下降。轻载下放时,允许手柄置于“下4”、“下5”和“下6”各挡位,且下降速度依次提高。如对重物质量估计不足,而应将控制手柄置于“下5”,此时重物在自重力矩与电动机下降电磁转矩作用下加速下降,速度越来越快,电动机反转电动状态进入再生发电制动状态。如图4-10所示,工作点由强力下降特性6过渡到第四象限上的 a 点,以高于同步转速下降,这是很危险的,此时应将手柄立即扳回到“下3”、“下2”或“下1”挡位,使重物进入低速制动下降。在扳回手柄时,要经过“下4”和“下5”挡位,在转换过程中触点 SA9 ~ SA12 断开,接触器 KM6 ~ KM9 断电,电动机转子电阻逐级串入,机械特性变软,使电动机再生发电制动速度越来越快,工作点由图中 a 点过渡到再生发电制动曲线,即特性“下4”、“下5”在第四象限的延长线再进入到“下4”特性上的 e 点,最后稳定运行在特性“下3”B 点上。为避免转换过程中出现高速下降,在图4-9电路中,将触点 KM2(16 ~ 24)与触点 KM9(24 ~ 23)串接后接于 SA8 与 KM9 线圈之间,此时手柄置于“下6”挡位,KM9 通电并自锁,再由“下6”挡位扳回“下4”和“下5”挡位,虽然触点 SA12 断开,但经 SA8、KM2(16 ~ 24)、KM9(24 ~ 23)仍使 KM9 通电,转子电阻始终只串一段的软化级电阻,使电动机仍工作在强力下降“下6”特性上,实现由强力下降过渡到制动下降,避免出现高速下降。在该支路中串入触点 KM2(16 ~ 24)是为电动机正转相序接线时,该触点断开使支路不起作用。

(2)保护反接制动电阻在被串入的条件下进入制动下降的联锁。控制器手柄由“下4”扳到“下3”挡位时,触点 SA5 断开,SA6 闭合,KM2 断电释放,KM1 通电吸合,电动机处于反接制动状态。为保证正确进入“下3”挡位的反接特性,避免反接时产生过大冲击电流,应使 KM9 断电后才允许 KM1 通电。此时,一方面在主令控制器闭合顺序上保证 SAB 断开后 SA6 才闭合,另一方面增设触点 KM1(11 ~ 12)与常闭触点 KM9(11 ~ 12)并联构成自锁,保证 KM9 断电释放后,KM1 线圈才能接通并自锁。该环节还可防止 KM9 主触点因电流过大出现熔焊现象,在转子始终串入电阻的情况下电动机正向直接启动的事故发生。

(3)在控制器“下1”至“下6”挡位时,为确保电磁抱闸 YB 通电吸合,将抱闸松开,即 KM3 通电。为此,在 KM3 控制电路中设置触点 KM1(7 ~ 13)、KM2(7 ~ 13)、KM3(7 ~ 13)的并联电路,当手柄在“下2”与“下3”挡位之间转换时,由于 KM1 与 KM2 采用了电气与机械联锁,在换接过程中有一瞬间两个触点均未吸合,为此引入 KM3 自锁触点(7 ~ 13)确保 KM3 始终通电。

(4)加速接触器 KM6 ~ KM8 常开触点串接于下一级加速接触器 KM7 ~ KM9 电路中,实现短接转子电阻的顺序联锁作用。

(5)完善的保护。由电压继电器 KV 与主令控制器 SA 实现零压与零位保护,由过电流继电器 KA 实现过电流保护,由行程开关 SQ1、SQ2 实现吊钩上升与下降的限位保护。

4.5 PQY、PQS 系列交流起重机磁力控制站及其控制电路

PQY、PQS 系列交流起重机磁力控制盘与主令控制器配合,通常用来控制与保护绕线型异步电动机的启动、调速、反向制动,是全国统一产品,其中 PQY 系列为平移机构控制站,PQS 系列为升降机构控制站。本节以 PQY2、PQS1 系列线路为例进行分析。

4.5.1 PQY2 系列控制站控制电路

4.5.1.1 电路组成及特点

图 4-11 为 PQY2 系列控制站控制电路图。其中,SA 为主令控制器,共有 6 对触点、7 个挡位,中间是零位(3 - 0 - 3),左右各有 3 个挡位,采用对称接法。M1、M2 为平移机构电动机,启动电阻对称连接,启动级数与电动机大小有关。

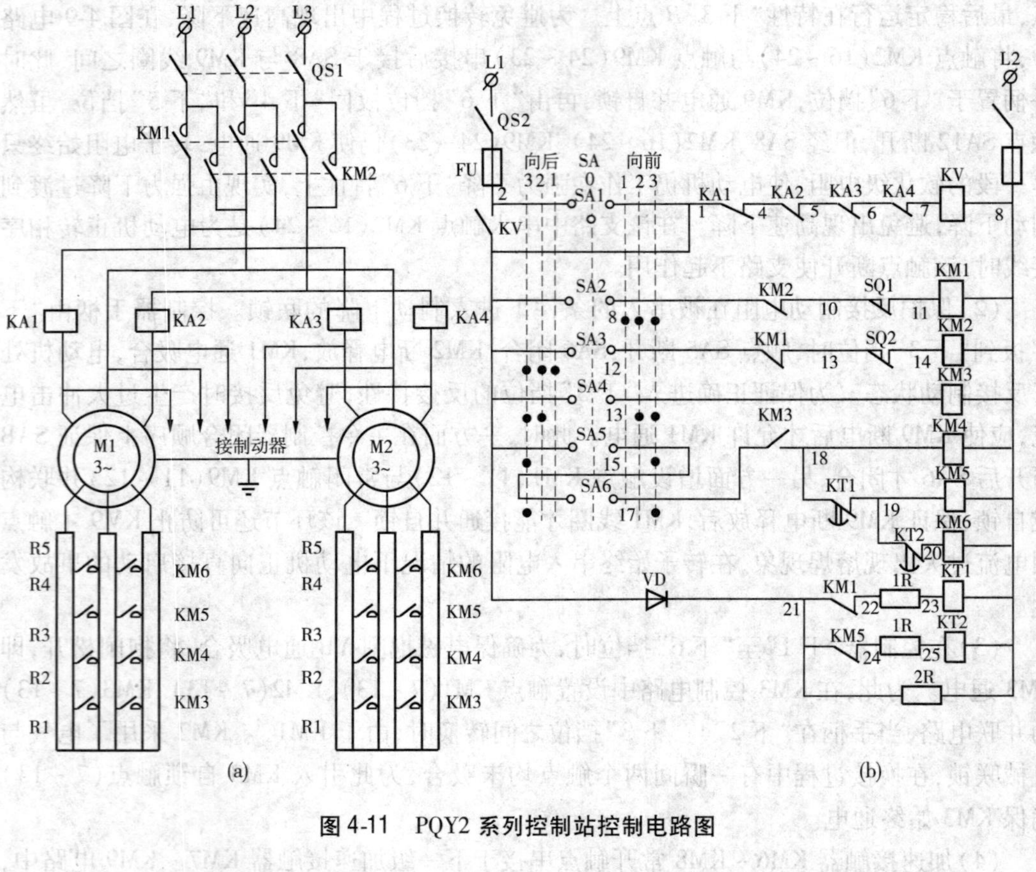

图 4-11 PQY2 系列控制站控制电路图

转子电阻级数分为两种:当被控电动机容量为 11 ~ 100 kW 时,启动级数为 4 级,其中第一、二两级电阻由主令控制器 SA 手动切换,后两级由时间继电器与接触器自动切除;当被控制电动机容量在 125 ~ 160 kW 时分为 5 级,第一、二级由主令控制器 SA 手动切换,其余 3 级由时间继电器与接触器自动切除。制动电磁铁与电动机同时接通和断开。

电路设有机械制动，其驱动元件由电动机正、反转接触器 KM1 与 KM2 控制。此外，主令控制器 SA 反向第一挡为电气反接制动停车。KA1～KA4 为过电流继电器，用来实现电动机过电流保护；KV 为零压继电器，与 SA 配合实现零压保护；SQ1、SQ2 为行程开关，用来实现平移机构限位保护。

4.5.1.2　**电路分析**

当 SA 手柄置于零位时，触点 1 闭合，零压继电器 KV 通电吸合并自锁，为电动机工作做准备。同时，时间继电器 KT1、KT2 通电吸合，其常闭延时触点断开接触器 KM5、KM6 的线圈回路，为继电延时做准备。

4.5.2　PQS1 系列控制站控制电路

图 4-12 为 PQS1 系列控制站控制电路图。SA 为主令控制器，有 11 对触点、7 个挡位，中间为零位，左右各有 3 个挡位，为可逆不对称电路；电动机 M 转子串接对称电阻，其级

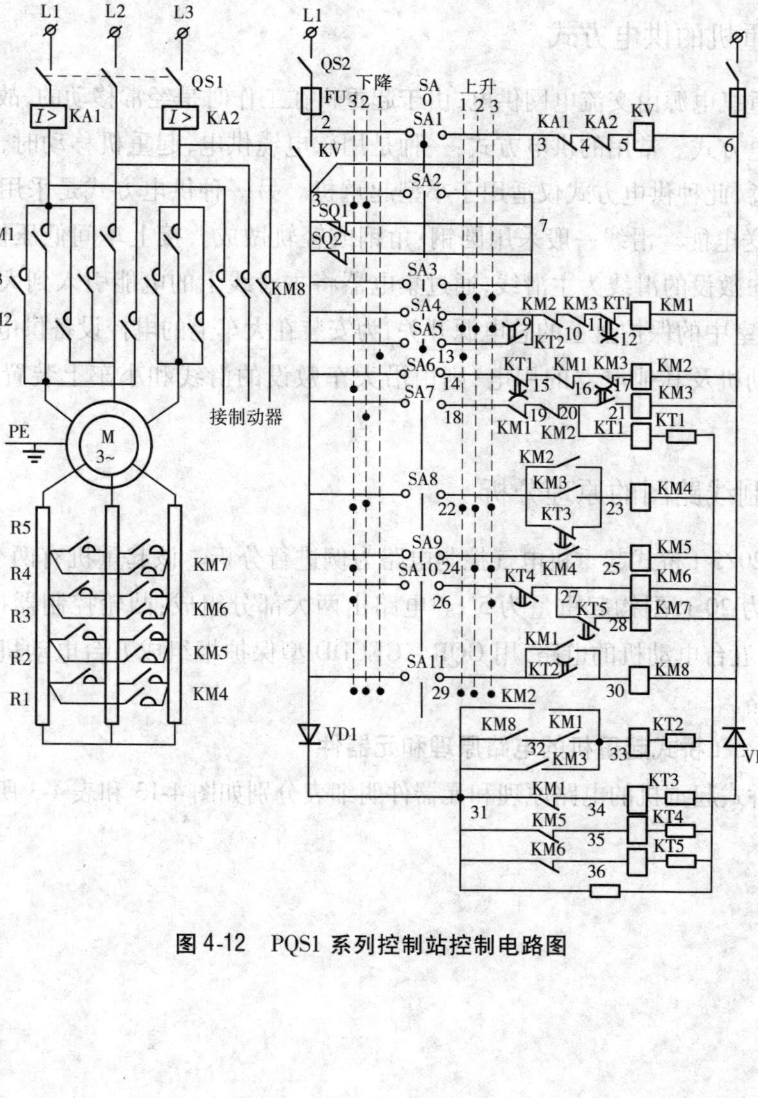

图 4-12　PQS1 系列控制站控制电路图

数分为两种:电动机容量小于等于 100 kW 时串入四级电阻,容量大于等于 125 kW 时串入五级电阻。其中,第一、二级电阻由主令控制器 SA 操作手动切换,其余级数皆由时间继电器自动切除。

制动器由接触器 KM8 控制,在所有上升、下降位置,制动器都通电,制动器松开电动机。

4.6 桥式起重机的供电及典型故障分析

随着现代机械制造技术的不断发展,机械设备在工业企业中的作用和地位越来越重要。桥式起重机作为现代化生产不可缺少的机械设备,由于作业环境复杂,工作方式特殊,发生故障的概率很高,起重机带病运转的现象普遍存在。通过对桥式起重机控制电路的分析,能够对桥式起重机的保养、维修起到积极作用。

4.6.1 起重机的供电方式

交流起重机电源由交流电网供电,由于起重机在工作时是经常移动的,故不能采用固定连接的供电方式。常用的供电方式:一种是用软电缆供电,起重机移动时,软电缆也随着伸展与叠卷,此种供电方式仅适用于小型起重机。另一种供电方式是采用滑线和集电器(电刷)传送电能。滑线一般采用圆钢、角钢或轻轨做成。接上车间低压供电电源、沿车间长度方向敷设的滑线为主滑线,通过集电器将主滑线上的电能引入到大车的保护框内,进入驾驶室中的保护盘上的总电源开关,为安装在大车上的电控设备供电。小车和起升机构的电动机及其他电器的用电,则由沿大车敷设的滑线和小车上装置的集电器来完成。

4.6.2 控制线路图的原理分析

这里以 20/5 t 桥式起重机电气控制电路为例进行分析。该起重机有两个卷扬机构,主钩起重量为 20 t,副钩起重量为 5 t。电路由两大部分组成:凸轮控制器控制大车、小车、主副钩等五台电动机的电路,用 GQR－GECDD 型保护柜组成五台电动机正常工作的保护控制电路。

4.6.2.1 20/5 t 桥式起重机的电路原理和元器件

20/5 t 桥式起重机的电路原理和元器件明细表分别如图 4-13 和表 4-3 所示。

AC1 副钩

	向下						向上				
	5	4	3	2	1	0	1	2	3	4	5
V13－1W							×	×	×	×	×
V13－1U	×	×	×	×	×						
U13－1U							×	×	×	×	×
U13－1W	×	×	×	×	×						
1R5	×	×	×	×				×	×	×	×
1R4	×	×	×						×	×	×
1R3	×	×								×	×
1R2	×										×
1R1	×										×
AC1－5						×	×	×	×	×	×
AC1－6	×	×	×	×	×	×					
AC1－7						×					

（a）

AC2 小车

	向左						向右				
	5	4	3	2	1	0	1	2	3	4	5
V14－2W							×	×	×	×	×
V14－2U	×	×	×	×	×						
U14－2U							×	×	×	×	×
U14－2W	×	×	×	×	×						
2R5	×	×	×	×				×	×	×	×
2R4	×	×	×						×	×	×
2R3	×	×								×	×
2R2	×										×
2R1	×										×
AC2－5						×	×	×	×	×	×
AC2－6	×	×	×	×	×	×					
AC2－7						×					

（b）

AC3 大车

	向后						向前				
	5	4	3	2	1	0	1	2	3	4	5
V12－3W,4U							×	×	×	×	×
V12－3U,4W	×	×	×	×	×						
U12－3U,4W							×	×	×	×	×
U12－3W,4U	×	×	×	×	×						
3R5	×	×	×	×				×	×	×	×
3R4	×	×	×						×	×	×
3R3	×	×								×	×
3R2	×										×
3R1	×										×
4R5	×	×	×	×				×	×	×	×
4R4	×	×	×						×	×	×
4R3	×	×								×	×
4R2	×										×
4R1	×										×
AC3－5						×	×	×	×	×	×
AC3－6	×	×	×	×	×	×					
AC3－7						×					

（c）

AC4 主钩

		下降							上升					
		强力			制动									
		5	4	3	2	1	J	0	1	2	3	4	5	6
	S1													
	S2	×	×	×										
	S3				×	×	×		×	×	×	×	×	×
SM3	S4	×	×	×	×	×			×	×	×	×	×	×
SM1	S5	×	×	×										
SM2	S6				×	×	×		×	×	×	×	×	×
SM4	S7	×	×	×		×	×		×	×	×	×	×	×
SM5	S8	×	×	×			×			×	×	×	×	×
SM6	S9	×	×								×	×	×	×
SM7	S10	×										×	×	×
SM8	S11	×											×	×
SM9	S12	×	0	0										×

（d）

×表示触点闭合；0 表示触点转向零位时闭合

图 4-13　20/5 t 桥式起重机的电路原理

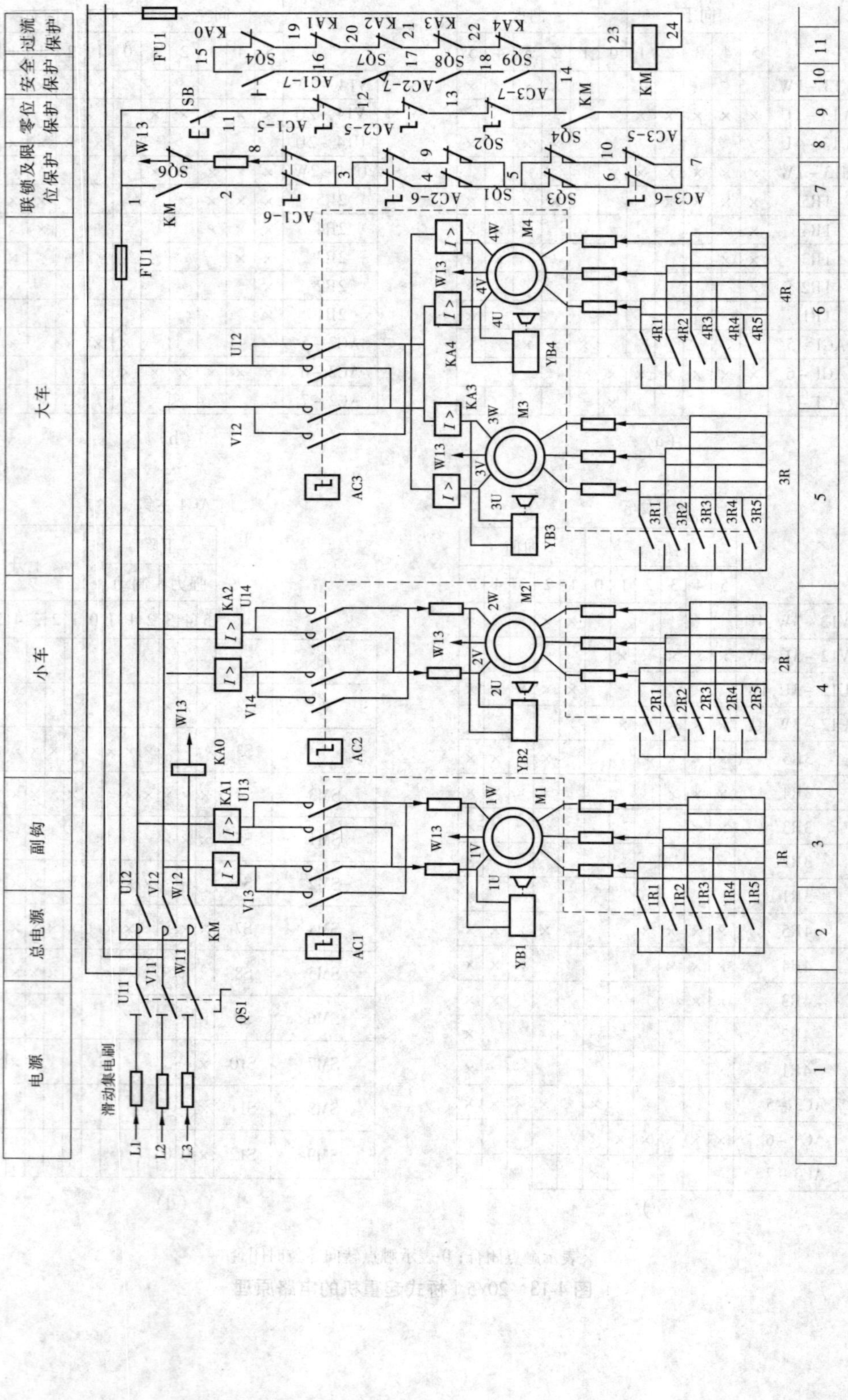
电源
总电源
副钩
小车
大车
联锁及限位保护
零位保护
安全保护
过流保护
滑动集电刷
QS1
KM
FU1
AC1
AC2
AC3
M1
M2
M3
M4
YB1
YB2
YB3
YB4
KA0
KA1
KA2
KA3
KA4
1R
2R
3R
4R
SB
SQ1
SQ2
SQ3
SQ4
SQ6
SQ7
SQ8
SQ9

续图4-13

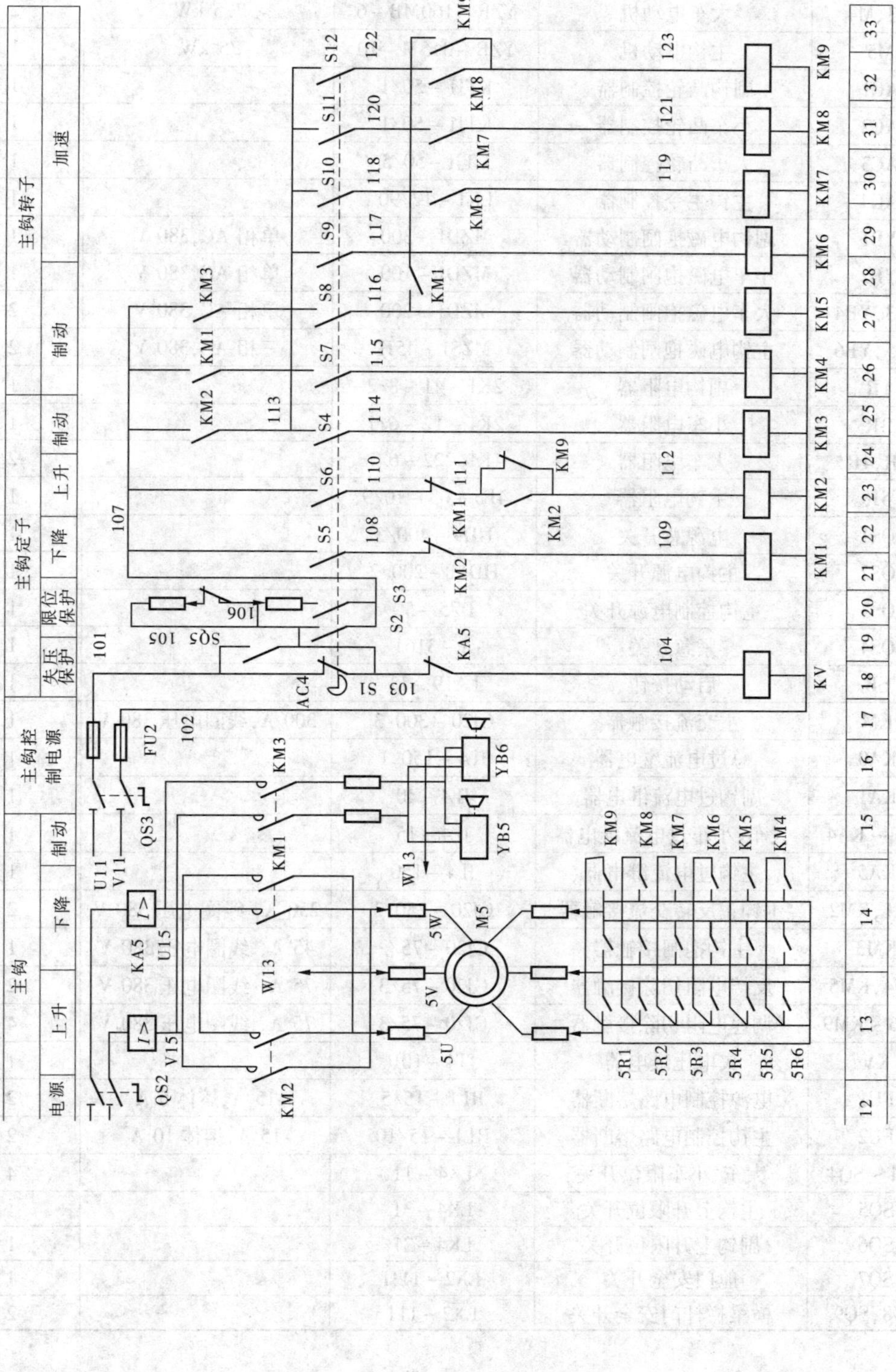

电源
主钩
上升
下降
制动
主钩控制电源
失压保护
限位保护
主钩定子
下降
上升
制动
制动
主钩转子
加速
QS2
QS3
KA5
U11
V11
U15
V15
FU2
101
102
103
104
105
106
107
108
109
110
111
112
113
114
115
116
117
118
119
120
121
122
123
AC4
S1
S2
S3
S4
S5
S6
S7
S8
S9
S10
S11
S12
SQ5
KM1
KM2
KM3
KM4
KM5
KM6
KM7
KM8
KM9
KV
W13
YB5
YB6
M5
5U
5V
5W
5R1
5R2
5R3
5R4
5R5
5R6
12
13
14
15
16
17
18
19
20
21
22
23
24
25
26
27
28
29
30
31
32
33

续图4-13

表 4-3　桥式起重机元器件明细表

代号	元件名称	型号	规格	数量
M1	副钩电动机	YZR－200L－8	15 kW	1
M2	小车电动机	YZR－132MB－6	3.7 kW	1
M3、M4	大车电动机	YZR－160MB－6	7.5 kW	2
M5	主钩电动机	YZR－315M－10	75 kW	1
AC1	副钩凸轮控制器	KTJ1－50/1		1
AC2	小车凸轮控制器	KTJ1－50/1		1
AC3	大车凸轮控制器	KTJI－50/5		1
AC4	主钩主令控制器	LK1－12/90		1
YB1	副钩电磁抱闸制动器	MZD1－300	单相 AC,380 V	1
YB2	小车电磁抱闸制动器	MZD1－100	单相 AC,380 V	1
YB3,YB4	大车电磁抱闸制动器	MZD1－200	单相 AC,380 V	2
YB5,YB6	主钩电磁抱闸制动器	MZS1－45H	三相 AC,380 V	2
1R	副钩电阻器	2K1－41－8/2		1
2R	小车电阻器	2K1－12－6/1		1
3R,4R	大车电阻器	4K1－22－6/1		2
5R	主钩电阻器	4P5－63－10/9		1
QS1	电源总开关	HD9－400/3		1
QS2	主钩电源开关	HD11－200/2		1
QS3	主钩控制电源开关	DZ5－50		1
QS4	紧急开关	A－3161		1
SB	启动按钮	LA19－11		1
KM	主交流接触器	CJ20－300/3	300 A,线圈电压 380 V	1
KA0	总过电流继电器	JL4－150/1		1
KA1	副钩过电流继电器	JL4－40		1
KA2～KA4	大车、小车过电流继电器	JL4－15		1
KA5	主钩过电流继电器	JL4－150		1
KM1,KM2	主钩正反转交流接触器	CJ20－250/3	250 A，线圈电压 380 V	2
KM3	主钩抱闸接触器	CJ20－75/2	45 A，线圈电压 380 V	1
KM4,KM5	反接电阻切除接触器	CJ20－75/3	75 A，线圈电压 380 V	2
KM6～KM9	调速电阻切除接触器	CJ20－75/3	75 A，线圈电压 380 V	4
KV	欠电压继电器	JT4－10P		1
FU1	电源控制电路熔断器	RL1－15/5	15 A,熔体 5 A	2
FU2	主钩控制电路熔断器	RL1－15/10	15 A,熔体 10 A	2
SQ1～SQ4	大车、小车限位开关	LK4－11		4
SQ5	主钩上升限位开关	LK4－31		1
SQ6	副钩上升限位开关	LK4－31		1
SQ7	舱门安全开关	LX2－11H		1
SQ8,SQ9	横梁栏杆门安全开关	LX2－111		2

4.6.2.2 20/5 t 桥式起重机电气设备及保护装置

桥式起重机的大车桥架跨度较大,两侧装置两个主动轮,分别由两台同型号、同规格的电动机 M3 和 M4 驱动,两台电动机的定子并联在同一电源上,由凸轮控制器 AC3 控制,沿大车轨道纵向两个方向同速运动。限位开关 SQ3 和 SQ4 作为大车前后两个方向的终端限位保护,安装在大车端梁的两侧。YB3 和 YB4 分别为大车两台电动机的电磁抱闸制动器,当电动机通电时,电磁抱闸制动器的线圈得电,使闸瓦与闸轮分开,电动机可以自由旋转;当电动机断电时,电磁抱闸制动器失电,闸瓦抱住闸轮使电动机被制动停转。

小车运行机构由电动机 M2 驱动,由凸轮控制器 AC2 控制,沿固定在大车桥架上的小车轨道横向两个方向运动。YB2 为小车电磁抱闸制动器,限位开关 SQ1、SQ2 为小车终端限位提供保护,安装在小车一轨道的两端。

副钩升降由电动机 M1 驱动,由凸轮控制器 AC1 控制,YB1 为副钩电磁抱闸制动器,限位开关 SQ6 为副钩提供上升限位保护。

主钩升降由电动机 M5 驱动,由主令控制器 AC4 配合交流电磁控制柜(PQR)控制。YB5、YB6 为主钩电磁抱闸制动器,限位开关 SQ5 为主钩提供上升限位保护。

起重机的保护环节由交流保护控制柜和交流电磁控制柜来实现,各控制电路用 FU1、FU2 作为短路保护。总电源及各台电动机分别采用过电流继电器 KA0 ~ KA5 实现过载和过流保护(过电流继电器的整定值一般为被保护的电动机额定电流的 2.25 ~ 2.5 倍)。

操作室舱门盖上装有舱门安全开关 SQ7,在横梁两侧栏杆门上分别装有横梁栏杆门安全开关 SQ8、SQ9,为了发生紧急情况时能立即切断电源,在保护控制柜上装有紧急开关 QS4。以上各开关在电路中均使用常开触点与副钩小车、大车的过电流继电器及总过流继电器的常闭触点相串联。当操作室舱门或横梁栏杆门开启时,主交流接触器 KM 将不能获电运行。

4.6.3 桥式起重机电气系统故障现象及原因分析

主电机回路一般包括主电机绕组、电阻箱中串联电阻、控制箱中的交流接触器和联动线路等。由于桥式起重机在正常工作时,电阻箱中的电阻组大部分时间均投入运行,因此将产生大量的热量,从而使电阻组的温度较高。在高温环境中,无论是电阻本身还是电阻连接端子均易变质。一方面将改变电阻材质,引起电阻阻值的改变,另一方面可能导致电阻连接端子的断裂,使得电机转子或定子的串联电阻阻值不平衡。与此同时,桥式起重机工作过程中各种交流接触器的切换频率特别高,其触点很容易在频繁的切换中损伤、老化,造成部分触点接触电阻变大或发生缺相现象,使电机绕阻的串联电阻阻值不平衡。在上述两种情况下,起重机重载或长时间工作均会导致电机损坏等故障。

主供电系统故障主要是供电滑触线故障。如由滑触线引起的断电现象,导管明显变形造成受电器无法移动,电刷侧面擦伤和表面有粒状凹坑,工作时导管晃动太大,电刷磨损太快,电器滑行有较大声响及外壳擦伤等。其原因往往是导轨安装不合适引起变形,环境温度过高、热膨胀造成的卡死现象,受电器的不正确安装及定位偏差等。

电气系统中的电子元器件的质量问题会导致主电机和其他电机的损坏。如交流接触器质量差,机械可靠性不好,线圈发热,吸合不好及线圈烧坏;各种保护继电器质量差及损坏。有的交流接触器触点含银量低或接触铜片选用镀铜铁片,接触器塑料外壳薄或使用再生塑料,因而造成触点接触不良,冒火花和易熔化,三相触点弹簧压力不均和外壳破裂等。

由于主电机(起升电机)功率大(一般在 15 kW 以上),又是全电压启动,如果桥式起重机安装地点距电源变压器较远或专用供电线路上搭载有其他较大功率的电器,且选用的电源供电线的线径较小,就会使电源电压瞬时降低,有时造成电源电压降低值大于额定值的10%。电源电压降低必然会使电机的启动时间加长或造成启动困难,也会导致电机损坏。

4.6.4 控制线路的典型故障分析

4.6.4.1 主交流接触器 KM 不吸合

合上电源总开关 QS1 并按下启动按钮 SB 后,主交流接触器 KM 不吸合。

故障的原因可能是:线路无电压,熔断器 FU1 熔断,紧急开关 QS4 或门安全开关 SQ7、SQ8、SQ9 未合上,主交流接触器 KM 线圈断路,凸轮控制器手柄没在零位,或凸轮控制器零位触点 AC_{1-7}、AC_{2-7}、AC_{3-7}分断,过电流继电器 KA0 至 KA4 动作后未复位。检测流程如图 4-14 所示。

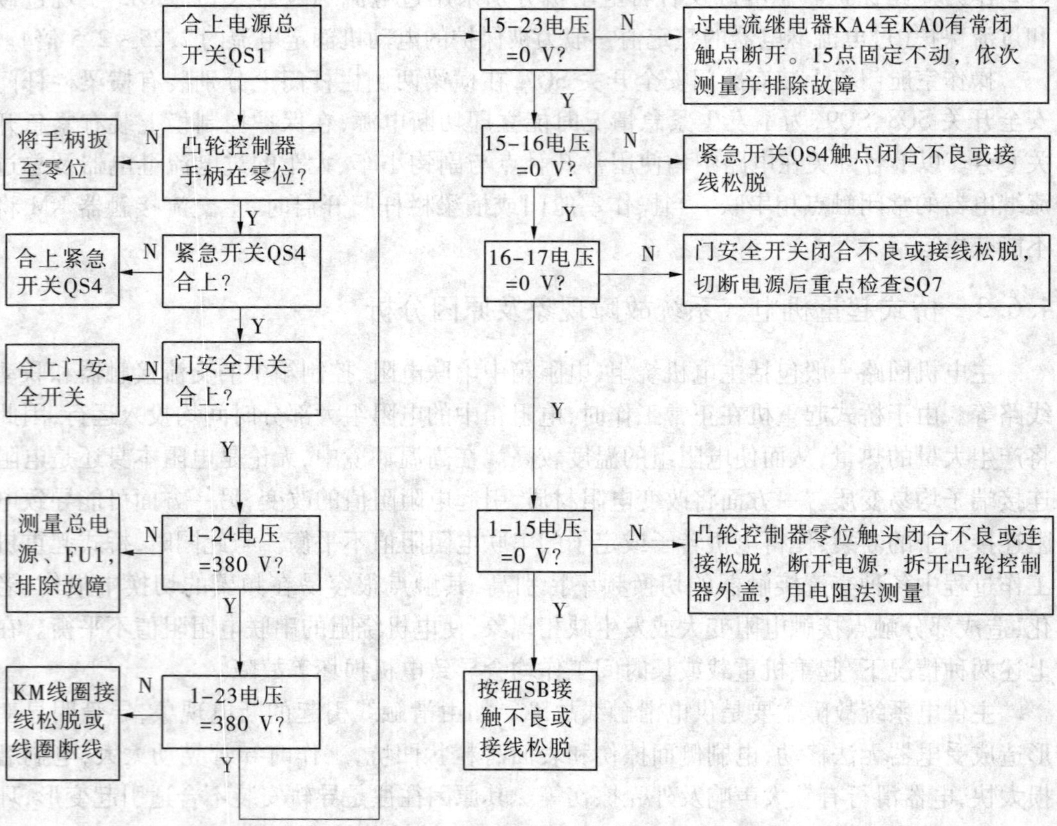

图 4-14 接通电源启动后主交流接触器 KM 不吸合的检测流程

该故障发生概率较高,排除时先目测检查,然后在保护控制柜中和出线端子上测量、判断。确定故障大致位置后，切断电源，再用电阻法测量、查找故障具体部位。

4.6.4.2 副钩能下降但不能上升

检测流程如图4-15所示。

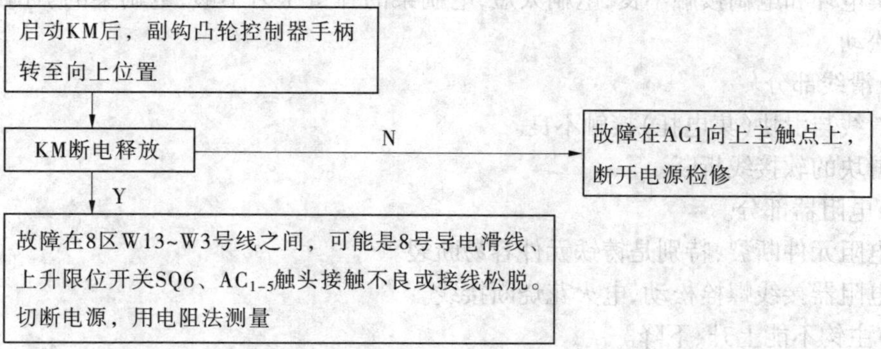

图4-15 副钩能下降但不能上升的检测流程

对于小车、大车在一个方向上工作正常，而在另一个方向上不能工作的故障，判断方法类似。在检修试车时不能朝一个运行方向试车行程太大，以免又产生终端限位故障。

4.6.4.3 主钩既不能上升又不能下降

故障原因有多方面，可从主钩电动机运转状态、电磁抱闸制动器吸合声音、继电器动作状态来判断故障。交流电磁保护柜装于桥架上，观察交流电磁保护柜中继电器动作状况，测量需与吊车操作人员配合进行，注意高空操作安全。尽量在操作室端子排上测量并判断故障大致位置。主要检测流程如图4-16所示。

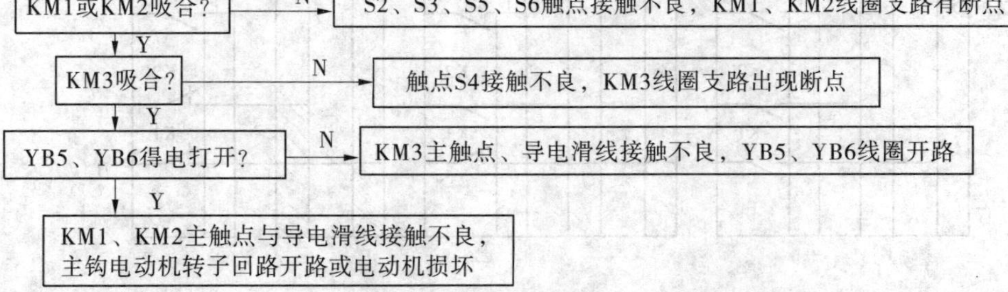

图4-16 主钩既不能上升又不能下降的检测流程

4.6.4.4 某一电动机不转动或转矩很小

由于其他机构电动机正常，说明控制电路没问题，故障发生在电动机的主电路内。在确定定子回路正常的情况下，故障一般是发生在转子回路上，转子三个绕组有断路处，没有形成回路，就会出现这种故障。

（1）电动机转子集电环部分。

①转子绕组引出线接地或者与集电环相连接的铜片90°弯角处断裂。

②集电环和电刷接触不良，电刷太短，电刷架的弹簧压力不够，电刷架的引出线的连接螺栓松动。

（2）滑线部分。

①滑线与滑块（集电托）接触不良。

②滑块的软接线折断。

（3）电阻器部分。

①电阻元件断裂，特别是铸铁元件容易断裂。

②电阻器接线螺栓松动，电火花烧断接线。

（4）主钩不能上升、下降。

凸轮控制器部分，转子回路触点年久未修，有未接通处。

4.6.4.5 电阻器短接

控制手柄置于第1挡时，电动机启动转矩很小；置于第2挡时，转速也比正常时低；置于第3挡时，电动机突然加速，甚至使车身振动。

这种故障一般发生在电阻器、电阻元件末端、短接线部分有断开处，如图4-17所示的在 *M* 处断开，就会出现这种现象。

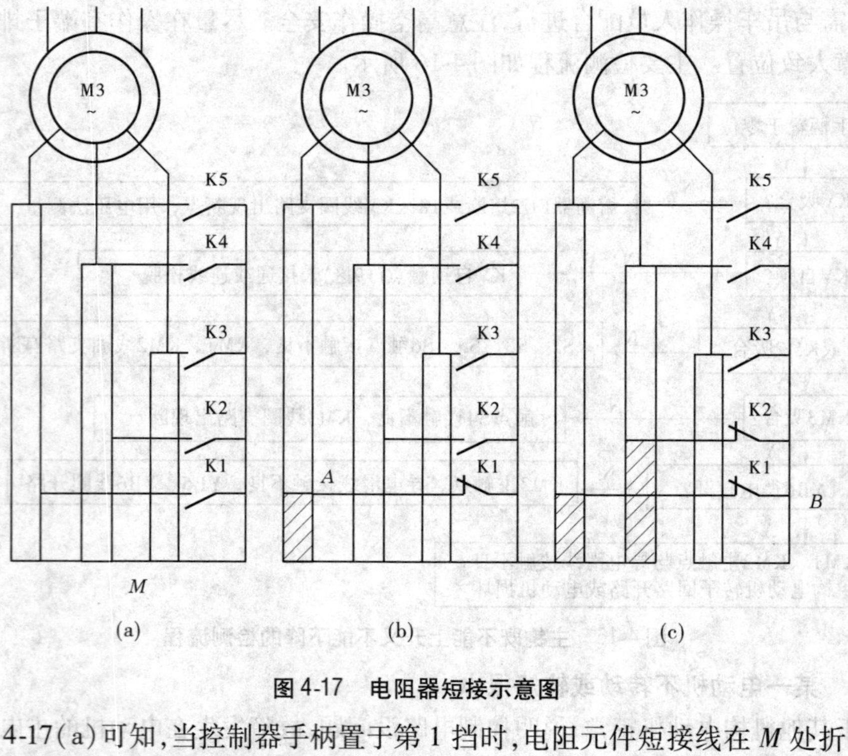

图4-17 电阻器短接示意图

由图4-17（a）可知，当控制器手柄置于第1挡时，电阻元件短接线在 *M* 处折断，故转子不能短接，所以转矩很小，只能空载启动。

由图4-17(b)可知,当控制器手柄置于第2挡时,K1闭合,转子回路电流流通状况汇交于A点,串接全部电阻,比原正常线路第2挡转速低。

由图4-17(c)可知,当控制器手柄置于第3挡时,K1、K2闭合,电流汇交于B点,突然切除两段电阻(画剖面线部分),电动机突然加速,启动较猛,致使整个机身振动。

故障排除的方法:可将三组电阻元件末端短接线开路处用导电线短接。

4.6.4.6　起重机不能启动

起重机不能启动的控制电路故障有:

(1)合上保护箱的刀开关,控制电路的熔断器就熔断,使起重机不能启动。其原因是控制电路中相互连接的导线或集电气元件有短路或有接地的地方。

(2)按下启动按钮,接触器吸合后,控制电路的熔断器就熔断,使起重机不能启动。其原因是大车、小车、升降电路或串联回路有接地之处,或者是接触器的常开触点、线圈有接地之处。

(3)按下启动按钮,接触器不吸合,使起重机不能启动。原因可能是主滑线与滑块之间接触不良或保护箱的刀开关有问题,或者是熔断器、启动按钮和零位保护电路①有断路,串联回路②有不导电之处,如图4-18所示。检查方法:用万用表按图中①、②线路,逐段测量,查出断路和不导电之处并处理。

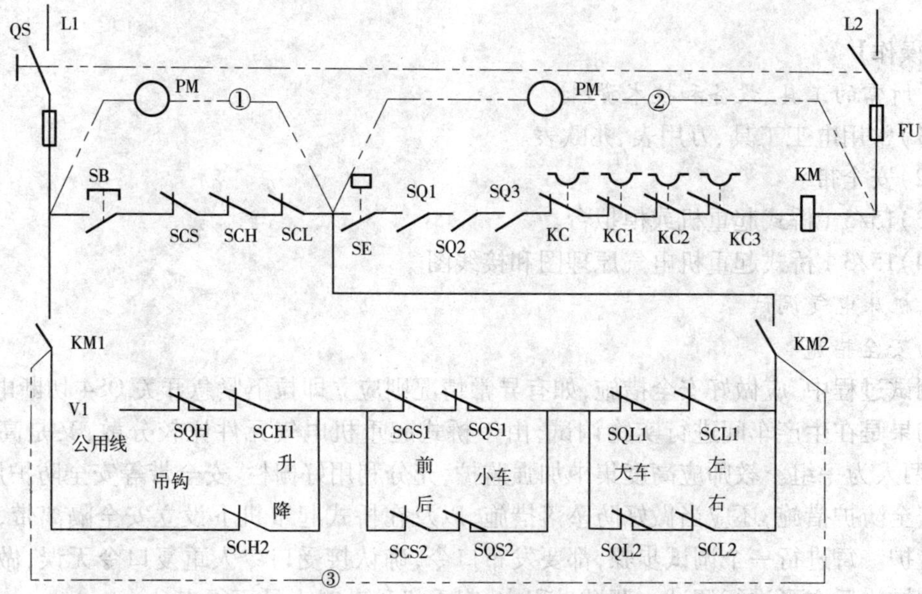

图4-18　检查控制电路通断的电路图

(4)按下启动按钮,接触器吸合,但手脱开后,接触器就释放(俗称掉闸)。从图4-18可知,当接触器线圈KM得电,它的常开触点闭合并自锁,使零位保护电路①和串联回路②导通,说明这部分电路工作正常。掉闸的原因在自锁没锁上,或大车、小车和起升控制电路故障。检查的方法同前面一样,拉下刀开关,推合接触器,用万用表按电路的连接顺序,一段段检查。

4.6.4.7 吊钩下降时，接触器就释放（掉闸）

吊钩下降时，控制电路的工作原理如图4-18所示。其他机构正常，说明①、②电路工作正常，大、小车的各种控制电路均正常，只是吊钩下降时，接触器释放。故障一定是在图4-18的吊钩下降部分。这种情况，可用万用表电阻挡或试灯查找接触器的联锁触点KM、熔断器FU的连接导线和升降控制器下降方向的联锁触点SCH2，这两点任何一个部位未闭合，都会出现吊钩下降时接触器掉闸的现象。

【技能训练】

15/3 t桥式起重机电气控制线路的调试与检修

【任务目标】

（1）认识桥式起重机的基本结构组成及运动形式。

（2）熟练识读桥式起重机电气控制原理接线图。

（3）逐步形成正确的机床故障判断和分析的思维方式以及规范的操作程序。

（4）掌握桥式起重机电气调试控制方法。

（5）掌握电气控制线路的故障分析、判断方法，分析、判断并排除桥式起重机的电气故障。

【实践操作】

1. 所需的工具、设备和技术资料

（1）常用电工工具、万用表、兆欧表。

（2）安全带。

（3）15/3 t桥式起重机或模拟台。

（4）15/3 t桥式起重机电气原理图和接线图。

2. 机床电气调试

1）安全措施

调试过程中，应做好安全措施，如有异常情况则应立即拉下紧急开关QS4切断电源。

如果是在生产车间进行实物调试，由于桥式起重机电气元件比较分散，又是高空作业，应两人为一组。教师应高度集中加强监护，充分利用好栅栏、安全带等安全防护用具，做好安全防护措施，还应当做好防坠落措施，以及在桥式起重机下设立安全隔离带，并有专人看护。每进行一个调试步骤，都要发布口令，确认接受口令人重复口令无误，做好安全防护措施后方可进行调试。调试过程中，起重机移动时人员不得走动。

2）调试步骤

（1）根据电动机功率调节过流继电器，设定保护值。

（2）将所有控制器置于“0”位。

（3）合上开关QS1、QS4后，按下启动按钮SB，使接触器KM得电吸合，接通主电路电源和控制电路电源。

（4）转动大车凸轮控制器AC3到向后方向“1”位，桥式起重机应向后移动，如果方向不正确，对调电动机M3和M4的电源相序。

如果起重机不移动,而桥架存在扭曲动作的现象,则说明大车两台拖动电动机 M3、M4 旋转方向不同,只需要对调 M3、M4 任意一台电动机的相序。对调后通电再试,使大车行进方向与要求方向相同。

注意:如果出现桥架扭曲动作、不移动的现象,应将凸轮控制器立即退回到"0"位,以免发生意外事故和桥架扭曲变形。

方向调整后,转动大车凸轮控制器 AC3 到向后方向"1"位,使大车保持低速移动。按下位置开关 SQ3,此时接触器 KM 应立即断电释放,切断起重机电源。如果接触器 KM 不能断电释放,再按下位置开关 SQ4。按下 SQ4 后,接触器 KM 能断电释放,切断起重机电源,应对调 SQ3 和 SQ4 的接线。对调导线时,只对调导线,不要对调线号。

注意:在车间调试实物桥式起重机时,按压位置开关的人员应系安全带,并注意防碰撞。

(5)转动小车凸轮控制器 AC2 到向左方向"1"位,小车应向左移动。如果方向不正确,对调电动机 M2 的电源相序。

方向调整后,转动小车凸轮控制器 AC2 到向左方向"1"位,使小车保持低速移动。按下位置开关 SQ1,此时接触器 KM 应立即断电释放,切断起重机电源。如果接触器 KM 不能断电释放,再按下位置开关 SQ2。按下 SQ2 后,接触器 KM 能断电释放,切断起重机电源,应对调 SQ1 和 SQ2 的接线。

(6)转动副钩凸轮控制器 AC1 到向下方向"1"位,副钩应向下方下降,如果方向不正确,对调电动机 M1 的电源相序。

注意:如果方向错误,应将凸轮控制器立即退回到"0"位,以防副钩充顶,卷断钢丝绳。

(7)将主令控制器 AC4 置于"0"位,接通主钩主电路电源和控制电路电源。

(8)转动主钩主令控制器 AC4 到向上方向"1"位,主钩应向上方提升,如果方向不正确,对调电动机 M5 的电源相序。

3. 电气控制线路的故障分析案例

桥式起重机的结构复杂,工作环境比较恶劣,有些电气设备和元件密封条件差,同时工作频繁,故障率高。为保证设备的可靠运行以及人身的安全,应经常性地维护保养和检修。

1)按下启动按钮 SB3,主接触器 KM 不吸合

当产生这种故障现象后,应按照各控制器是否在"0"位,紧急开关 QS4 是否合上,熔断器 FUI 是否熔断,安全开关 SQ7、SQ8、SQ9 是否闭合的顺序检查。

如果上述都正常,就应当检查线路电压。将万用表转换开关旋到交流电压 500 V 挡,首先测量熔断器 FU1 两端电压;如果没有电压,再测量电源开关 QS1 三相电压;如果不正常,说明是三相电源引入滑触线前端的电源开关(不在控制线路图上)有问题,或滑触线上的集电器电刷磨损或接线松脱,应给予更换或接紧导线。

如果在一个车间共用一组滑触线的桥式起重机都出现这类故障现象,应该是三相电源引入滑触线前端的电源开关问题。

注意:检修滑触线和集电器时,应将滑触线前端的电源开关拉开,取下熔断器,并在操作手柄上悬挂"有人工作,严禁合闸"的安全标示牌,并有专人监护。

2)主接触器 KM 吸合后过流继电器立即动作

从电气控制线路图上可知,主接触器 KM 闭合后,有两相电源经各自的过流继电器送入到各个凸轮控制器,另一相经总过电流继电器 KA0 直接进入各个电动机的定子绕组。如果在没有任何操作的情况下过电流继电器立即动作,说明某个凸轮控制器主触点或电动机定子绕组或电磁抱闸制动器线圈有接地短路现象。造成这些接地短路的主要原因是灰尘集结多、缺少日常维护保养。接地检查方法如下:

(1)查看凸轮控制器主触点以及电动机定子绕组和电磁抱闸制动器线圈是否有灼伤痕迹。发现灼伤痕迹后用兆欧表进一步判断、确定。

(2)将凸轮控制器主触点、电动机定子绕组、电磁抱闸制动器线圈从线路中断开,确实做到不构成回路。

(3)用兆欧表分别检查凸轮控制器主触点、电动机定子绕组、电磁抱闸制动器线圈,检查到接地点后进行绝缘处理修复。

使用兆欧表测量检查,一定要注意以下事项:

(1)操作时应戴绝缘手套,人体不得接触被测端和兆欧表上的接线端。

(2)应使用专用测量线,不可使用双股绞线或平行线。

(3)摇测时要两人操作,一人先将兆欧表摇到额定转速 120 r/min,另一人将“L”端的测量线接在相应的相上,兆欧表指针稳定后读数。

(4)必须坚持“先摇后接、先撤后停”的原则。

4. 电动机不能输出额定功率,且转速缓慢

引起这种故障的可能原因有:制动器没有完全松开;转子电路中的附加电阻没有完全切除;机构有卡住现象;电源电压下降。

解决方法:调整制动器;检查调整控制器触点;检查集电器电刷,消除电压下降原因。

【巩固训练】

1. 任务要求

(1)在教师的监护下,学生根据电气原理图的控制要求完成 15/3 t 桥式起重机的调试。

(2)现场观察熟悉 15/3 t 桥式起重机的结构和运动形式,并在教师或操作人员的指导下进行实际操作。

(3)熟悉 15/3 t 桥式起重机电气元件的安装位置以及布线情况。

(4)根据故障现象,按照电气原理图分析可能出现的故障原因,在电气控制线路图上分析故障范围。

(5)正确使用仪表判断故障点,并修复故障。

(6)通电试运行。

(7)做好维修记录。

2. 故障现象

(1)转动小车凸轮控制器后过电流继电器立即动作。

(2)主钩不能升降。

(3)副钩制动器不能打开。

(4)大车只能向前移动。

(5)转动大车凸轮控制器后大车沿任何方向都不能移动。

(6)主钩在空载时只能低速升降。

3. 注意事项

(1)要充分观察和熟悉15/3 t桥式起重机的工作过程。

(2)熟悉电气元件的安装位置、走线情况以及位置开关的工作状态。

(3)检修前,要认真阅读电气控制线路图以及控制器触点分合表,熟悉并掌握各个控制环节的原理及作用。

(4)15/3 t桥式起重机的电气元件分布范围较宽,又是高空作业,要特别注意安全防护。

(5)修复故障后恢复正常时,要注意消除产生故障的根本原因,以避免频繁出现相同的故障。

(6)故障设置时,应模拟成实际使用中造成的自然故障现象。

(7)故障设置时,不得更改线路或更换电气元件。

(8)指导教师必须在现场密切注意学生的检修,随时做好应急措施。

4. 评分

评分细则见表4-4。

表4-4 "15/3 t桥式起重机电气控制线路的调试与检修"技能自我评分表

项目	技术要求	配分	评分细则	评分记录
设备调试	调试步骤正确	10	调试步骤不正确,每步扣0.5分	
	调试全面	10	调试不全面,每项扣1分	
	故障现象明确	10	不明确故障现象,每处扣1.5分	
故障分析	在电气控制线路图上分析故障可能的原因,思路正确	30	错标或标不出故障范围,每个故障点扣3分; 不能标出最小的故障范围,每个故障点扣1.5分	
故障排除	正确使用工具和仪表,找出故障点并排除故障	40	实际排除故障中思路不清楚,每个故障点扣1.5分; 每少查出一次故障点扣1.5分; 每少排除一次故障点扣1.5分; 排除故障方法不正确,每处扣0.5分	
其他	操作有误,此项从总分中扣分		排除故障时,产生新的故障后不能自行修复,每个扣3分; 已经修复,每个扣1.5分; 损坏电动机扣10分	
额定工时120 min	超时,此项从总分中扣分		每超过5 min,从总分中倒扣2分,但不超过10分	
安全、文明生产	满足安全、文明生产要求		违反安全、文明生产要求,从总分中倒扣5分	

小 结

桥式起重机是一种应用广泛的生产机械。本单元对电动机起重机的结构、控制电路原理、工作状态作了较为详细的分析;对典型的凸轮控制器、主令控制器和交流起重机控制站作了详尽的讨论与分析。学习本单元后,应对桥式起重机控制特点、操作方法有个清晰的了解,应对其控制电路牢固掌握,并且对桥式起重机的操作及各手柄的作用及桥式起重机的维修、保养有一定的认识了解,掌握桥式起重机控制电路常见问题的处理方法。

习 题

1. 桥式起重机由哪几部分构成？它们的主要作用是什么？
2. 桥式起重机对电力拖动有哪些要求？
3. 桥式起重机具有哪些保护环节？它们是如何实现的？
4. 桥式起重机中,升降机构的电动机有一段常串电阻,有何作用？
5. 凸轮控制器的控制电路有哪些保护环节？
6. 简要分析桥式起重机主钩电动机在下放重物时的运行状态。
7. 在 10 t 桥式起重机控制电路中,为什么不采用熔断器和热继电器作短路和过载保护？过电流继电器在电路中起什么作用？
8. 桥式起重机有哪几种下放重物的方法？如何操作？

第5单元　电气控制系统线路设计

【学习目标】

1. 了解生产机械电气设备设计的基本原则和内容。
2. 了解电力拖动方案确定原则和电动机选择方式。
3. 掌握电气控制线路设计的一般要求和方法。
4. 掌握常用控制电器的选用方法。
5. 掌握生产机械电气设备施工设计方法。

【能力目标】

1. 会依据电力拖动方案确定电动机控制方式。
2. 会设计一般电气控制线路。
3. 逐步形成正确的机床故障判断和分析的思维方式以及规范的操作程序。
4. 能正确熟练选用常用控制电器。
5. 能进行生产机械电气设备的施工设计、安装和调试。

【安全规范】

1. 穿戴好安全防护用具，严禁穿凉鞋、背心、短裤、裙装进入工作、实训场地。
2. 使用绝缘工具，并认真检查工具绝缘是否良好。
3. 停电作业时，必须先验电确认无误后方可工作。
4. 带电作业时，必须在教师的监护下进行。
5. 树立安全和文明生产意识。
6. 电气设计应符合国标安全设计规范要求。

生产机械种类繁多，电气控制设备各不相同，本单元将以生产机械电力装置设计的基本原则及内容为主线，叙述电力拖动方案的确定、电气控制线路设计的一般要求、电气控制线路的设计以及生产机械电气设备的施工设计等，以求通过本单元的学习能让学生举一反三，掌握电气控制线路的设计方法和常用控制电器的选择，掌握生产机械电气设备的施工设计、安装和调试。

5.1　生产机械电力装置设计的基本原则和内容

生产机械的机械结构、加工工艺、操作方式与其电气化程度密切相关，故生产机械电力装置的设计应与机械设计同时进行,密切配合,并应树立工程实践的观点,最大限度地满足生产机械及工艺流程对电气控制的要求,使设计的产品经济实用、安全可靠、性能先进、使用及维修方便等。

机床电力装置设计的基本内容如下:

(1)确定电力拖动方案。

(2)选择电动机种类、结构形式和容量。

(3)设计机床电气控制电路图。

(4)选择机床电器,制订电气元件一览表。

(5)进行机床电力装置施工设计。

(6)编写设计计算说明书和使用说明书。

5.2 电力拖动方案确定原则和电动机选择

5.2.1 电力拖动方案的确定原则

确定电力拖动方案时,首先应根据机床工艺要求及结构来选择电力拖动方式,确定电动机的数量,然后根据机床各运动机构要求的调速范围来选择调速方案,使电动机能得到充分合理的利用。

5.2.1.1 拖动方式的选择

电力拖动方式有单独拖动与分立拖动两种。电气传动发展的趋向是电动机逐步接近工作机构,形成多电动机的拖动方式。在具体选择时,应根据工艺及结构具体情况决定电动机的数量。

5.2.1.2 调速方案的选择

一般金属切削机床,以及要求具有快速、平稳的动态性能和准确定位的设备如龙门刨床、镗床、数控机床等的主运动和进给运动,都要求具有一定的调速范围。为此,可采用齿轮变速箱、液压调速装置、双速或多速电动机及电气的无级调速方案。在选择调速方案时,可参考以下几点:

(1)重型或大型设备的主运动及进给运动,应尽可能采用无级调速。

(2)精密机械设备如坐标镗床、精密磨床、数控机床等,为了保证加工精度、便于自动控制,也应采用电气无级调速方案。

(3)一般中小型设备,如普通机床,当没有特殊要求时,可选用经济、简单、可靠的三相笼型感应电动机,配以适当级数的齿轮变速箱。为简化结构、扩大调速范围,也可采用双速或多速笼型感应电动机。

5.2.1.3 电动机调速性质应与负载特性相适应

机械设备的各个工作机构,具有各自不同的负载特性,如机床的主运动为恒功率负载,而进给运动为恒转矩负载。在选择电动机调速方案时,要使电动机的调速性质与生产机械的负载特性相适应,以使电动机获得充分合理的使用。

5.2.2 电动机的选择

电动机的选择包括电动机种类、结构形式、额定转速、额定电压和额定功率的选择。

1. 根据生产机械调速要求选择电动机种类

感应电动机结构简单、价格便宜、维护工作量小，当启动及调速等方面不能满足要求时才考虑选用直流电动机。具体选择原则是：

(1) 不需调速的机械应首先考虑采用感应电动机。

(2) 对于周期性波动负载的长期工作机械，为削平尖峰负载，一般采用电动机带飞轮工作，这时应考虑启动条件和充分利用飞轮的作用而采用绕线转子感应电动机。

(3) 需要补偿电网功率因数及要求稳定的工作速度时，应优先考虑采用同步电动机。

(4) 对于只需几种速度，但不要求调速的生产机械，选用多速感应电动机。

(5) 要求大的启动转矩和恒功率调速时，常选用直流串励电动机，如电车、牵引车等。

(6) 对启动、调速及制动要求较高的机械，常选用直流电动机或带调速装置的感应电动机。

(7) 对于要求调速范围大的场合，常采用机械与电气联合调速。

2. 根据工作环境选择电动机结构形式

《机床电气设备通用技术条件》(GB/T 5226—1985) 中规定：应根据工作环境选择电动机的结构形式。

(1) 在正常环境条件下，一般采用防护式电动机；在人员及设备安全有保证的前提下，也可采用开启式电动机。

(2) 在空气中存在较多粉尘的场所，宜用封闭式电动机。

(3) 在湿热带地区或比较潮湿的场所，应尽量选用湿热带型电动机，若用普通型电动机，应采取相应的防潮措施。

(4) 在露天场所，宜选用户外型电动机，若有防护措施，也可采用封闭型或防护型电动机。

(5) 在高温车间，应根据周围环境温度，选用相应绝缘等级的电动机，并加强通风，改善电动机的工作条件，提高电动机的工作容量。

(6) 在有爆炸危险及有腐蚀性气体的场所，应选用隔爆型及防腐型电动机。

3. 电动机额定转速的选择

对于额定功率相同的电动机，额定转速越高，成本越小，越经济，但电动机转速越高，传动机构转速比越大，传动机构越复杂。因此，应综合考虑电动机的工作特点及生产机械结构两方面的多种因素来确定电动机的额定转速。

4. 电动机额定电压的选择

电动机额定电压应与供电电源电压相一致。

5. 电动机额定功率的选择

依据生产实践，选择电动机容量时，电动机的额定功率一般以比拖动的机械所需功率大10%左右为宜。

5.3　电气控制线路设计的一般要求

电气控制系统是生产机械的重要组成部分，对生产机械能否正确可靠地工作起着决定性的作用，因此必须正确设计电气控制电路，合理选择电气元件，使电气控制系统满足以下要求。

5.3.1　电气控制线路要满足生产机械的工艺要求

设计前，应充分了解生产机械的工作性能、基本结构、运动情况、实际加工工艺过程，然后再考虑控制方式、启动、制动、正反转及调速等控制方案，并设置必要的保护联锁环节，以保证生产机械工艺要求的实现。

5.3.2　控制电路中对电压的要求应符合国家标准

根据《机床电气设备通用技术条件》(GB/T 5226—1985)规定：对于具有 5 个以上电磁线圈(如接触器、继电器、电磁阀等)或电柜外还具有控制器件或仪表的机床，必须采用分离绕组的变压器给控制和信号电路供电。当机床有几个控制变压器时，每个变压器尽可能只给机床一个单元的控制电路供电。只有这样，才能使得不工作的那个控制电路不会危及人身、机床和工件的安全。如果电源具有接地中性线，在不要求专门保护措施情况下，可以把控制电路直接接到电源上，在此情况下，控制电路必须连接在相线和接地中线之间。对于电磁线圈在 5 个以下的电气设备，控制电路可以直接接到电源上，即接在两相线之间或相线与中性线之间，这种控制电路电压不作规定，由电源电压而定。

由变压器供电的交流控制电路，二次电压为 24 V 或 48 V，频率 50 Hz。对于触点外露在空气中的电路，由于电压过低而使电路工作不可靠时，应采用 48 V 或更高的电压：110 V(优越值)和 220 V，50 Hz。

直流控制电路的电压为 24 V、48 V、110 V、220 V。

只能使用低电压的电子电路和电子装置可以采用其他的低电压。

大型机床线路长，串联的触点多，压降大，故不推荐使用 24 V 或 48 V。

5.3.3　控制线路工作的可靠性

控制线路工作的可靠性主要包括以下方面：

(1)电气元件应完好无损且符合有关国家标准的规定，工作时应稳定可靠，符合使用环境条件的要求。

(2)电气元件在实际运行中，由于电磁线圈的电磁惯性、机械惯性、机械位移量等因素，接触器或继电器线圈从通电(断电)到触点的动作有一段吸引(释放)时间，称之为电气元件的动作时间。要求电气元件的动作时间要短(需延时的除外)，不影响电路正常工作。

(3)电气元件的线圈和触点的连接要符合 GB/T 5226—1985 的规定：每个电磁动作器件的线圈、信号灯或向信号灯供电的变压器的一次线圈，必须连接在控制电路接地的一边，各个器件的触点应接在线圈和控制电路的另一边之间。

如果保护继电器的触点与被它所控制的器件线圈之间的导线在同一个电柜或壁龛内,则该保护继电器的触点可以连接在控制电路接地边和线圈之间。

凡触点不同于上述接法且能使外部控制附件(触轮、卷线机构、多路插件等)简化时,可以接在线圈和控制电路另一边之间,但必须设法避免出现故障时所产生的危险。

在实际连接时,应注意正确连接电器的电磁线圈:交流电压线圈通常不能串联使用,即使是两个同型号的电压线圈,也不能串联后接在两倍线圈额定电压的交流源上,如图5-1所示。因电器动作有先有后,若KM1先动作,KM2后动作,造成KM1磁路气隙先减小,使该线圈电感量增大,阻抗加大,KM1线圈分配到的电压增大,而KM2线圈电压将低于其额定电压,若低于吸动电压,KM2将不能吸合,影响电路正常工作,同时电路电流增大,可能烧毁接触器线圈。

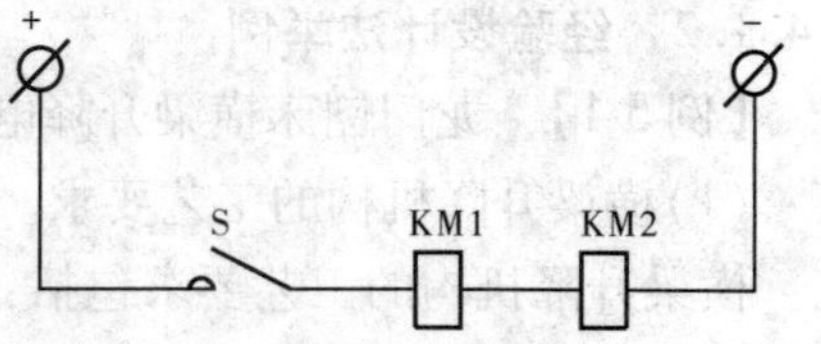

图5-1 错误的线圈连接

(4)在电气控制线路中,应尽量将所有电器的连接触点接在线圈的左端,线圈的右端直接接到电源,这样可以减少在线路内产生虚假回路,防止产生寄生电路。

(5)应考虑电器触点的接通与分断能力,如果触点容量不够,可加大继电器容量或增加中间继电器。

(6)尽量减少电器数量,合理安排触点位置,减少导线的数目和缩短导线的长度,以减少故障可能性,节约电能。

5.3.4 保证电气控制线路工作的安全性

电气控制线路在正常工作和事故情况下,应能保障操作人员、电气设备、生气机械的安全,并能有效地制止事故的扩大。常用的保护措施有漏电开关保护、过载、短路、欠(失)压、过压、过流、联锁与行程保护等。

5.3.5 保证操作和维修方便

电气控制线路应从操作与维修人员工作出发,力求操作简单,维修方便。

5.4 电气控制线路的设计

生产机械电力拖动方案及拖动电动机确定以后,在明确控制系统设计要求的基础上,就可进行电气控制线路的设计。设计方法通常如下所述。

5.4.1 经验设计法

经验设计法又称分析设计法,是根据生产机械的工艺要求和生产过程,参考各种电气控制电路的基本环节,或将比较成熟的电路设计按其联锁条件组合起来,加以修改和完善,最后得出最为合理的方案。

5.4.1.1 经验设计法的基本步骤

(1)设计主电路。主要考虑电动机的启动、调速、制动等。

(2)设计控制电路。主要考虑实现电动机的各种运转功能和生产工艺要求。

(3)设计联锁保护环节。主要考虑如何完善整个控制线路的设计。

(4)线路的综合审查。反复审查设计或进行模拟试验来检验。

5.4.1.2 经验设计法举例

【例5-1】 龙门刨床横梁升降电气控制线路图的设计。

(1)横梁升降机构的工艺要求。

横梁升降机构的工艺要求包括:

①随加工工件位置高低的变化,横梁应能沿立柱作升降移动。

②横梁升降与横梁夹紧按顺序进行操作并能自动转换。

③横梁升降设有限位保护,夹紧电动机通过过电流继电器KOC来实现夹紧力保护。

④横梁夹紧与移动以及其他相关动作之间的联锁保护。

(2)电气控制线路图的设计过程。

①设计主电路:从横梁运动要求出发,需两台异步电动机M1和M2,且都可以通过正反转来实现横梁的上升与下降、夹紧与放松。所以,分别用接触器KM1、KM2控制横梁升降电动机M1的正反转。因为横梁升降为短时调整运动,所以M1可采用点动控制,M2则按一定的顺序自动控制。

②设计控制电路:根据工艺要求,用点动按钮SB1和SB2控制横梁的上升与下降。按下SB1或SB2后,电动机M2启动并开始松开横梁。当横梁完全松开后,经机械传动机构压下行程开关SQ1以发出横梁松开完成信号,则电动机M2停转,M1开始启动并拖动横梁移动。当横梁移动到所需位置时,松开按钮,则电动机M1停转,M2反方向运转并拖动夹紧机构将横梁夹紧,夹紧的同时SQ1复位。当横梁夹紧到一定程度时,M2主电路电流升高,过电流继电器KOC动作,切断M2电路,则横梁移动操作结束。

应当注意的是,横梁升降移动时,不能进行夹紧工作,应采用将接触器KM1、KM2的各一对常闭触点串接在接触器KM4的线圈电路中来保证。

③控制电路的改进与完善:图5-2中,控制按钮SB1、SB2均需具有两对动合触点,而正规按钮为一对动合触点和一对动断触点。为此引入一个中间继电器KA,用按钮的动合触点控制KA,再由KA来控制横梁的放松和升降;用按钮的动断触点来实现横梁升降移动的互锁控制。

进一步考虑到电路的各种保护与完善,还应采取以下措施:横梁与侧刀架运动的限位保护;横梁上升极限保护;横梁下降极限保护;横梁上升与下降、夹紧与放松的互锁;电动机的保护接地线(PE线)。

至此,得到了较为完善的横梁升降控制线路。

(3)设计电路校核。电气控制电路设计完成后,必须仔细校核,查看电路是否合理,是否还有需要进一步简化和完善之处。最后根据实际生产工艺要求,逐步分析所设计线路是否能实现全部控制,电路工作是否安全可靠。

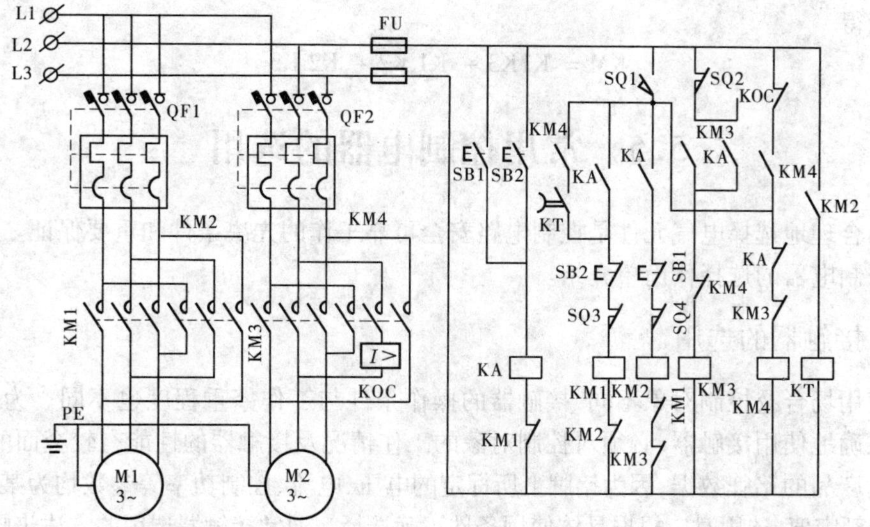

图5-2　横梁升降电气控制线路图

5.4.2　逻辑设计法

逻辑设计法是利用逻辑代数这一数学工具来设计电气控制线路,并用于线路的简化。从生产机械电气设备的生产工艺要求出发,把接触器、继电器等电气元件线圈的通电和断电、触点的闭合和断开,看成是逻辑变量,根据控制线路中各逻辑变量之间所要满足的逻辑关系,按照一定的方法和步骤设计出符合生产工艺要求的电气控制线路。

下面我们以实例简单介绍逻辑设计法的方法和步骤。

【例5-2】　设计一控制电路,当三个控制继电器K1、K2、K3中任何一个或两个吸合时,接触器KM得电吸合,当三个继电器均吸合或释放时,KM断电释放。

根据题目要求,列出接触器通电状态的真值表,如表5-1所示。

表5-1　真值表

K1	K2	K3	KM
0	0	0	0
0	0	1	1
0	1	0	1
0	1	1	1
1	0	0	1
1	0	1	1
1	1	0	1
1	1	1	0

根据真值表,KM通电的逻辑表达式为

$$KM = K1\,\overline{K2}\,\overline{K3} + K1\,\overline{K2}K3 + \overline{K1}K2\,\overline{K3} + \overline{K1}\,\overline{K2}K3 + K1K2\,\overline{K3} + \overline{K1}K2K3 \quad (5\text{-}1)$$

化简得

$$KM = \overline{K1}K3 + K1\,\overline{K2} + K2\,\overline{K3} \quad (5\text{-}2)$$

5.5　常用控制电器的选用

正确合理地选择电气元件是控制电路安全可靠工作的先决条件和重要保证。下面仅对常用控制电器的选择作简单介绍。

5.5.1　接触器的选用

随使用场合及控制对象不同,接触器的操作条件与工作繁重程度也不同。为了尽可能经济正确地使用接触器,必须对控制对象的工作情况及接触器的性能有较全面的了解,不能只看产品的铭牌数据,因为铭牌上所标定的电压、电流、控制功率等参数均为某一使用条件下的额定值,选用时应根据具体使用条件正确选择。通常接触器选用的方法步骤是:

(1)根据接触器所控制负载的工作任务来选择相应使用类别,即交流负载应选用交流接触器,直流负载应选用直流接触器。

交流接触器使用类别有 AC－0～AC－4 五类:

①AC－0 类用于感性负载或阻性负载,接通和分断额定电压和额定电流。

②AC－1 类用于启动和在运转中断开绕线转子电动机,在额定电压下,接通和分断 2.5 倍额定电流。

③AC－2 类用于启动、反接制动、反向与频繁通断绕线转子电动机,在额定电压下接通和分断 2.5 倍额定电流。

④AC－3 类用于启动和在运转中断开笼型异步电动机,在额定电压下接通 6 倍额定电流,在 0.17 倍额定电压下分断额定电流。

⑤AC－4 类用于启动、反接制动、反向与频繁通断笼型异步电动机,在额定电压下接通和分断 6 倍额定电流。

若电动机承担一般任务,其控制接触器可选 AC－3 类;若承担重任务,应选取 AC－4 类。后一情形如选用了 AC－3 类,则应降级使用。

直流接触器按使用类别有控制电动机和电磁铁两类:

①控制直流电动机时的选用。选用时,应先弄清电动机实际运行的主要技术参数。接触器的额定电压、额定电流(或额定控制功率)均不得低于电动机的相应值。当用于反复短时工作制或短时工作制时,接触器的额定发热电流应不低于电动机实际运行的等效有效电流,接触器的额定操作频率也不应低于电动机实际运行的操作频率。

然后根据电动机的使用类别,选择相应使用类别的接触器系列。若接触器提供有 DC－2使用类别的技术数据,当用于 DC－3 或 DC－2、DC－3 混合使用时,则可降低一半容量使用。同理,有 DC－4 技术数据的接触器,用于 DC－5 或 DC－4、DC－5 混合使用时,也可降容量使用。但不宜将只有 DC－2 技术数据而无 DC－4 或 DC－5 技术数据的接触器用于 DC－4 或 DC－5 使用场合中,因为这有可能会出现不能分断甚至发生短路的事故。

②控制直流电磁铁时的选用。控制直流电磁铁时，应根据额定电压、额定电流、通电持续率和时间常数等主要技术参数，选用合适的直流接触器。由于直流电磁铁中的起重电磁铁负载属于大电感性负载，时间常数特别大，为保证可靠使用，往往在电磁铁线圈两端并联一电阻，其阻值一般不大于线圈电阻值的6倍。

(2)根据接触器控制对象的工作参数确定接触器的容量等级。工作参数有工作电压、工作电流、控制功率、操作频率、工作制度等。

接触器主触点的额定电压应不小于负载的额定电压；主触点的额定电流应不小于负载电路的额定电流，也可根据所控制电动机的最大功率进行选择。

(3)根据控制回路电压来决定接触器线圈电压。如果控制线路比较简单，所用接触器的数量较少，则交流接触器线圈的额定电压一般直接选用380 V或220 V。如果控制线路比较复杂，使用的电器又比较多，为了安全起见，线圈的额定电压可选低一些，这时需要加一个控制变压器。

直流接触器线圈的额定电压应视控制回路的情况而定。同一系列、同一容量等级的接触器，其线圈的额定电压有好几种，可以选线圈的额定电压和直流控制电路的电压一致。

对于特殊环境条件下工作的接触器，应选用派生型产品。

5.5.2 热继电器的选用

热继电器主要用于电动机的过载保护，选用时应遵循下列原则：

(1)根据被保护电动机的实际启动时间选取$6I_N$下具有相应可返回时间的热继电器。一般可返回时间为动作时间的0.5~0.7倍。

(2)热继电器整定电流范围的中间值为电动机的额定工作电流。使用时，热继电器的旋钮应调到该值，否则将不能起到保护作用。

(3)一般情况下可选用两相结构的热继电器，但对于电源电压显著不平衡、电动机定子绕组一相断线、多台电动机的功率差别比较显著、Y-△(或△-Y)形连接的电源变压器一次侧断线的情况，以选用三相结构的热继电器为宜。

(4)定子绕组作Y形连接的电动机，可使用不带断相保护的三相热继电器，而定子绕组作△形连接的电动机，应采用有断相保护装置的热继电器作过载和断相保护。

(5)频繁正反转及重载重复短时工作的电动机不宜采用双金属片式热继电器，可用延时动作型过电流继电器作过载和短路保护。

5.5.3 熔断器的选用

熔断器的选择主要包括熔断器类型、额定电压、额定电流与熔体额定电流的确定。

(1)熔断器的类型选择。熔断器的类型应根据负载保护特性和短路电流大小、各类熔断器的适用范围来选用。

(2)熔断器额定电压的选择。熔断器的额定电压应不小于线路的额定电压。

(3)熔断器额定电流的选择。熔断器的额定电流应不小于熔体的额定电流。

(4)熔体额定电流的选择，有以下两种情况：

①对于照明电路和电热电路等阻性负载，熔断器可用作过载保护和短路保护，熔体的额定电流应稍大于或等于负载的额定电流。

②对于有启动冲击电流的电动机负载，熔断器只宜作短路保护而不能作过载保护。

单台电动机容量选择为

$$I_{NF}=(1.5\sim2.5)I_{NM} \tag{5-3}$$

式中 I_{NF}——熔体额定电流，A；

I_{NM}——电动机额定电流，A。

多台电动机共用一个熔断器保护的熔体额定电流选择为

$$I_{NF}=(1.5\sim2.5)I_{NMmax}+\sum I_{NM} \tag{5-4}$$

式中 I_{NMmax}——容量最大一台电动机的额定电流，A；

$\sum I_{NM}$——其余各台电动机额定电流之和，A。

轻载启动及启动时间较短时，式中系数取 1.5；重载启动及启动时间较长时，式中系数取 2.5。

(5)熔断器的保护特性，应与保护对象的过载特性有良好的配合，使在整个曲线范围内均可获得可靠的保护。同时，熔断器极限分断能力应大于或等于所保护电路可能出现的短路电流值，这样才能得到可靠的短路保护。

5.5.4　自动开关的选用

塑料外壳式断路器(自动开关的一种)常用来作电动机的过载与短路保护，其选用原则是：

(1)断路器的额定电压和额定电流应等于或大于电路正常工作的电压和电流。

(2)热脱扣器的整定电流应与所控制的电动机额定电流或负载额定电流相等。

(3)保护笼型感应电动机时，断路器的电磁脱扣器的瞬时脱扣整定电流为 8 ~15 倍电动机额定电流，而保护绕线型电动机时为 3 ~6 倍。

5.5.5　控制变压器的选用

控制变压器一般用于降低控制电路或辅助电路电压，以保证控制电路安全可靠。选择控制变压器的原则为：

(1)控制变压器一、二次侧电压应与交流电源电压、控制电路电压与辅助电路电压要求相一致。

(2)应保证接于变压器二次侧的交流电磁器件在启动时能可靠地吸合。

(3)电路正常运行时，变压器温升不应超过允许温升。

(4)控制变压器的容量可按长期运行的温升来考虑，其容量应大于或等于最大工作负荷的功率，即

$$S\geqslant\sum S_1K_1 \tag{5-5}$$

式中 S_1——电磁器件吸持功率，VA；

K_1——变压器容量的储备系数，一般为 1.5 ~1.25。

5.5.6　其他控制电器选用

其他控制电器的选用有：

(1)转换开关选择：

①转换开关的层数和接线图应符合电路要求。

②转换开关的额定电压和额定电流必须符合电路要求。

(2)万能转换开关可按下列要求进行选用：

①按额定电压和工作电流选用合适的万能转换开关系列。

②按操作需要选定手柄型号和定位特征。

③按控制要求参照转换开关样本确定触点数量和接线图编号。

④选择面板型式及标志。

(3)控制按钮选择，应根据用途、控制回路和使用场合来选择按钮的型号、数量、种类和颜色。根据 GB/T 5226—1985 的规定，按钮、信号灯的颜色的含义与典型用途分别见表 5-2 和表 5-3。

表 5-2　按钮颜色及其含义

颜色	颜色含义	典型应用
红	急情出现时动作	急停
红	停止或断开	①总停； ②停止一台或几台电动机； ③停止机床的一部分； ④停止循环（如果操作者在循环期间按此按钮，机床在有关循环完成后停止）； ⑤断开开关装置； ⑥兼有停止作用的复位
黄	干预	排除反常情况或避免不希望的变化，当循环尚未完成，把机床部件返回到循环起始点时按压黄色按钮可以超越预选的其他功能
绿	启动或接通	①总启动； ②开动一台或几台电动机； ③开动机床的一部分； ④开动辅助功能； ⑤闭合开关装置； ⑥接通控制电路
蓝	红、黄、绿三种颜色未包含的任何特定含义	①红、黄、绿颜色含义未包括的特殊情况，可以用蓝色； ②复位
黑、灰、白		除专用"停止"功能按钮外，可用于任何功能，如黑色为点动，白色没有特殊含义，一般用于一个除紧急分断外的动作，功能：启动/接通，停止/分断

表 5-3 指示灯的颜色及其含义

颜色	灯亮的含义	说明	典型应用
红	危险或报警	警报潜在危险或要求立刻行动的情况	①润滑系统压力出故障； ②温度超过规定(安全)极限； ③命令立即停止机床(如因为过载)； ④主要设备因保护器件动作而停止； ⑤有容易接触的带电或运动部件的危险
黄	警告	情况发生变化或即将发生变化	①温度(压力)不正常； ②出现短时的有限过载； ③自动循环正在运行
绿	安全	表示安全，授权开始工作；表示无障碍	①冷却液循环正常：机床准备就绪可以工作，所有必需的辅助工作完毕，各种机构处于启动状态，液压或电动发电机组输出电压在给定范围内等； ②循环完毕，机床准备重新启动
蓝	按照情况需要赋予的特定含义	上述红、黄、绿三色未包括的任何特定含义都可由蓝色表示	①遥控指示； ②选择开关处于"整定"状态； ③装置处于"正向"状态； ④刀架或装置微量进给
白	未赋予特定含义	使用红、黄、绿三色存在问题时，可以用白色，如作证明用	①开关电源接通； ②选择速度或转向时； ③与工作循环无关的辅助设备正在工作

5.6 生产机械电气设备施工设计

生产机械电气控制系统在完成电气控制线路的设计及选择常用控制电器之后，就应进行电气设备的施工设计。

5.6.1 机床电气设备的总体布置

按照国家标准《机床电气设备通用技术条件》(GB/T 5226.1—2002)规定：尽可能把电气设备组装在一起，使其成为一台或几台控制装置。只有那些必须安装在特定装置上的器件，如按钮、手动控制开关、位置传感器(限位开关)、离合器、电动机等，才允许分散安装在机床的其他部位。

大型机床各个部分可以有其独立的控制装置。

将发热元件(如电阻器)安放在控制柜中，必须使柜中所有元件的温升在其容许极限内。对于散热大的元件，如电动机的启动电阻器等，必须隔开安装，必要时可采用风冷。

所有电器安装位置必须妥当，便于识别、检测与更换。

5.6.2 绘制电气控制装置的电器布置图

按国家标准 GB/T 5226.1—2002 规定,所有器件的接线端子和互连端子,必须位于维修站台之上至少 0.2 m 处,以便装拆导线。

安装器件时,必须遵守规定的间隔和安全净距,并考虑到有关的维修条件。

电柜和壁龛中的裸露、无电弧的带电零件与电柜或壁龛导体壁板之间必须留有适当的间隙。对于 250 V 以下的电压,间隙不小于 15 mm;对于 250 ~ 500 V 的电压,间隙不小于 25 mm。

为了便于维修或调整,电柜内电气元件必须位于维修台之上 0.4 ~ 2 m。

按照用户技术要求制作的电气装置,最少留有 10% 的备用面积,以供对控制装置进行改进或局部修改时用。

除手动控制开关、信号和测量器件外,电柜门上不得安装任何器件。

由电源电压直接供电的电器装在一起,并与由控制电压供电的电器分开。

电源开关最好装在电柜内上方,其操作手柄应装在电柜前后或侧面,并且在其上方最好不安装其他电器,否则,应把电源开关用绝缘材料盖住,防止电击。

控制器件应尽可能地安装在干燥和清洁的地方,便于操作维护和检修。

5.6.3 绘制电气控制装置的接线图

绘制电气控制装置接线图的原则是:

(1)接线图的绘制应符合《电气制图接线图和接线表》(GB/T 6988.3—1997)的规定。

(2)各电气元件的图形符号、文字符号均应以电气控制原理图为准,并且要保持一致。

(3)同一电气元件和部件必须画在一起,而且各部件的位置尽量符合实际情况。

(4)接线图中各电气元件的位置应与实际安装位置一致。

(5)不在同一控制柜或配电屏上的电气元件的电气连接必须通过接线端子板进行。

(6)当控制电路和信号电路进入电柜导线超过 10 根时,必须经接线端子板连接。

(7)应详细标明配线用的各种导线的型号、规格、截面面积及连接导线的根数,标明所穿管子型号、规格等,并标明电源的引入点。

5.6.4 机床内部接线图与机床外部接线图

5.6.4.1 机床内部接线图

机床内部接线图的绘制应根据以下要求进行:

(1)根据机床上各电器的实际布置位置来绘制本图。

(2)机床上各处电气元件、组件、部件之间必须经过管道进行连接。

(3)图上应标明分线盒进、出线的接线关系;接线板上的线号应清晰,以便配线施工。

5.6.4.2 机床外部接线图

机床外电气设备之间的接线关系应按各电气设备的实际位置绘制,要求与内部接线图相同。

5.6.5 电力装备施工

电力装备施工应注意以下几个方面：

(1)不同电路应采用不同颜色的导线标志，如表 5-4 所示。

表 5-4　机床用导线的颜色标志

导线(所在电路)	标志颜色	导线(所在电路)	标志颜色
交直流动力电路	黑色	保护导线连接电路	白色
交流控制电路	红色	保护导线	黄绿双色
直流控制电路	蓝色	动力电路的中线和中间线	浅蓝色
联锁控制电路	桔黄色或黄色	备用线	与备用对象颜色一致

注：弱电电路可采用不同颜色的花线，以区别不同电路的作用，颜色可自由选择。

(2)电柜内部配线要求。具体要求有以下内容：

①所有导线从一个端子至另一个端子的走线必须是连续的，中间不许有接头。

②截面面积≥0.5 mm^2 的导线必须是软线，截面面积在 0.5 mm^2 以下时采用的硬线只可用在固定安装的不动部件之间。

③在控制柜中常用的三种配线方式为：板前配线、板后交叉配线与行线槽配线，可根据电柜实际情况选择。

(3)电柜外部配线要求。电柜外部配线应满足以下条件：

①全部外部配线必须装在导线通道内，使导线有适当的机械保护，能防止外界侵蚀。

②导线通道应有裕量，允许以后增加导线(动力线除外)。若用钢管，其管壁厚度应大于 1 mm；但导线通道应保证质量，不得损伤电线绝缘。

③所有穿管导线，在其两端头必须标明线号，以便查找和维修。

④安装在同一机械保护管路中的导线束应留出备用导线。

(4)导线截面面积要求。导线截面面积必须按正常工作条件下流过的最大稳定电流来选择，并考虑环境条件。具体数值参见表 5-5。

表 5-5　导线的最小截面面积　(单位：mm^2)

使用场合及说明	电线		电缆		
	软线	硬线	双芯		三芯和三芯以上
			屏蔽	不屏蔽	
电柜外	1	—	0.75	0.75	0.75
电柜外频繁运动的机床部件间的连接	1	—	1	1	1
电柜外电流很小的电路连接*	1	—	0.3	0.5	0.3
电柜内	0.75	—	0.75	0.75	0.75
电柜内电流很小的电路连接*	0.2	0.2	0.2	0.2	0.2

注："*"所标示的电路例如电子逻辑电路和类似的低电平(信号)电路。

5.6.6　检查、调整与试验

电气控制装置安装完成,在投入运行后,为确保安全和可靠工作,必须根据电气控制电路图仔细检查接线图和具体接线线路,对照电气元件明细表认真核对各电气元件,为确保绝缘可靠,必须进行绝缘试验。经过认真仔细地系统检查、试验和调整,直至全部符合工艺和设计要求。

5.7　电气控制线路的接线与故障检修

5.7.1　电气控制线路原理图的分析方法

5.7.1.1　认识符号

控制线路原理图是由图形符号和文字符号组成的,认识这些符号是分析电气控制原理图最起码的要求。这些符号可从有关资料和手册中查出。

5.7.1.2　熟悉控制设备的动作及触点状态

每个控制设备的动作及触点状态,直接影响整个电气控制线路的动作顺序。为正确分析电气控制线路的动作过程,必须熟悉控制设备的动作及触点状态。例如,接触器线圈断电时,电磁机构释放,其常开触点为断开状态、常闭触点为接通状态;而接触器线圈通电后,电磁机构吸合,其常开触点为接通状态、常闭触点为断开状态。又如在行车上,当主令控制器手柄置于不同位置时,其触点的通断情况也不同(参看主令控制器触点状态表)。可见,接触器线圈的通、断电,主令控制器手柄置于不同位置,决定了相应触点的通断。

5.7.1.3　弄清控制目的和控制方法

电气控制线路的控制对象是电动机,不同的控制线路有不同的控制目的。控制方法是指采用什么办法来达到控制目的。例如,三相异步电动机正反转控制线路,其控制目的是实现电动机的正转和反转,其控制方法是利用接触器的主触点来对调接到电动机定子绕组上的任意两相电源。又如自动往复循环控制电路,其控制目的是使电动机先向一个方向旋转,经过一段时间后再向另一个方向旋转,如此反复变换下去;其控制方法是利用限位开关和接触器配合来对调接到电动机定子绕组上的两相电源,使电动机正、反转,从而拖动机械机构往复运动。

5.7.1.4　按动作流程分析动作过程

下面以三相异步电动机正反转控制电路(电气互锁)为例,来说明正转操作后的动作过程。其动作流程如下:

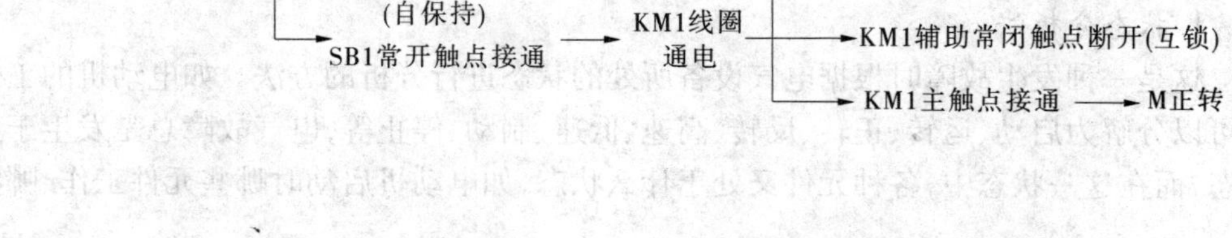

5.7.1.5 分析故障现象

故障检修时常常要根据故障现象来判断故障原因，以便检查和处理。学会分析故障后的现象，就是为根据故障现象判断故障原因打好基础。现仍用上述的动作流程来阐述分析方法。假设 KM1 的辅助常开触点因某种原因而不能接通，此时会出现什么现象呢？从流程可见，由于此触点不能接通，按钮 SB1 无法实现自保持，因此当松开 SB1 时，KM1 线圈会断电，主触点断开而使电动机停转，也就是说，按下 SB1 电动机正转，松开 SB1 电动机停转。

5.7.2 电气控制线路的接线与检查

电气控制线路的接线顺序通常是先接主电路，后接控制电路。控制电路的接线采用等电位点法，即把电气控制线路图上电位相同的各点连接起来，依次进行下去，直到完成所有的点。这种方法不仅可应用于接线，也可应用于检查线路。

5.7.3 电气控制线路的故障判断方法

电气故障可按下列步骤进行判断：观察故障现象→分析故障原因→确定故障部位，修理或更新损坏的器件。当然，这并不是检修的固定程序，它们之间存在相互联系，有时要交替进行。

5.7.3.1 观察和调查故障现象

电气故障现象是多种多样的，同一类故障可能有不同的故障现象，不同类故障可能是同样的故障现象，这种故障现象的同一性和多样性，给查找故障带来了困难。但是，故障现象是查找电气故障的基本依据，因而要对故障现象仔细观察分析，找出故障现象中最主要、最典型的方面。

5.7.3.2 分析故障原因

根据故障现象分析故障原因，是查找电气故障的关键。

分析的基础是电工基本理论，是对电气设备的构造、原理、性能的充分理解，是与故障实际的结合。

某一故障产生的原因可能很多，重要的是找出最主要的原因。

例如：某笼型三相异步电动机出现了不能运转的故障，其原因可能是电源方面的，也可能是接线方面的，或是电动机本身和负载方面的。在这些原因中，到底是哪个方面的原因，还要经过更深入、更详细的分析。

若电动机是第一次使用，就要从上述多方面检查；若是电动机修理后第一次使用，就要从电动机本身检查分析；若是电动机运转一段时间后突然不能运转，就应从电源和控制元件方面进行检查分析。

在分析电气故障原因时，常常需要用到以下一些方法。

1. 状态分析法

这是一种发生故障时根据电气设备所处的状态进行分析的方法。如电动机的工作过程可以分解为启动、运转、正转、反转、高速、低速、制动、停止等，电气故障总是发生于某一状态，而在这一状态中，各种元件又处于什么状态，如电动机启动时哪些元件工作、哪些触点闭合等,是我们分析故障的重要依据。

2. 图形分析法

分析电气故障时,常常要从各类电气图上进行分析,并且要掌握各种图之间的关系,如由接线图变换成电路图,由位置图变换成原理图等。

3. 单元分析法

一个电气设备或控制电路总是由若干个单元构成的,每一个单元具有特定的功能。从一定意义上讲,电气设备故障意味着某功能的丧失,由此可判断故障发生的单元。分析电气故障时就应将电气设备分为若干单元(通常是按功能划分),进而确定故障的范围。

4. 回路分析法

回路是构成电气设备电路的基本单元,分析电气设备故障,尤其是分析电路断路、短路故障时,常常需要找出回路中元件、导线及其连接,以此确定故障的原因和部位。这就是回路分析法。

5. 推理分析法

电气设备中各组成和功能都有其内在的联系,如连接顺序、动作顺序、电流流向、电压分配等有其特定的规律,因而某一部件、组件、元件的故障必然影响其他部分,表现出特有的故障现象。在分析电气设备故障时,常常需要从这一故障联系到对其他部分的影响,或由某一故障现象找出故障的根源,这一逻辑推理过程就是推理分析法。推理分析法可分为顺推法和逆推法。

6. 树形分析法

电气设备的各种故障存在着许多内在联系,例如某装置故障“1”可能是由于故障“2”引起的,故障“2”可能是由于故障“3”“4”引起的,故障“3”又可能是……如果将这种故障按一定顺序排列起来,则形似一棵树,称之为故障树。利用故障树分析电气故障,条理分明、脉络清晰。

7. 计算机辅助分析法

利用计算机可以对复杂的电气设备、电气网络等进行故障分析和处理,在某些情况下提供了很大的方便。

(1)状态模拟。用“1”“0”表示元件状态。

(2)参数比较分析法。由计算机对故障参数与计算机中存储的正常参数进行比较、分析,由此判断故障原因。

5.7.3.3　确定故障部位

确定故障部位是查找电气设备故障的最终目的。

1. 向操作人员调查故障产生的情况

电气设备出现故障后,应先向操作者了解故障的情况,例如询问故障发生在设备的哪个部位,现象是怎样的(如响声、冒火、冒烟、异味或无法启动等),故障前按压过哪些按钮,故障发生后有没有人动过,这类事故是否经常发生。

2. 认真分析故障产生的原因或范围

了解了故障的情况以后,再对照电气原理图进行分析。如果电气线路比较简单,则可以很快找到故障的原因。例如,电动机可以正向启动而不能反向启动,则故障的原因必然是反向启动接触器线圈的有关线路不通；如果按下启动按扭，电动机有“嗡嗡”声而不能转动，一般是缺相运行，可能电源缺相或熔断器有一相熔断；如果是因热继电器动作而无法启动，则可能是过载了，若为过载应减小负载，按下热继电器的复位按钮，再重新启动。如果线路较复杂，则应根据故障的现象先分析故障的范围，再进一步进行判断；如果有信号指示灯，则可借助信号指示灯的工作情况分析故障的范围。

3. 进行外表检查

在确定了故障的范围后，应进一步对这个范围内的电器进行外观检查。为安全起见，外表检查一般是在电源断电的前提下进行的。检查熔断器、继电器、接触器和行程开关等的固定螺丝和接线螺丝是否松动，有没有断线的地方，有没有线圈烧坏或触点熔焊等现象，电器的活动机构是否灵活等。

4. 断电检查法

断开电源开关，一般用万用表的电阻挡检查故障区域的元件有没有开路、短路或接地现象。有时需借助电池灯、蜂鸣器和摇表等进行检查。断电检查如果找不到故障原因，则进行通电检查。

5. 通电检查法

通电检查应在不带负载的情况下进行，以免发生事故。有下列情况之一时不能通电检查：

(1) 发生飞车和损坏传动机构等。

(2) 因短路烧坏熔断器熔丝，未查明原因。

(3) 通电时会烧坏电器或电机等。

(4) 尚未确定相序是否正确（因有的设备要求相序不得接反）。

通电检查应根据动作顺序来检查有故障的线路。操作一只开关或按钮时，观察线路中有关继电器和接触器有没有按要求顺序进行工作。如果发现一个电器的工作不对，则说明该电器或有关的电路有故障，再进一步通电检查故障的原因。一般用万用表的电压挡检查电路有没有开路的地方，但注意不能转到电阻挡或电流挡，以免烧坏万用表。若怀疑某触点接触不良，则可用导线短接该触点进行试验。有时也可用验电笔或钳形电流表等进行检查。

通电时应注意以下几点：

(1) 随时注意停止按钮和电源总开关在什么地方，发现不正常情况时应立即停车检查。

(2) 不要随意触动带电电器。

(3) 养成单手操作的习惯。

(4) 一般可断开主电路（断开主电路熔断器或开关）检查控制电路。

故障判断时应与机修人员配合进行，因为有时不是电气故障，而是机械或液压等故障。

最后，每次排除故障后应及时总结，做好记录。这样可以积累经验，使得再次发生类似故障时能迅速检查出来。

5.7.4 电气设备的日常维护

电气设备产生的故障将影响正常生产,有时甚至造成设备事故和人身事故。为此,应注意电气设备的经常维护,防止产生故障。

5.7.4.1 整机设备的维护

(1)机床加工时,金属碎屑和油垢容易进入电气设备中,造成短路、接地或接触不良等故障,所以应该注意经常清理碎屑,擦干净油垢,保持设备整洁。

(2)在高温和梅雨季节,应特别注意对设备的检查。

(3)检查电气设备接地或接零是否可靠。

(4)经常检查保护线的软管或接头是否损坏,特别注意电气柜、按钮盒、操作台和电动机等处的接头是否松动,及时拧紧紧固接线的螺钉。

(5)日常维护要做到"四勤",即勤看、勤听、勤闻、勤摸,有异常现象时应立即停机检查和处理。

5.7.4.2 异步电动机的日常维护

(1)经常检查电动机的绝缘电阻,三相 380 V 电动机的绝缘电阻一般不小于 0.5 MΩ,否则应进行烘干或浸漆等。

(2)应经常保持清洁,不允许有金属屑、油垢或水滴等进入电动机内部,如果发现有杂物落入内部,可用压缩空气吹干净。

(3)用钳形电流表检查是否过载,三相电流是否一致,三相电压是否平衡。

(4)检查电动机接地装置是否牢靠。

(5)注意电动机启动是否灵活,运转中有无异常的摩擦声、尖叫声和其他杂声。

(6)检查电动机的温升有没有过高。

(7)检查轴承有没有过热和漏油现象,轴承的润滑脂一般在一年左右应进行一次清洗和更换。

(8)检查电动机的通风是否良好。

小 结

本单元较为全面地介绍了生产机械电气装备设计的基本原则和内容,电力拖动方案确定原则和电动机选择,电气控制线路设计的一般要求,电气控制线路的设计的常用方法,常用控制电器的选用方法,电气布置及工艺规程,继电接触器控制系统的设计内容、原则要求、方法步骤、设计方法、控制电器的选择以及电气控制设备的施工设计等。

电气控制电路的设计常用的方法是分析设计法。它是根据生产机械的工艺要求与工作过程,充分运用典型控制环节,加以补充修改,综合成所需的电气控制电路,当无典型环节可以借鉴时,只有采取边分析、边设计、边修改的方法来进行设计。此法易于掌握,但需反复推敲,进行多种方案的分析比较,选择最佳方案。

通过本单元学习还应学会查阅手册、电器产品样本,正确选择电动机、控制电器、导线截面等,掌握其安装、调整和试车的方法。通过生产实践,逐步提高电气控制电路的设计能力和实际动手能力。

习 题

1. 简述电气原理图的设计原则。

2. 简述电气安装位置图的用途,以及与电气接线图的关系。

3. 简述电气布置图绘制的基本思想。

4. 简述电气接线图的绘制步骤。

5. 简述电气接线图和电气互连图的不同之处。

6. 已知三相交流异步电动机的参数为 $P_N = 22$ kW, $U_N = 380$ V, $I_N = 43.9$ A, $n_N = 1\ 460$ r/min,设计一台 Y - △启动控制电路,选择元器件参数,列写元器件清单,绘制电气安装图、电气接线图,写出简要说明。

7. 画出两台三相交流异步电动机的顺序控制电路原理图。已知两台三相交流异步电动机的数据均为 $P_N = 7.5$ kW, $U_N = 380$ V, $I_N = 15.4$ A, $n_N = 1\ 440$ r/min,请选择电气元件,列写元器件清单,并绘制电气接线图。

8. 为了确保电动机正常安全的运行,电动机应具有哪些综合保护措施?

参 考 文 献

[1] 许翏.工厂电气控制设备[M].北京:机械工业出版社,2004.
[2] 张运波.工厂电气控制技术[M].北京:高等教育出版社,2004.
[3] 程周.电气控制与PLC原理及应用[M].北京:电子工业出版社,2004.
[4] 邱俊.工厂电气控制技术[M].北京:水利水电出版社,2009.
[5] 麦崇裔.电气控制技术与技能训练[M].北京:电子工业出版社,2010.
[6] 机械工业部.维修电工操作技能与考核[M].北京:机械工业出版社,1996.
[7] 陈道南.起重运输机械[M].北京:冶金工业出版社,1998.
[8] 田景亮.桥式起重机构造与检修[M].北京:化学工业出版社,2008.
[9] 赵明,许翏.工厂电气控制设备[M].北京:机械工业出版社,1995.
[10] 朱鹏超.机械设备电器控制与维修[M].北京:机械工业出版社,2001.